"十二五"职业教育国家规划教材
经全国职业教育教材审定委员会审定
修订版

数控铣削编程与加工（SIEMENS系统）

第2版

主　编　林　春　薛　龙
副主编　朱　敏　朱勤惠
参　编　沈建峰　周　青　季　婷

机械工业出版社
CHINA MACHINE PRESS

本书是“十二五”职业教育国家规划教材修订版，是根据教育部最新公布的中等职业学校相关专业教学标准，同时参考数控铣工职业资格标准编写的。本书内容包括数控铣床/加工中心编程与加工（SIEMENS系统）的相关知识，涵盖了数控铣床/加工中心操作工中级技能的相关知识点。本书共分6个项目，分别为数控铣床/加工中心的基本操作、铣削平面类零件与数控仿真加工、铣削轮廓类零件、孔加工、特殊零件加工、中级职业技能鉴定应会试题。本书以零件加工作为主线，将知识点与技能点分配到每一个加工任务，从而实现了理论与实践的有机融合，内容简单明了，易教易学。

本书可作为中等职业学校机械加工制造技术、数控技术应用等专业的专业教材，也可作为相关技术人员的岗位培训教材。

为便于教学，本书配套有电子教案、电子课件、视频、习题答案等教学资源，选择本书作为教材的教师可来电（010-88379375）索取，或登录www.cmpedu.com网站，注册、免费下载。

使用本书的师生均可利用上述资源在机械工业出版社旗下的“天工讲堂”平台上进行在线教学、学习，实现翻转课堂与混合式教学。

图书在版编目（CIP）数据

数控铣削编程与加工：SIEMENS系统/林春，薛龙主编. —2版（修订本）. —北京：机械工业出版社，2021.3（2025.10重印）
“十二五”职业教育国家规划教材
ISBN 978-7-111-67555-6

Ⅰ.①数… Ⅱ.①林… ②薛… Ⅲ.①数控机床-铣床-程序设计-高等职业教育-教材 Ⅳ.①TG547

中国版本图书馆CIP数据核字（2021）第030539号

机械工业出版社（北京市百万庄大街22号 邮政编码100037）
策划编辑：王莉娜 责任编辑：王莉娜
责任校对：张 薇 封面设计：张 静
责任印制：邓 博
涿州市般润文化传播有限公司印刷
2025年10月第2版第3次印刷
184mm×260mm · 14.25印张 · 346千字
标准书号：ISBN 978-7-111-67555-6
定价：48.00元

电话服务	网络服务
客服电话：010-88361066	机 工 官 网：www.cmpbook.com
010-88379833	机 工 官 博：weibo.com/cmp1952
010-68326294	金 书 网：www.golden-book.com
封底无防伪标均为盗版	机工教育服务网：www.cmpedu.com

第2版前言

为进一步落实《关于深化职业教育教学改革全面提高人才培养质量的若干意见》《加快推进教育现代化实施方案（2018—2022年）》《国家职业教育改革实施方案》等文件精神，对接最新职业标准、行业标准和岗位规范，紧贴岗位实际工作过程，明确人才培养规格、课程体系设置，并科学严谨、深入浅出、图文并茂地将其融入教材中，本书编者在吸取多年的一线教学经验的基础上，依据专业课程标准，对2015年出版的“十二五”职业教育国家规划教材《数控铣削编程与加工（SIEMENS系统）》进行了修订。此次修订主要体现了如下特色。

1. 在保留原项目任务主线的基础上，在主要的动作指令后增加了视频动画，还录制了操作视频，并以二维码的形式链接在书中，旨在让读者通过视频更加透彻地理解SIEMENS系统的编程及操作方法。全书共链接了49个二维码数字化资源，读者可在课前、课中、课后，通过扫描二维码学习和巩固所学知识。

2. 提炼了每个任务的知识目标、技能目标和素养目标，让老师和学生从更高的视角看具体的学习任务，以制订有效的教学和学习策略，结合具体的项目内容反思方法论、实践论、质量观、环保观、能源观，融入课程思政元素。

3. 重新梳理了数控铣削编程与加工相关知识点和技能点，既尊重知识的学科性和应用性，也尊重技能的实用性，保持知识点和技能点“形散而神不散”，达成理论知识与实践知识融合、经验性知识与陈述性知识融合、科学严谨性与操作规范性融合的目标。

4. 丰富了数字化教学资源，配套有完整的课程教学整体设计与单元教学设计方案以及电子教案、电子课件、视频动画、习题答案等教学资源，使用本书的师生均可利用上述资源在机械工业出版社旗下的“天工讲堂”平台上进行在线教学、学习，实现翻转课堂和混合式教学。

在本书编写过程中得到了行业企业人员的相关指导，在此一并表示衷心感谢！

由于编者水平有限，书中不妥之处在所难免，恳请读者批评指正。

编　者

第1版前言

本书是根据教育部《关于中等职业教育专业技能课教材选题立项的函》（教职成司［2012］95号），由全国机械职业教育教学指导委员会和机械工业出版社联合组织编写的“十二五”职业教育国家规划教材，是根据教育部最新公布的中等职业学校相关专业教学标准，同时参考数控铣工职业资格标准编写的。

本书主要介绍数控铣床/加工中心编程与加工（SIEMENS系统）的相关知识。本书重点强调培养实际操作的能力，编写过程中力求体现以下的特色。

1. 执行新标准。本书依据最新教学标准和课程大纲要求，对接职业标准和岗位需求编写而成。

2. 体现新模式。本书采用项目式的编写模式，突出“做中教，做中学”的职业教育特色。

3. 每个任务以数控加工实践为主线，以典型零件为载体，融入有关数控刀具选择、数控加工工艺路径确定、数控指令与编程方法、数控机床加工、精度测量与尺寸控制等知识。

4. 每个任务后都设有任务拓展内容，提高学生应用知识解决同类问题的能力。

5. 每个任务后设置有教学反馈环节，让学生总结并分析产生项目误差的原因及改进措施，增强学生解决实际问题的能力，也让教师及时了解学生完成任务的状况，优化教学方法。

6. 书中设有仿真软件使用的相关内容。

本书由常州刘国钧高等职业学校林春、江苏省常州技师学院沈建峰主编，江苏省常州技师学院朱勤惠，姜堰中等专业学校丁俊、高仁春，哈尔滨技师学院赵淑君参与本书编写。本书经全国职业教育教材审定委员会审定，评审专家对本书提出了宝贵的建议，在此对他们表示衷心的感谢！编写过程中，编者参阅了国内外出版的有关教材和资料，在此一并表示衷心感谢！

由于编者水平有限，书中不妥之处在所难免，恳请读者批评指正。

编　者

二维码索引

（续）

序号	名称	二维码	页码	序号	名称	二维码	页码
17	*R* 值的正负判别		63	27	外轮廓切线切入切出		106
18	整圆加工实例		63	28	内轮廓切线切入切出		106
19	零点偏移指令 G54～G59		63	29	凹槽切削方法（行切法）		106
20	刀具的安装		72	30	凹槽切削方法（环切法）		106
21	刀柄在数控机床上的安装		72	31	凹槽切削方法（先行切后环切法）		106
22	数控铣床仿真加工实例		88	32	顺铣		109
23	数控铣床常用刀具的刀位点		102	33	逆铣		109
24	刀具半径补偿过程		103	34	子程序加工相同轮廓实例		118
25	建立刀补进刀		105	35	子程序分层切削实例		119
26	取消刀补退刀		105	36	孔加工固定循环动作		140

（续）

序号	名称	二维码	页码	序号	名称	二维码	页码
37	固定循环平面		140	44	CYCLE84 指令动作图		158
38	CYCLE81 指令动作图		142	45	CYCLE840 指令动作图		158
39	CYCLE82 指令动作图		142	46	CYCLE84 指令编程实例		159
40	CYCLE83 指令动作图		144	47	极坐标编程实例		170
41	孔系加工路线 1		149	48	圆周均布多轮廓编程与加工实例		180
42	孔系加工路线 2		149	49	可编程镜像编程实例		183
43	CYCLE85 指令动作图		150				

目　录

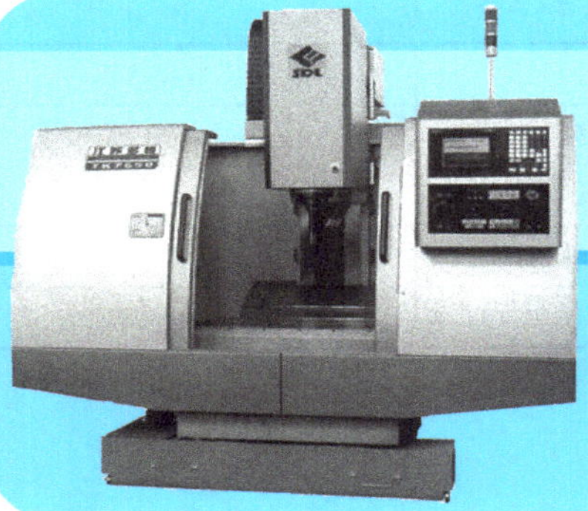

项目一 数控铣床/加工中心的基本操作

任务一 认识数控铣床/加工中心

知识目标

- 了解数控方面的基本概念。
- 了解数控机床的种类。
- 了解数控铣床/加工中心的各项技术参数。
- 了解数控铣床/加工中心的基本结构。

技能目标

- 掌握正确的机械加工安全着装方法。
- 掌握数控铣床/加工中心的保洁及常规检查方法。

素养目标

- 具有良好的职业道德。
- 能文明操作，爱护机床。

任务描述

参观数控生产实习现场，与生产实习指导教师进行交流，并通过查阅相关资料，了解图 1-1 所示的立式加工中心的主要结构，完成表 1-1 的填写工作。

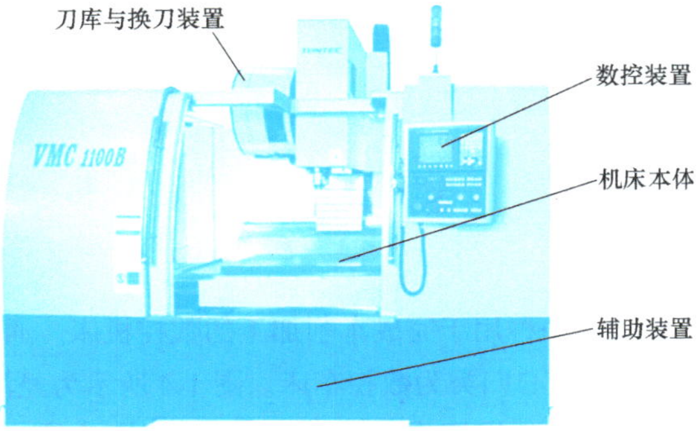

图 1-1 立式加工中心的主要结构

表 1-1 立式数控铣床/加工中心的主要技术参数

项 目	主要技术参数值	项 目	主要技术参数值
机床型号		刀库类型	
数控系统		刀库中刀具数量	
床身结构		工作台面规格	
机床总功率		工作行程	

知识链接

1. 基本概念

（1）数字控制　数字控制（Numerical Control）简称数控（NC），是一种借助数字、字符或其他符号对某一工作过程（如加工、测量、装配等）进行可编程控制的自动化方法。

（2）数控系统　数控系统（Numerical Control System）是指采用数字控制技术的控制系统。

（3）计算机数控系统　计算机数控系统（Computer Numerical Control System）是以计算机为核心的数控系统。

（4）数控机床　数控机床（Numerical Control Machine Tools）是指采用数字控制技术对机床的加工过程进行自动控制的机床。

2. 数控机床的分类

数控机床的品种规格很多，根据其加工用途，主要分成以下类型。

（1）数控铣床　根据数控机床的用途进行分类，用于完成铣削加工或镗削加工的数控机床称为数控铣床。图 1-2 所示为立式数控铣床。

（2）加工中心　加工中心是指带有刀库（带有回转刀架的数控车床除外）和刀具自动交换装置（Automatic Tool Changer，ATC）的数控机床。通常所指的加工中心是指带有刀库和刀具自动交换装置的数控铣床。图 1-3 所示为卧式加工中心。

图 1-2　立式数控铣床

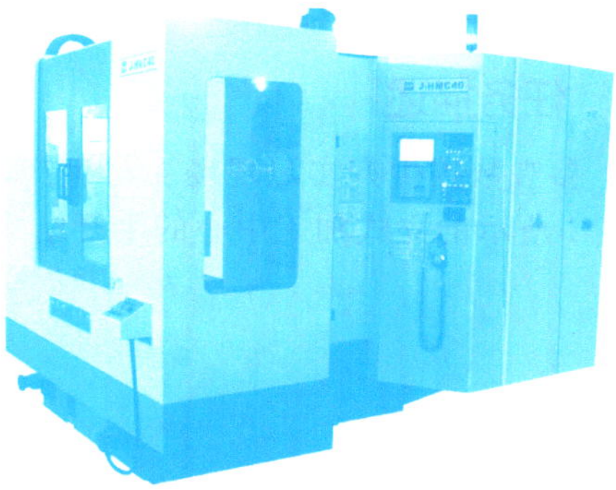

图 1-3　卧式加工中心

（3）数控车床　数控车床是一种用于完成车削加工的数控机床。通常情况下也将以车削加工为主并辅以铣削加工的数控车削中心归类为数控车床。图 1-4 所示为经济型卧式数控车床。

（4）数控钻床　数控钻床主要用于完成钻孔、攻螺纹等功能。数控钻床是一种采用点位控制系统的数控机床，即控制刀具从一点到另一点的位置，而不控制刀具移动轨迹。图 1-5 所示为立式数控钻床。

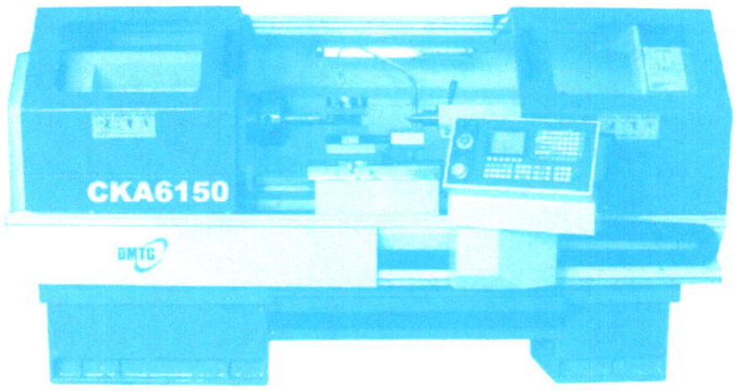

图 1-4　经济型卧式数控车床

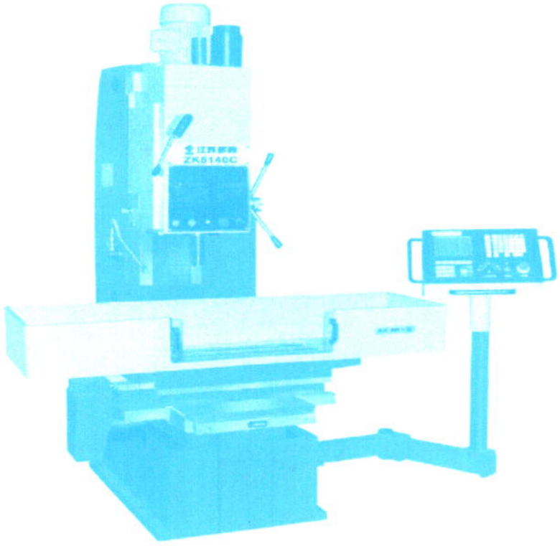
图 1-5　立式数控钻床

（5）其他金属加工机床　除以上几种常见的金属加工机床外，还有数控精雕机床（图 1-6，外观与数控铣床类似）、数控磨床（图 1-7）等多种类型的金属加工机床。

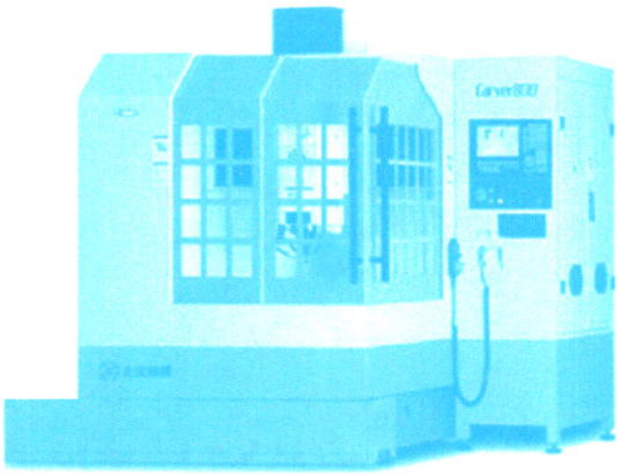
图 1-6　数控精雕机床

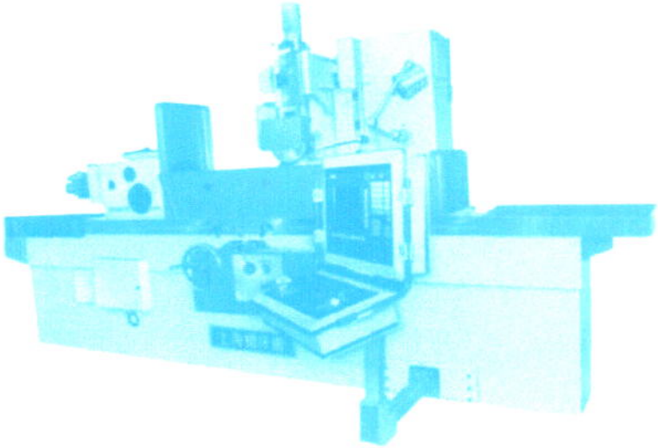
图 1-7　数控磨床

（6）数控特种加工机床　这类数控机床主要有数控线切割机床、数控电火花加工机床、数控火焰切割机和数控激光切割机床。

数控线切割机床如图 1-8 所示，其工作原理是利用两个不同极性的电极（其电极为电极丝和工件）在绝缘液体中产生的电蚀现象，去除材料而完成加工。

数控电火花加工机床（即通常所指的电脉冲机床）是一种特殊的加工机床，它的工作原理与数控线切割机床类似。它对于形状复杂的模具及难加工材料的加工有其特殊优势，数控电火花加工机床如图 1-9 所示。

（7）其他数控机床　除以上几种常见类型外，数控机床还有数控冲床、数控折弯机、数控弯管机（图 1-10）、数控超声波加工机床、数控激光切割机床（图 1-11）等多种形式。此外，在非加工工序中也大量采用了数控技术，如数控装配机、多坐标测量仪（图 1-12）和工业机器人（图 1-13）等。

3. 加工中心的基本结构

以立式加工中心为例，其基本结构如图 1-1 所示，主要由机床本体、数控装置、刀库与换刀装置、辅助装置等部分构成。

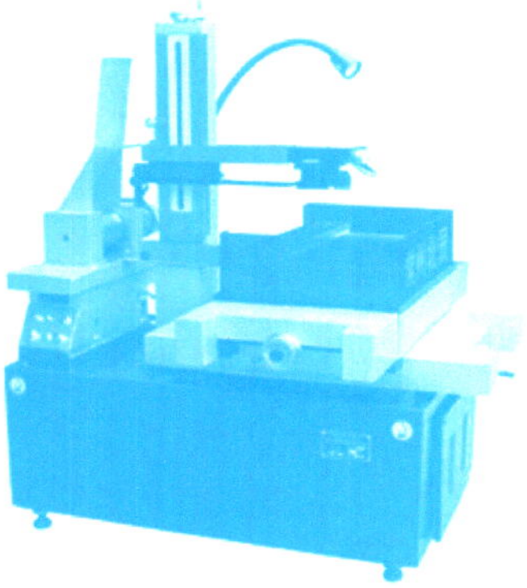

图 1-8 数控线切割机床

图 1-9 数控电火花加工机床

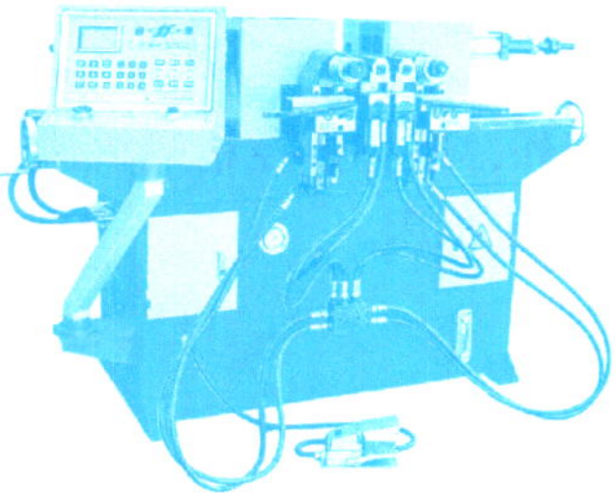

图 1-10 数控弯管机

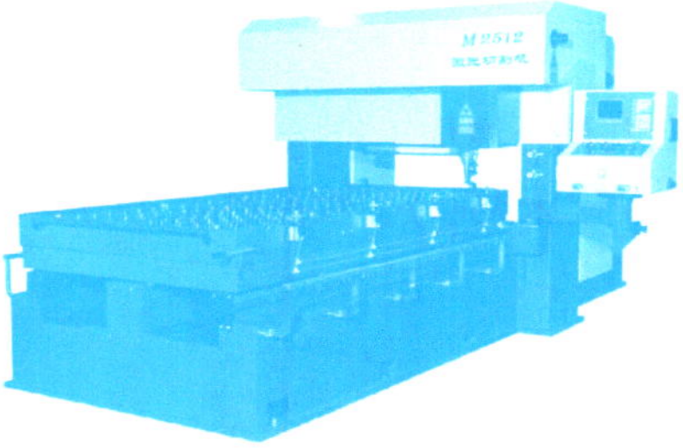

图 1-11 数控激光切割机床

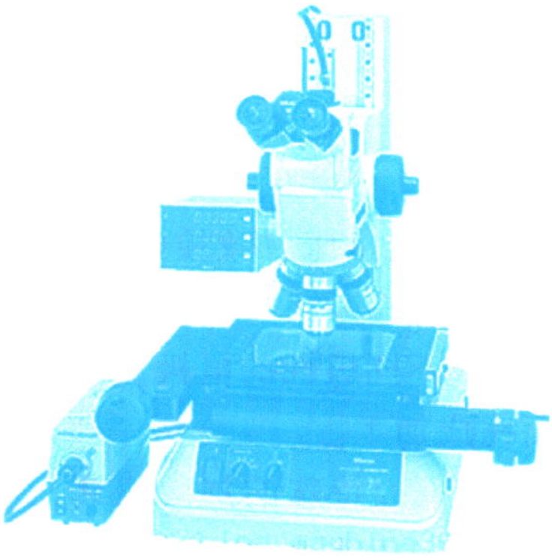

图 1-12 多坐标测量仪

图 1-13 工业机器人

（1）机床本体　如图 1-14 所示，立式加工中心的机床本体部分主要由床身基体与工作台面、立柱、主轴部件等组成。安装时，将立柱固定在水平床身之上，保证安装后的垂直导轨与两水平导轨之间的垂直度等要求；将主轴部件安装在立柱之上，保证主轴与立柱之间的平行度等要求。

（2）数控装置　SIEMENS 系统的数控装置如图 1-15 所示，主要由数控系统、伺服驱动装置和伺服电动机组成。其工作过程为：数控系统发出的信号经伺服驱动装置放大后指挥伺服电动机进行工作。

数控系统部分是数控机床的“大脑”，数控机床的所有加工动作均需通过数控系统来指挥。数控系统与伺服电动机之间的连接部分为数控机床的电器部分（一般位于机床背面的电器柜中），数控系统发出的所有指令均通过电器部分来传递。

(3) 刀库与换刀装置　刀库的作用是储备一定数量的刀具，通过机械手实现与主轴上刀具的交换。加工中心上使用的刀库主要分为盘式刀库和链式刀库两种。

(4) 辅助装置　加工中心常用的辅助装置如图1-16所示，有气动装置、润滑装置、冷却装置、排屑装置和防护装置等。其中，气动装置主要向主轴、刀库、机械手等部件提供高压气体。加工中心的冷却方式分为气冷和液冷两种，分别采用高压气体与切削液进行冷却。

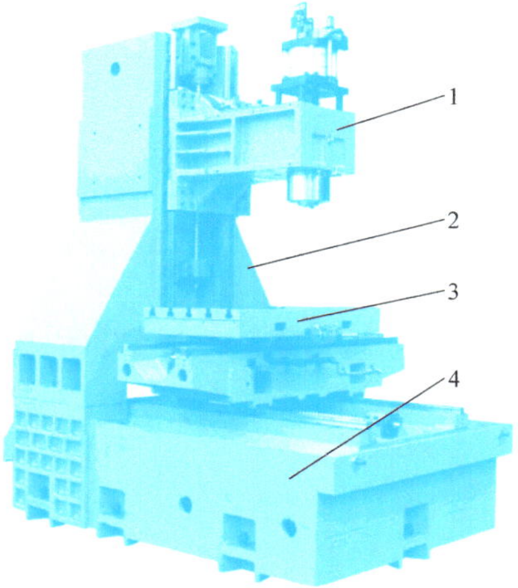

图1-14　立式加工中心的机床本体

1—主轴部件　2—立柱

3—工作台面　4—床身基体

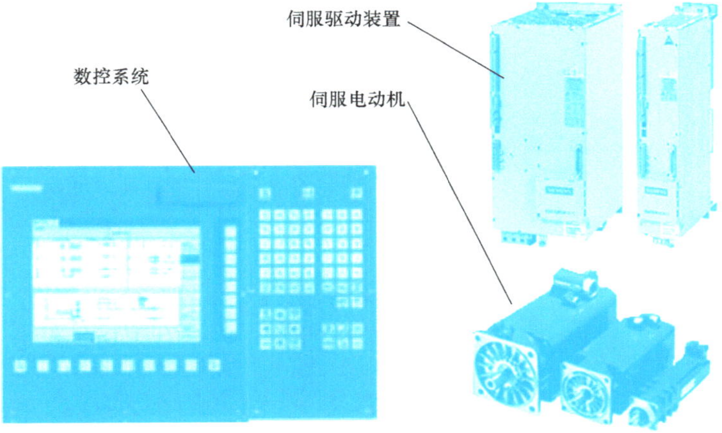

图1-15　SIEMENS系统的数控装置

4. 适合数控铣床/加工中心加工的零件

根据数控铣床/加工中心的特点，适合数控铣削/加工中心加工的零件主要有以下几类。

(1) 平面类零件　加工面平行或垂直于水平面，或加工面与水平面的夹角为定角的零件称为平面类零件（图1-17）。这类零件的特点是各个加工面是平面或可以展开成平面。平面类零件是数控铣削加工中最简单的一类零件，一般只需用三坐标数控铣床的两坐标联动（即两轴半坐标联动）就可以完成加工。

(2) 变斜角类零件　加工面与水平面的夹角呈连续变化的零件称为变斜角类零件（图1-18）。变斜角类零件的变斜角加工面不能展开为平面，但在加工中，加工面与铣刀圆周的瞬时接触为一条线。最好采用四坐标、五坐标数控铣床摆角加工，若没有上述机床，也可采用三坐标数控铣床进行两轴半近似加工。

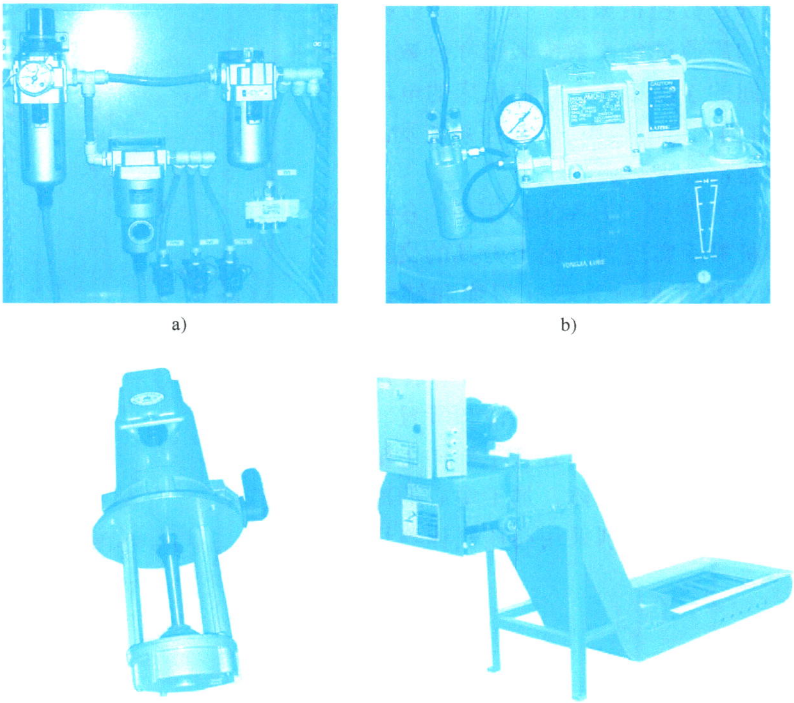

a) b) c) d)

图 1-16 部分辅助装置

a）气动装置 b）润滑装置 c）冷却装置 d）排屑装置

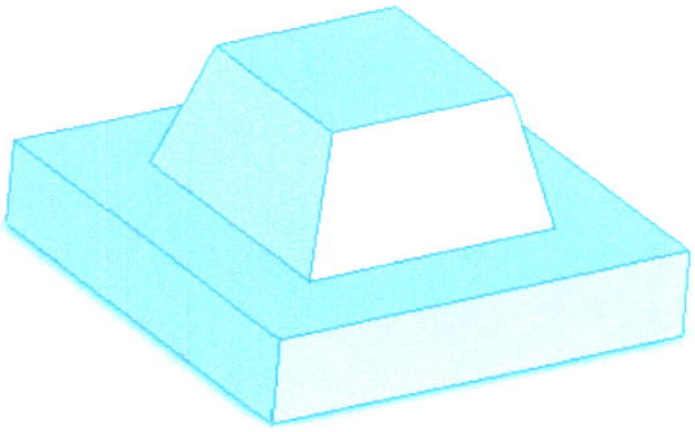

图 1-17 平面类零件

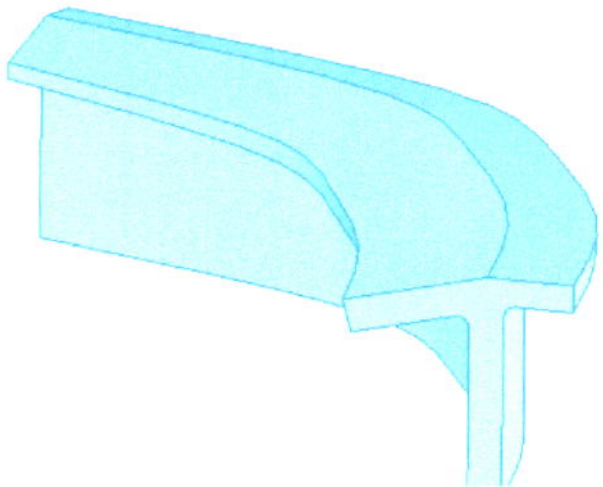

图 1-18 变斜角类零件

（3）曲面类零件 加工面为空间曲面的零件称为曲面类零件（图 1-19）。曲面类零件不能展开为平面。加工时，铣刀与加工面始终为点接触，一般采用球头铣刀在三轴或多轴加工中心上进行精加工。

（4）既有平面又有孔系的零件 既有平面又有孔系的零件，如图 1-20 所示，主要是指箱体类零件和盘、套、板类零件。加工这类零件时，最好采用加工中心在一次安装中完成零件上平面的铣削、孔系的钻削、镗削、铰削、铣削及攻螺纹等多工序加工，以保证该类零件各加工表面间的相互位置精度。

（5）结构形状复杂的零件 结构形状复杂的零件是指其主要表面由复杂曲线、曲面组成的零件。加工这类零件时，通常需采用加工中心进行多坐标联动加工。常见的典型零件有图 1-21a 所示的凸轮类零件、图 1-21b 所示的叶轮类零件、图 1-21c 所示的模具类零件等。

图 1-19 曲面类零件

图 1-20 既有平面又有孔系的零件

a) b) c)

图 1-21 结构形状复杂的零件

a）凸轮类零件 b）叶轮类零件 c）模具类零件

（6）外形不规则的异形零件 异形零件（图 1-22）是指支架、拨叉类外形不规则的零件，大多采用点、线、面多工位混合加工。由于外形不规则，在普通机床上只能采取工序分散的原则加工，使用的工装较多，周期较长。利用加工中心多工位点、线、面混合加工的特点，可以完成大部分甚至全部工序内容。

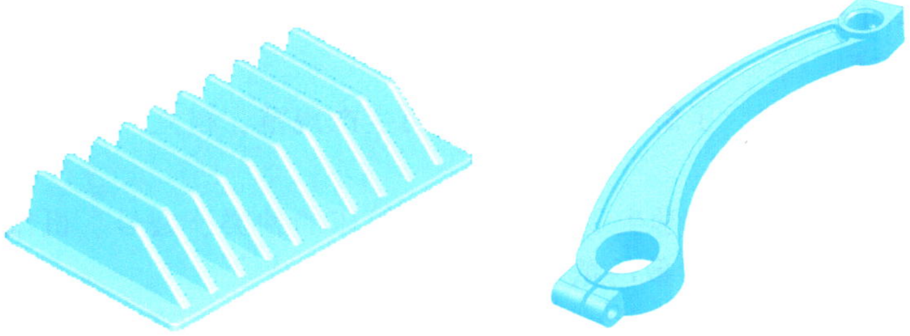

图 1-22 异形零件

（7）其他类零件 加工中心除常用于加工以上特征的零件外，还较适宜加工周期性投产的零件，加工精度要求较高的中小批量零件和新产品试制中的零件等。

任务实施

1. 安全文明生产知识学习

1）正确穿戴工作服、工作鞋、防护眼镜和工作帽。工作服的穿戴要求如图 1-23 所示，要做到领口紧、下摆紧、袖口和裤脚紧的“三紧”要求；进入加工车间时，不能赤脚或穿凉鞋，最好穿具有防砸、防穿刺、防滑、防油及绝缘等性能的皮鞋或皮靴，穿工作鞋时（图1-24）鞋带一定要系紧；戴好工作帽（图1-25）是为了防止头发被机床转动的部位卷入，女同学必须将头发塞入帽中，以免发生事故。佩戴防护眼镜（图1-25）的目的是防止在加工零件时，切屑飞出损伤眼睛。

图1-23 正确穿戴工作服

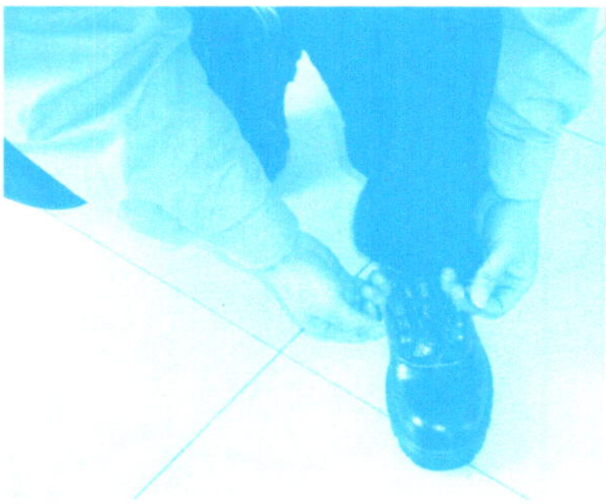
图1-24 系紧工作鞋带

图1-25 戴好工作帽和防护眼镜

2）应加强手部的防护措施。在生产过程中，不要用手直接接触机床上的金属屑，以防止手被扎伤。操作机床时，严禁戴手套，也不能用布去擦除切屑，从而避免手被卷进转动的机器的伤害。各种切削液和溶剂对人的皮肤都有刺激作用，经常接触可能会引起皮疹或感染，所以应尽量少接触这些液体，如果无法避免，接触后要尽快洗手。

3）严禁在车间打闹，一些不经意的玩笑可能会给你或其他人带来严重的伤害。

4）如果在车间不慎受伤，应及时进行处理（送医院等），并尽快向指导教师汇报。

2. 参观数控车间

1）参观数控加工车间，了解常规的安全文明生产规范，树立“一进工厂门，安全记在心”的安全意识。

2）参观数控加工设备，使学生了解数控加工机床的种类、型号、机床参数、使用的数控系统等。完成表1-1中各项参数的填写。

3）参观数控加工零件，请思考，为什么这些零件适宜在数控机床上进行加工？并列举更多的适宜在数控机床上加工的零件。

3. 数控机床的保洁与外观检查

（1）清理机床　清理机床时，首先应着重清理工作台表面和导轨表面，然后在为这些工作表面上油，以避免因这些表面的表面精度及清洁程度影响零件的加工质量；然后再清理机床的防护装置，包括机床外壳和切屑防护装置。

（2）外观检查

1）检查电器柜的柜门是否锁紧，以确保门开关被按下（门开关关闭时，数控系统电源不能被接通）从而能顺利接通机床电源。

2）检查润滑油的高度，润滑油的高度应位于图 1-26 所示最高油位刻线和最低油位刻线之间。当润滑油的高度低于最低油位刻线时应及时加油，否则会产生缺油报警。

3）检查气压是否正常，听一听机床是否有漏气的部位，检查图 1-27 所示高压气枪是否通气顺畅。

4）检查切削液箱（该装置一般位于机床床身底部）中的切削液高度是否合适。

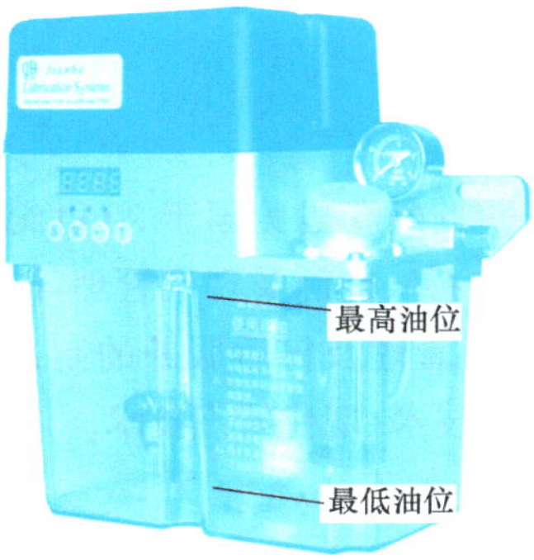

图 1-26　油位高度

图 1-27　高压气枪

任务评价

任务评价通过任务检测与评分来实现，是对任务完成情况的一个综合评价，以评分表的形式体现，本任务的任务评价表见表 1-2。评价过程可通过自评、互评和教师评分等多种形式来实现。任务评价表体现了本任务的任务要求，其内容包括任务评分、程序与加工工艺、机床操作和安全文明生产等方面的知识。

表 1-2　认识数控铣床/加工中心任务评价表

项目与权重	序号	技术要求	配分	评分标准	检测记录	得分
加工操作（50%）	1	熟悉数控机床	20	教师提问		
	2	标注机床技术参数	30	不正确每处扣 3 分		
程序与加工工艺	3	暂无				
机床操作	4	暂无				
安全文明生产（50%）	5	工作场所整理	30	现场清理		
	6	安全操作	10	教师提问		
	7	机床外观检查	10	情况记录		

（1）任务评分　该项指标主要用于评价学生对任务的完成情况与完成质量。对于零件加工来说，主要有尺寸精度、几何精度、表面粗糙度和配合精度等内容。在开始实习时，学生以安全操作机床为实习的主要目的，因此，工件评分在开始的几个任务中配分权重较轻，随着任务的深入，该项目的配分将逐渐提高，直至达到占总分的 70%～80%。

（2）程序评分　该项指标主要用于评价程序编写的规范性、合理性和正确性，与任务评分配分情况相反，在开始几个任务中，程序评分将作为配分的重点，但其配分权重将随任务的深入而减轻，直至降到占总分的 20%～30%。

（3）机床操作　机床操作的配分权重也是前重后轻，将随任务的深入而降低配分权重，直至最终取消该项目的配分或酌情按10%的比例配分。

（4）安全文明生产　安全文明生产的配分要体现在每个任务中，在开始的任务中要特别加以强调，以使学生养成良好的文明生产习惯，在以后的任务或等级工考核中以倒扣分的形式加以体现。

本任务配分主要体现在安全文明生产和学生认知技能的评分，没有涉及数控编程与加工工艺及机床操作的内容。

知识拓展

先进制造技术简介

先进制造技术（Advanced Manufacturing Technology，AMT）的概念是美国于20世纪80年代末期提出的。它是传统制造业不断地吸收机械、信息、电子、材料、能源及现代管理等方面的最新技术成果，并将其综合应用于产品开发与设计、制造、检测、管理及售后服务的制造全过程。可以说：先进制造技术=信息技术+传统制造技术的发展+自动化技术+现代管理技术。

先进制造技术是个大制造的概念，其主要内容可以归纳为如下。

1）现代设计理论和方法。

2）先进的加工技术。例如，精密成形或净成形技术；激光、电子束、离子束、电化学和电火花加工技术；快速成型技术；计算机辅助设计/计算机辅助工程/工艺规划/计算机辅助制造等。

3）先进的制造自动化技术。例如，柔性快速制造系统、数控技术、机器人技术、虚拟制造等。

4）先进的生产管理模式。例如，基于先进制造自动化技术的及时生产、并行工程、敏捷制造等。

随着电子、信息等高新技术的不断发展和市场需求个性化与多样化，未来先进制造技术发展的总趋势是向精密化、柔性化、网络化、虚拟化、智能化、清洁化、集成化、全球化的方向发展，图1-28所示为当今现代制造技术的应用场合。

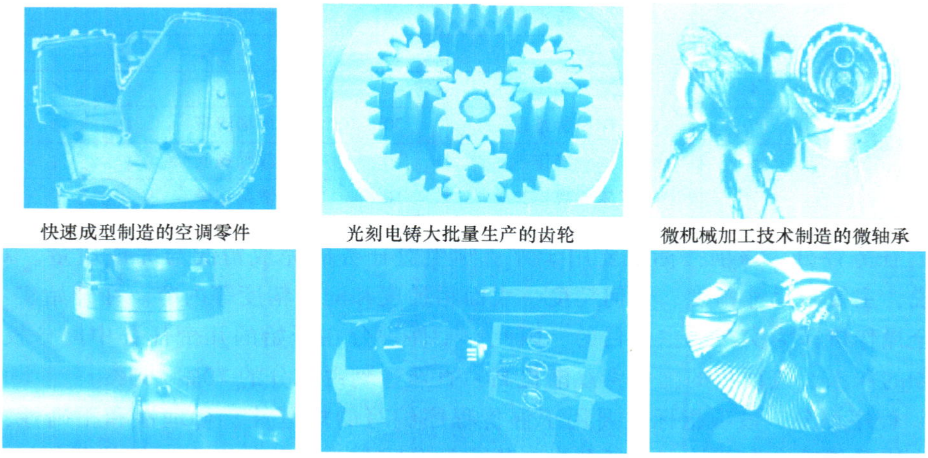

快速成型制造的空调零件　光刻电铸大批量生产的齿轮　微机械加工技术制造的微轴承

激光焊接　虚拟技术在福特汽车设计上的应用　高速加工的汽轮机叶片

图1-28　当今现代制造技术的应用场合

任务二　数控系统面板操作

知识目标

- 掌握数控铣床/加工中心操作面板上各功能按钮的含义与用途。
- 了解数控铣床/加工中心常用的数控系统。

技能目标

- 标注面板上各类按钮的中文含义。
- 掌握数控铣床/加工中心操作面板的开、关电源操作。

素养目标

- 具有良好的职业道德。
- 具有沟通协作能力。

任务描述

认识图 1-29 所示数控铣床/加工中心的机床面板，掌握面板上各类按钮的主要功能，标注相关按钮的中文含义。

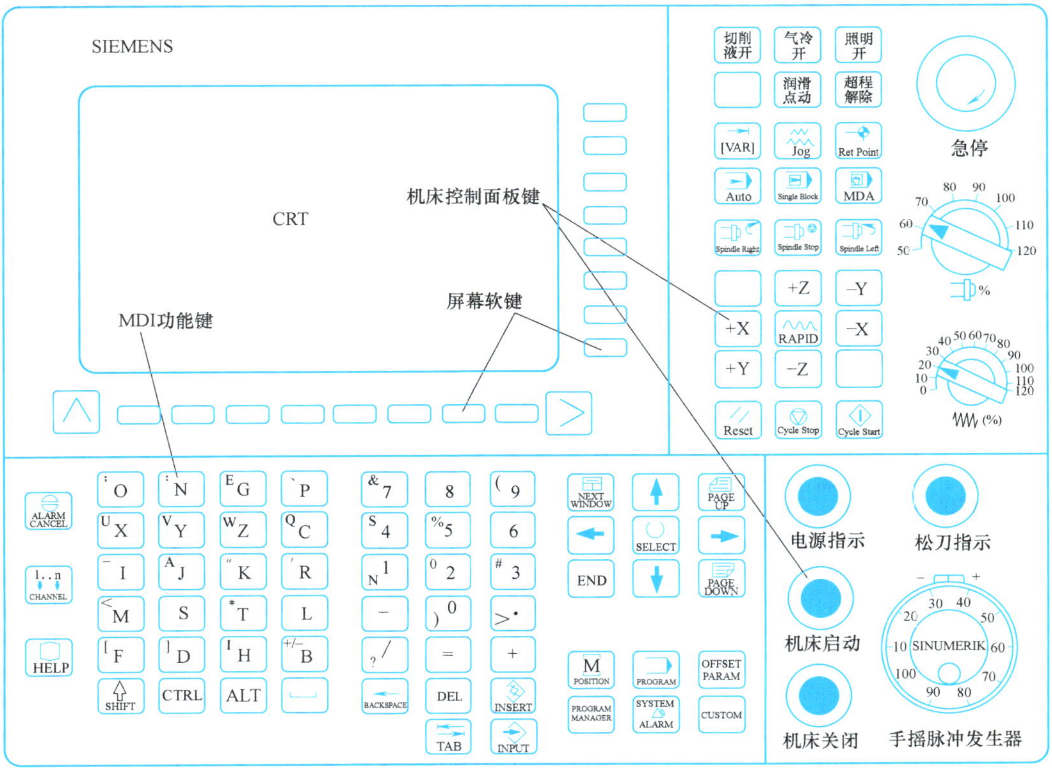

图 1-29　SIEMENS 802D 数控铣床系统操作面板图

知识链接

1. 数控铣床/加工中心操作面板

数控铣床/加工中心操作面板按钮分三部分，分别为数控铣床/加工中心控制面板按钮、数控系统 MDI 功能键和 CRT 显示器下方的软键。

提示：本书中，机床面板上的控制键用带“”的字符表示，如“机床启动”等；系统操作面板上的 MDI 功能键用加□的字母或文字表示，如 SELECT 等；CRT 屏幕相对应的软键用加［ ］的文字表示，如［程序］等。

（1）机床控制面板按钮　SIEMENS 802D 机床控制面板按钮的功能见表 1-3。

表 1-3　SIEMENS 802D 机床控制面板按钮

名称	功能键图	功　　能
机床总电源开关	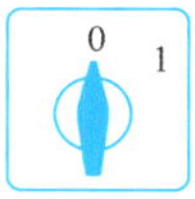	机床总电源开关一般位于机床的背面，置于“1”时为主电源开
系统电源开关	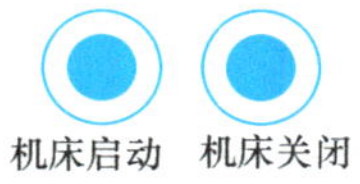	按下“机床启动”按钮，向机床润滑、冷却等机械部分及数控系统供电
指示灯		当机床总电源接通后，电源指示灯亮；在进行装卸刀具时，按下“松刀指示”按钮，松刀指示灯亮
紧急停止		当出现紧急情况而按下“急停”按钮时，在屏幕上出现“EMG”字样，机床报警指示灯亮
厂家自定义键		可控制机床切削液的启动与关闭；气动冷却的开关；机床照明的开关；给机床进行点动润滑及超行程的解除
模式选择按钮	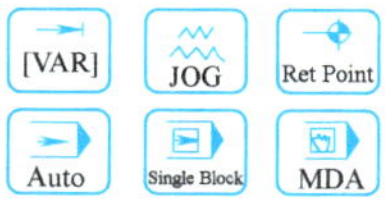	“VAR（步进增量）”模式：在该模式下可选择步进增量，配合轴的方向键进行点动增量进给操作 “JOG（手动）”模式：在该模式下可进行手动切削连续进给、手动快速进给、程序编辑、对刀等操作 “Ret Point（回零）”模式：在该模式下可进行回参考点操作 “Auto（自动）”模式：可使机床进行自动运行程序 “Single Block（单段加工）”模式：自动运行模式下的单段运行 “MDA（录入）”模式：手动数据（如参数）输入的操作 注：以上模式按钮除“Single Block”与“Auto”可复选外，其余按钮均为单选按钮，只能选择其中的一个
主轴功能		“Spindle Right”：主轴正转按钮 “Spindle Stop”：主轴停转按钮 “Spindle Left”：主轴反转按钮 注：以上按钮仅在“JOG”或“VAR”模式下有效

（续）

名称	功能键图	功　　能
“JOG”进给及其进给方向	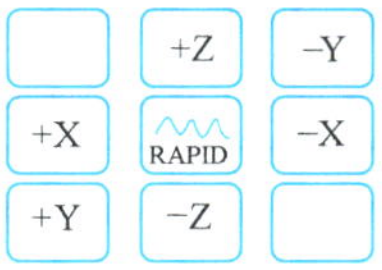	“JOG”模式下，按下指定轴的方向键不松开，即可指定刀具沿指定的方向进行手动连续慢速进给。进给速率可通过进给速度倍率旋钮进行调节 按下中间位置的“快速移动”按钮（RAPID）不松开，再按下指定轴的方向键不松开，即可实现该方向上的快速进给
主轴倍率调整旋钮	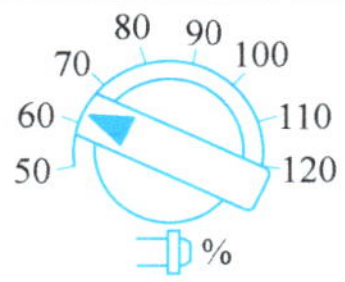	在主轴旋转过程中，可以通过主轴倍率调整旋钮对主轴转速进行 50%～120% 的无级调速。同样，在程序执行过程中，也可对程序中指定的转速 S 进行调节
进给速度倍率旋钮	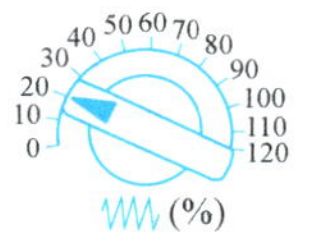	在手动连续进给中，可以通过进给速度倍率旋钮对进给速度进行调节，范围为 0～120%。同样，在程序执行过程中，也可对程序中指定的进给速度 F 进行调节
自动运行控制键		“Reset”键用于系统复位，使系统返回初始状态 “Cycle Stop” 为循环暂停键，又称进给保持键 “Cycle Start” 为循环启动键

（2）数控系统 MDI 功能键　数控系统 MDI 功能键位于机床面板 CRT 显示器的下方，其功能含义见表 1-4。

表 1-4　MDI 按键功能

名称	功能键图例	功　　能
数字键	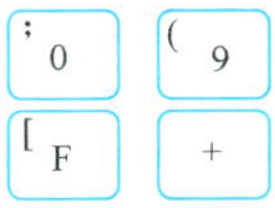	用于数字 1～9 及运算符“+”“-”“ • ”“/”“(”等字符的输入
运算键		
字母键		用于 A、B、C、X、Y、Z、I、J、K 等字母的输入
退格键	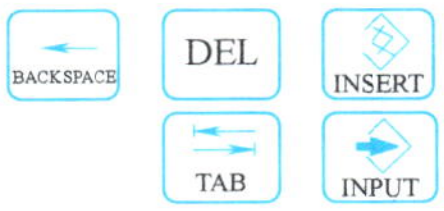	BACK SPACE：按下该键，删除光标前一个字符
删除键		DEL：按下该键，删除光标当前位置的字符
插入键		INSERT：用于程序编辑过程中程序字的插入
制表键		TAB：按下该键，当前光标位置前插入 5 个空格
确认键		INPUT：用于确认输入内容；编程时按下该键，光标另起一行
上档键	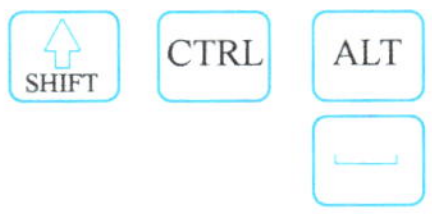	SHIFT：用于输入的上档功能键
替代键		CTRL：控制键
控制键		ALT：用于程序编辑过程中程序字的替代
空格键		└┘：空格键，在文本或程序中插入空格
下个窗口	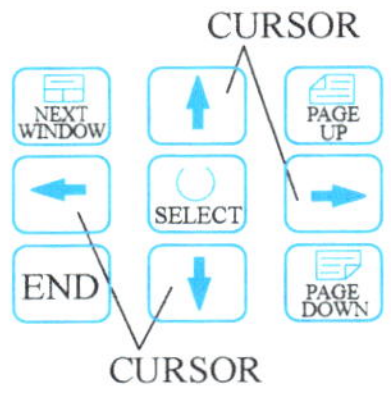	NEXT WINDOW：该键未使用
结束键		END：按下该键，使光标移动至该程序段的结尾处
选择键		SELECT：该键用于机床模式的选择与转换
翻页键		PAGE UP：用于向程序开始的方向翻页
		PAGE DOWN：用于向程序结束的方向翻页
光标移动		CURSOR：光标移动键共 4 个，使光标上、下或前、后移动

（续）

名称	功能键图例	功　能
位置显示	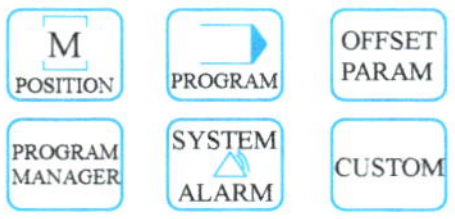	POSITION：按下该键，显示当前加工位置的机床坐标值/工件坐标值
程序		PROGRAM：按下该键，将显示正在执行或编辑的程序内容
参数设置		OFFSET PARAM：按下该键，可设置、显示刀具补偿值和工件坐标系
程序管理		PROGRAM MANAGER：按下该键，将显示内存中的所有程序号列表
报警		SYSTEM ALARM：按下该键，可显示各种系统报警信息
自定义		CUSTOM：该键用于厂家自定义
报警取消		ALARM CANCEL：该键用于消除数控系统（包括机床）的一些报警信号
通道转换		CHANNEL：通道转换键
帮助		HELP：帮助功能键，为操作者提供报警信息与帮助

（3）屏幕划分与屏幕软键　屏幕划分与屏幕软键如图 1-30 所示，分为状态区、应用区域、说明及软键区域三部分。SIEMENS 802D 系统的屏幕软键较为复杂，本书将在介绍操作过程中介绍其软键功能。

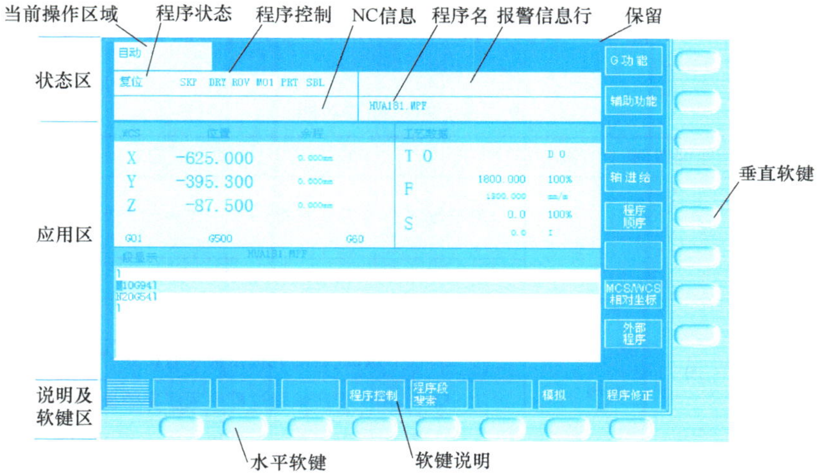

图 1-30　SIEMENS 802D 系统的屏幕划分与屏幕软键

2. 常用数控系统简介

目前，在中国市场上，应用于数控铣床/加工中心的数控系统主要有发那科系统、西门子系统、海德汉系统、华中系统等。

（1）FANUC（发那科）数控系统　FANUC 数控系统由日本 FANUC 公司研制开发。该数控系统在我国得到了广泛的应用。常用的有 FANUC 18i MA/MB、FANUC 0i MA/MB/MC、FANUC 0 MD、FANUC Serles 0i-MF 等。FANUC 数控系统操作界面如图 1-31 所示。

（2）SIEMENS（西门子）数控系统　SIEMENS 数控系统由德国西门子公司开发研制，该系统我国数控机床中应用得也相当普遍。目前，在我国市场上，常用的数控系统除 SIEMENS 810D、SIEMENS 810T/M 等型号外，还有专门针对我国市场开发的 SINUMERIK 802S、802C、802D、828D、840D 等多种型号。SIEMENS 828D 数控铣床/加工中心的数控系统操作面板如图 1-32 所示。

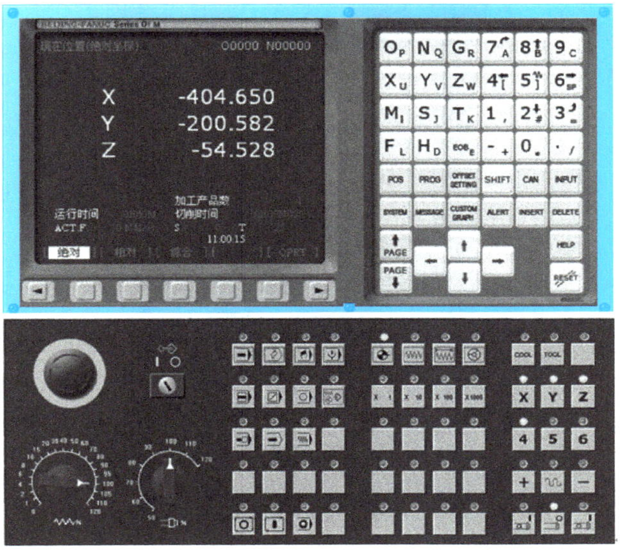

图 1-31 FANUC 数控铣床/加工中心系统操作面板

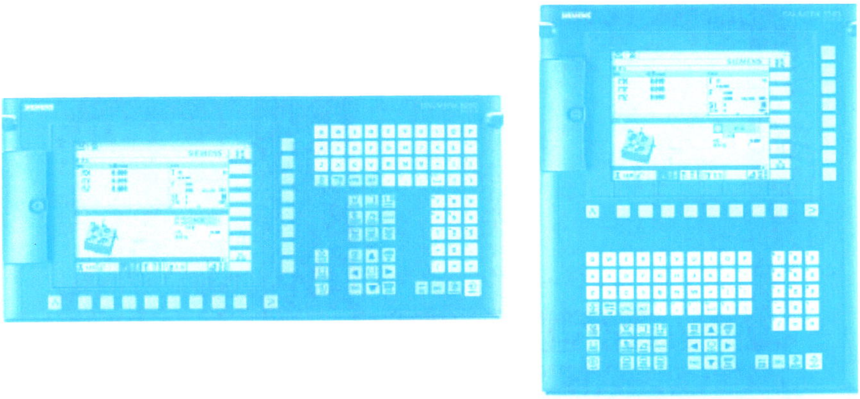

图 1-32 SIEMENS 828D 数控铣床/加工中心的数控系统操作面板

（3）海德汉数控系统 海德汉数控系统由德国海德汉（HEIDENHAIN）公司开发研制，该系统在我国被广泛运用于多轴加工机床，特别是在五轴加工中心的数控系统中占有很大的份额。其常用的系统有 iTNC530 HSCI、TNC620、TNC640 等，图 1-33 所示为海德汉 iTNC530 HSCI 数控系统操作面板。

（4）国产系统 自 20 世纪 80 年代初期开始，我国数控系统的生产与研制得到了飞速的发展，并逐步形成了以航天数控集团、机电集团、华中数控、蓝天数控等以生产普及型数控系统为主的国有企业，以及发那科（北京）、西门子数控（南京）有限公司等合资企业的基本力量。目前，常用于铣床的国产数控系统有北京凯恩地数控系统，如 KND2000MFi 等；华中数控系统，如 HNC-808Di/M 等；北京航天数控系统，如 CASNUC 2100 等。华中 HNC-808Di/M 数控系统操作面板如图 1-34 所示。

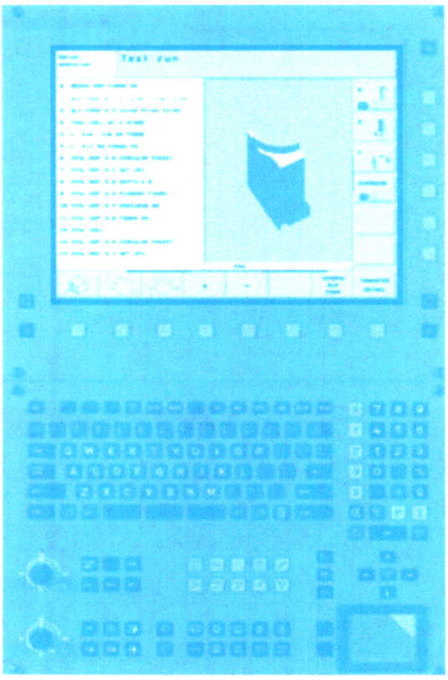

图 1-33 海德汉 iTNC530 HSCI 数控系统操作面板

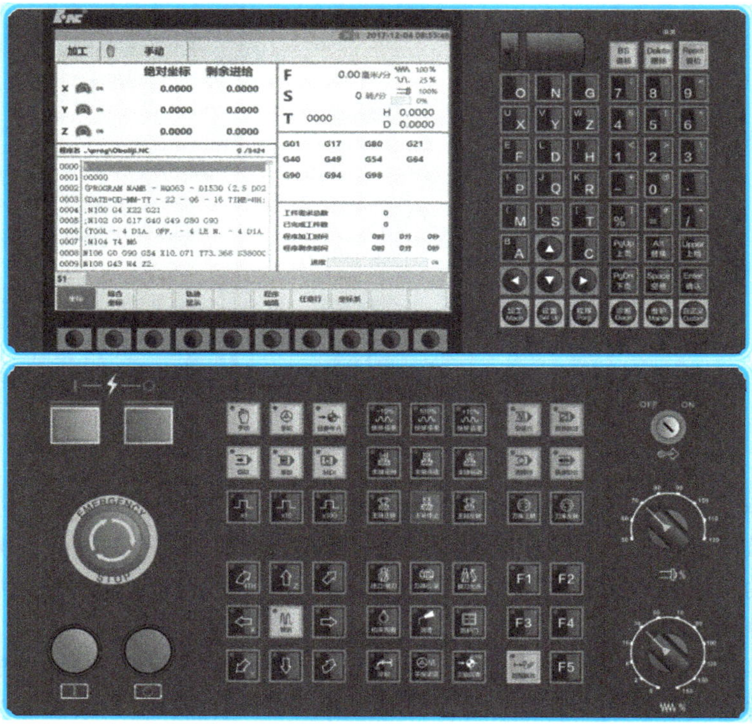

图 1-34 华中 HNC-808Di/M 数控系统操作面板

（5）其他系统 除了以上三类主流数控系统外，国内使用较多的数控系统还有三菱数控系统、法格数控系统等。

任务实施

1. 实习准备

每组 4~5 人，配备一台 SIEMENS 802D 系统数控铣床或加工中心进行数控实习。

2. 开、关机床操作

（1）机床开电源

1）检查机床和 CNC 系统各部分初始状态是否正常。

2）将机床侧面电器柜上的电源开关顺时针方向扳到“1”位置，接通机床电源。

3）按下机床面板上的“机床启动”按钮，数控系统开始启动，系统引导内容完成后，显示图 1-35 所示的开机界面。

4）检查“急停”按钮是否被按下，如被按下，需顺时针方向转动“急停”按钮，使按钮向上弹起。

5）屏幕右上角闪烁“003000”报警信号，按下复位键数秒后，“003000”报警信号取消，系统复位。

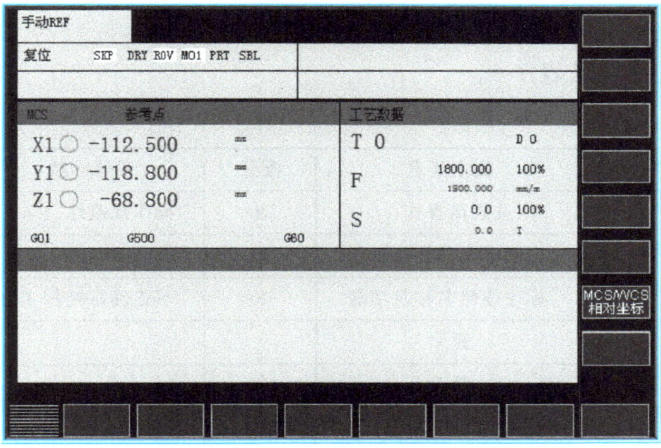

图 1-35　机床开机界面

（2）机床关电源　关电源的操作与开电源操作相反，其操作步骤如下。

1）按下 POSITION 键，回到主界面。

2）按下急停键。

3）按下“机床关闭”按钮，关闭系统电源。

4）将机床侧面电器柜上的电源开关逆时针方向扳到“0”位置，关闭机床电源。

3. 根据按钮的图标，完成表 1-5 的填写

表 1-5　局部按钮的功能说明

按钮图标	英文名称	中文含义	功能说明
[VAR]			

（续）

按钮图标	英文名称	中文含义	功能说明

任务评价

本任务的任务评价表见表 1-6。

表 1-6 数控系统面板操作任务评价表

项目与权重	序号	技术要求	配分	评分标准	检测记录	得分
加工操作（60%）	1	开、并机床操作	20	操作规范性		
	2	识读机床功能按钮	20	教师提问		
	3	标注按钮名称及功能	20	不正确每处扣 3 分		
程序与加工工艺	4	暂无				
机床操作	5	暂无				
安全文明生产（40%）	6	工作场所整理	20	现场清理		
	7	安全操作	20	现场打分		

知识拓展

数控机床的发展方向

（1）高速度与高精度　目前数控车削和数控铣削的切削速度已达到 5000～8000m/min 以上，主轴转速达到 30000～100000r/min；当分辨率为 1μm 时，工作台的移动速度在 100m/min 以上，当分辨率为 0.1μm 时，则在 24m /min 以上。自动换刀速度在 1s 以内，小线段的插补进给速度达 12m/min。

现代科学的发展，新材料及新零件的出现，对精密加工技术不断提出新的要求，提高加工精度，发展新型超精密加工机床，完善精密加工技术，以适应现代科技的发展，是现代数控机床的发展方向之一。其精度已从微米级到亚微米级，直至纳米级。近 10 多年来，普通数控机床的加工精度已由±10μm 提高到±5μm，精密级数控机床的加工精度则从±（3～5）μm 提高到±（1～1.5）μm。

（2）高柔性　柔性即适应性，采用柔性自动化设备或系统，是提高加工精度和效率，缩短生产周期，适应市场变化需求和提高竞争能力的有效手段。数控机床在提高单机柔性化的同时，朝着单元柔性化和系统柔性化方向发展。如出现可编程控制器控制的可调组合机床、数控多轴加工中心、换刀箱式加工中心、数控三坐标动力单元等具有柔性的高效加工设备、柔性加工单元（FMC）、柔性制造系统（FMS），以及介于传统自动线与柔性制造系统之间的柔性制造线（FTL）。

（3）高度智能化　随着人工智能在计算机领域的不断渗透与发展，为适应制造业生产柔性化、自动化发展需要，智能化正成为数控设备研究及发展的方向，它不仅贯穿于生产加工的全过程，还贯穿在产品的售后服务和维修中，目前采取的主要技术措施包括自适应控制技术、专家系统技术、故障自诊断、自修复技术、智能化交流伺服技术、模式识别技术等方面。

（4）高复合化　复合化包含工序复合和功能复合。工序复合是将车、铣、镗等工序集中到一台机床来完成，打破了传统的工序和分开加工的工艺规程，可最大限度地提高设备利用率。功能复合是指为了进一步提高工效，采用多主轴、多面体切削，即同时对一个零件的不同部位进行车削、镗孔、钻孔、攻螺纹、铣削等不同方式的切削加工。

目前加工中心的刀库容量可多达120把，自动换刀装置的换刀时间为1～2s。除了镗铣类加工中心和车削类车削中心外，还出现了集成型车铣加工中心、自动更换电极的电火花加工中心及带有自动更换砂轮装置的内圆磨削加工中心等。

随着数控技术的不断发展，打破了原有机械分类的工艺性能界限。复合加工技术不仅是加工中心、车削中心等在同类技术领域内的复合，而且正向不同类技术领域内的复合发展。另外，现代数控系统的控制轴数可多达16轴，同时联动轴数已达到6轴。高档次的数控系统，还增加了自动上下料的轴控制功能，从而进一步扩大了数控机床的工艺范围。

（5）高可靠性　高可靠性的数控系统是提高数控机床可靠性的关键。选用高质量的印制电路板和元器件，对元器件进行严格地筛选，建立稳定的制造工艺及产品性能测试等一整套质量保证体系。在新型的数控系统中采用大规模、超大规模集成电路实现三维高密度插装技术，把典型的硬件结构进一步集成化，制成专用芯片，可提高系统的可靠性。

现代数控机床都装备有各种类型的监控、检测装置，以及具有故障自动诊断与保护功能，能够对工件和刀具进行监测，发现工件超差，刀具磨损、破裂，能及时报警，给予补偿，或对刀具进行调换，具有故障预报和自恢复功能，保证数控机床长期可靠地工作。数控系统一般能够对软件、硬件进行故障自诊断，能自动显示故障部位及类型，以便快速排除故障。此外，系统中注意增强保护功能，如行程范围保护功能、断电保护功能等，以避免损坏机床和工件的报废。

任务三　数控铁床/加工中心手动操作

知识目标

- 掌握数控铣床/加工中心坐标系的确定方法。
- 了解数控机床的安全操作规程。

技能目标

- 学会数控铣床/加工中心的手动回参考点操作。
- 掌握数控铣床/加工中心的对刀操作及设定工件坐标系的方法。
- 学会数控铣床/加工中心的手摇进给操作和手动进给操作。

素养目标

- 具有安全文明生产和环境保护意识。
- 具有团队意识。

任务描述

采用手摇（HANDLE）或手动（JOG）切削方式加工图 1-36 所示的工件，工件毛坯选用 80mm×80mm×35mm 的硬铝，刀具选择与安装、工件的装夹与找正均由教师完成。

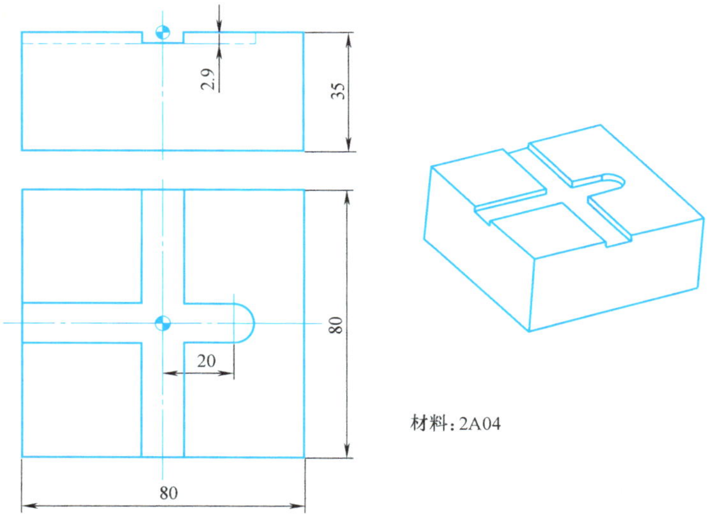

技术要求

1.槽宽为16mm,采用ϕ16mm立铣刀进行加工。

2.忽略加工表面的表面粗糙度值要求。

图 1-36　手动操作加工实例

知识链接

1. 机床坐标系

（1）机床坐标系的定义　在数控机床上加工零件，机床动作是由数控系统发出的指令来控制的。为了确定机床的运动方向和移动距离，就要在机床上建立一个坐标系，这个坐标系就称为机床坐标系，也称为标准坐标系。

（2）机床坐标系中的规定　数控铣床的加工动作主要分为刀具动作和工件动作两部分。因此，在确定机床坐标系的方向时规定：永远假定刀具相对于静止的工件而运动。对于工件运动而不是刀具运动的机床，编程人员在编程过程中也按照刀具相对于工件的运动来进行编程。

对于机床坐标系的方向，均将增大工件和刀具间距离的方向确定为正方向。

数控机床的坐标系采用右手定则的笛卡儿坐标系。如图 1-37 所示，图 1-37a 中大拇指的方向为 *X* 轴的正方向，食指指向 *Y* 轴的正方向，中指指向 *Z* 轴的正方向，而图 1-37b 则规定了转动轴 *A*、*B*、*C* 轴的转动正方向。

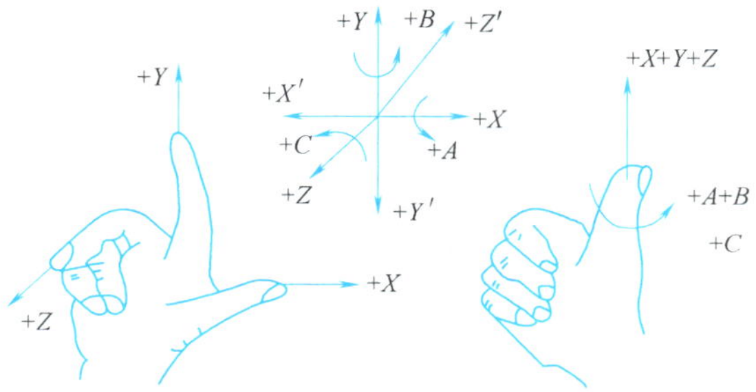

图 1-37 右手笛卡儿坐标系

（3）机床坐标系的确定 数控铣床的机床坐标系方向如图 1-38 和图 1-39 所示，其确定方法如下。

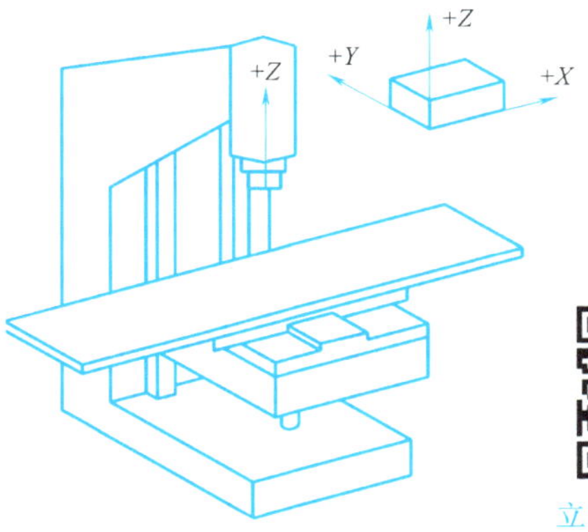

立式升降台铣床

图 1-38 立式升降台铣床

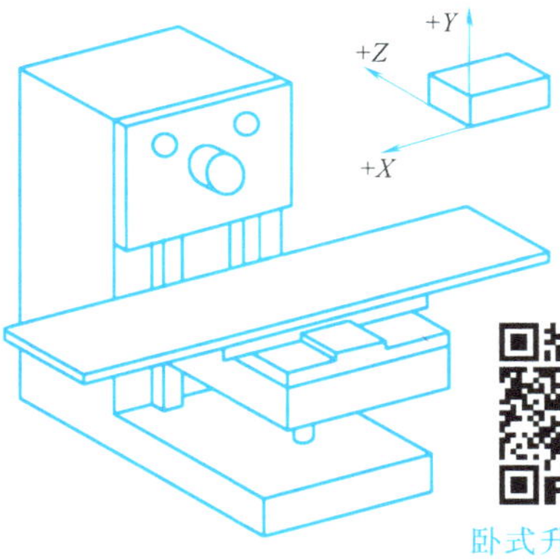

卧式升降台铣床

图 1-39 卧式升降台铣床

Z 坐标轴方向：*Z* 坐标轴的运动由传递切削力的主轴所决定，不管哪种机床，与主轴轴线平行的坐标轴即为 *Z* 轴。根据坐标系正方向的确定原则，在钻、镗、铣加工中，钻入或镗入工件的方向为 *Z* 轴的负方向。

X 坐标轴方向：*X* 坐标轴一般为水平方向，它垂直于 *Z* 轴且平行于工件的装夹面。对于立式铣床，当 *Z* 轴方向垂直时，站在工作台前，从刀具主轴向立柱看，水平向右方向为 *X* 轴的正方向，如图 1-38 所示。当 *Z* 轴方向水平时，则从主轴向工件看（即从机床背面向工件看），向右方向为 *X* 轴的正方向，如图 1-39 所示。

Y 坐标轴方向：*Y* 坐标轴垂直于 *X*、*Z* 坐标轴，根据右手笛卡儿坐标系来进行判别。由此可见，确定坐标系各坐标轴时，总是先根据主轴来确定 *Z* 轴，再确定 *X* 轴，最后确定 *Y* 轴。

旋转轴方向：旋转运动 A、B、C 相对应表示其轴线平行于 X、Y、Z 坐标轴的旋转运动。A、B、C 正方向为 X、Y、Z 坐标轴正方向上按照右旋旋进的方向。

2. 机床原点和机床参考点

（1）机床原点　机床原点（也称为机床零点）是机床上设置的一个固定点，用以确定机床坐标系的原点。它在机床装配、调试时就已设置好，一般情况下不允许用户进行更改。

机床原点又是数控机床进行加工运动的基准参考点，数控铣床的机床原点一般设在刀具远离工件的极限点处，即坐标正方向的极限点处。

（2）机床参考点　对于大多数数控机床，开机第一步总是首先进行返回机床参考点（即所谓的机床回零）操作。开机回参考点的目的就是为了建立机床坐标系，并确定机床坐标系的原点。该坐标系一经建立，只要机床不断电，将永远保持不变，并且不能通过编程对它进行修改。

机床参考点是数控机床上一个特殊位置的点，机床参考点与机床原点的距离由系统参数设定，其值可以是零。如果其值为零，则表示机床参考点和机床原点重合，如果其值不为零，则机床开机回零后显示的机床坐标系的值即是系统参数中设定的距离值。

3. 工件坐标系

（1）工件坐标系的概念　机床坐标系的建立保证了刀具在机床上的正确运动。但是，由于加工程序的编制通常是针对某一工件根据零件图样进行的，为了便于尺寸计算、检查，加工程序的坐标系原点一般都与零件图样的尺寸基准相一致。这种针对某一工件，根据零件图样建立的坐标系称为工件坐标系（也称编程坐标系）。

（2）工件坐标系原点　工件坐标系原点也称编程坐标系原点，该点是指工件装夹完成后，选择工件上的某一点作为编程或工件加工的原点。本书工件坐标系原点在图中以符号“”表示。

（3）工件坐标系原点的选择　工件坐标系原点的选择原则如下。

1）工件坐标系原点应选在零件图的基准尺寸上，以便于坐标值的计算，减少错误。

2）工件坐标系原点应尽量选在精度较高的工件表面，以提高被加工零件的加工精度。

3）Z 轴方向上的工件坐标系原点，一般取在工件的上表面。

4）当工件对称时，一般以工件的对称中心作为 XY 平面的原点，如图 1-40a 所示。

5）当工件不对称时，一般取工件其中的一个垂直交角处作为工件原点，如图 1-40b 所示。

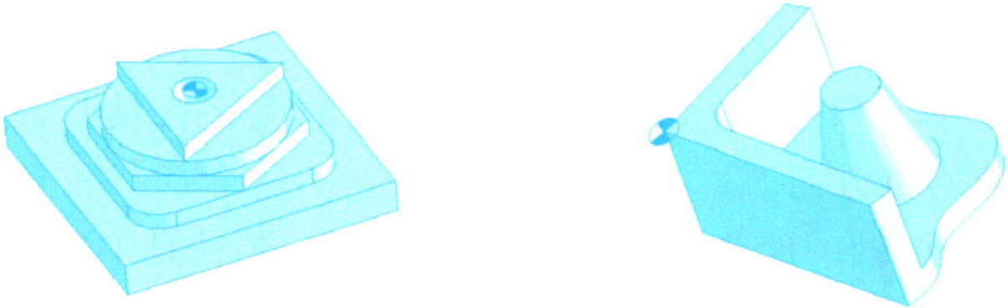

a)　　b)

图 1-40　工件坐标系原点的选择

（4）工件坐标系原点的设定　工件坐标系原点通常通过零点偏置的方法来进行设定，其设定过程为：选择装夹后工件的编程坐标系原点，找出该点在机床坐标系中的绝对坐标值（图 1-41 中的 $-a$、$-b$ 和 $-c$ 值），将这些值通过机床操作面板输入机床偏置存储器参数（这种参数有 G54～G59 共计 6 个）中，从而将机床坐标系原点偏移至工件坐标系原点。找出工件坐标系在机床坐标系中位置的过程称为对刀。

零点偏置设定的工件坐标系实质上就是在编程与加工之前让数控系统知道工件坐标系在机床坐标系中的具体位置。通过这种方法设定的工件坐标系，只要不对其进行修改、删除操作，该工件坐标系将永久保存，即使机床关机，其坐标系也将保留。

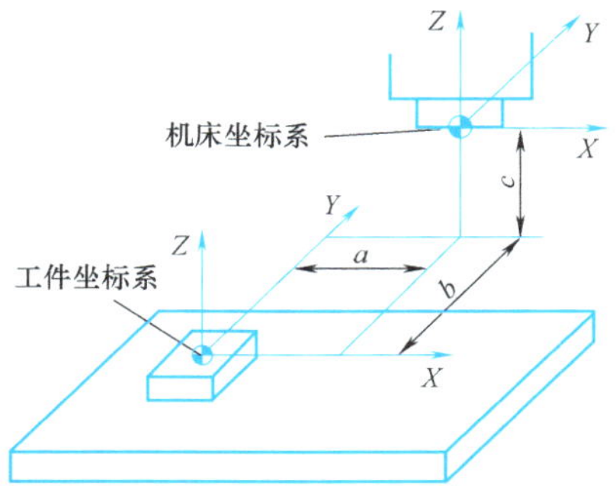

图 1-41　工件坐标系原点的设定

工件坐标系原点的设定

4. 数控机床安全操作规程

数控机床一定要做到规范操作，以避免发生人身、设备、刀具等安全事故。

（1）机床操作前的安全操作

1）零件加工前，可以通过试车的办法来检查机床运行是否正常。

2）在操作机床前，仔细检查输入的数据，以免引起误操作。

3）确保指定的进给速度与操作所要求的进给速度相适应。

4）当使用刀具补偿时，仔细检查补偿方向与补偿量。

5）CNC 与 PMC 参数都是由机床生产厂家设置的，通常不需要修改，如果必须修改参数，在修改前请确保对参数有深入全面的了解。

6）机床通电后，CNC 装置尚未出现位置显示或报警界面前，不要碰 MDI 面板上的任何键，MDI 面板上的有些键专门用于维护和特殊操作。在开机的同时按下这些键，可能会使机床产生数据丢失等误操作。

（2）机床操作过程中的安全操作

1）当手动操作机床时，要确定刀具和工件的当前位置，并保证正确指定了运动轴及方向和进给速度。

2）机床通电后，请务必先执行手动回参考点。如果机床没有执行手动回参考点操作，机床的运动不可预料。

3）在手轮进给时，一定要选择正确的手轮进给倍率，过大的手轮进给倍率容易产生刀具或机床的损坏。

4）手动干预、机床锁住都可能移动工件坐标系，用程序控制机床前，请先确认工件坐标系。

5）通常，使用机床空运行来确认机床运行的正确性。在空运行期间，机床以空运行的进给速度运行，这与程序输入的进给速度不一样，且空运行的进给速度要比编程用的进给速度快得多。

（3）与编程相关的安全操作

1）如果没有设置正确的坐标系，尽管指令是正确的，但机床可能并不按想象的动作运动。

2）在编程过程中，一定要注意米、寸制的转换，使用的单位制式一定要与机床当前使用的单位制式相同。

3）当编制极坐标插补或法线方向（垂直）控制时，要特别注意回转轴的转速。回转轴转速不能过高，如果工件装夹不牢，会由于离心力过大而甩出工件引起事故。

4）在补偿功能模式下，发出基于机床坐标系的运动命令或参考点返回命令，补偿就会暂时取消，这可能会导致机床出现不可预想的运动。

任务实施

1. 加工准备

（1）设备、材料及工量具的准备　本任务选用的机床为 SIEMENS 802D 系统的 XK7650 型数控铣床，毛坯为 80mm×80mm×35mm 的硬铝。加工中使用的工具、量具、刃具清单见表 1-7。

表 1-7　工具、量具、刃具清单

序号	名称	规格	数量	备注
1	游标卡尺	0～150mm　0.02mm	1	
2	千分尺	0～25mm，25～50mm，50～75mm	各 1	
3	百分表	0～10mm　0.01mm	1	
4	磁性表座		1	
5	立铣刀	ϕ10mm，ϕ16mm	1	选用
6	键槽铣刀	ϕ10mm，ϕ16mm	各 1	选用
7	平口钳	200mm	各 1	
8	辅具	垫铁、活扳手、压板、螺钉等	各 1	
9	其他	铜棒、铜皮、毛刷等常用工具		选用
		计算机、计算器、编程用书等		

（2）切削参数的准备　本例工件选用 ϕ12mm 的立铣刀（高速钢材料）进行加工。选择切削速度为 600r/min，手摇或手动进给速度控制在 50～150mm/min，背吃刀量等于总切深量为 2.9mm。

2. 手动切削前的准备工作

（1）回参考点操作

1）旋转“进给速度倍率”旋钮，使其上的箭头指向 100%。

2）选择“Ret Point（回零）”模式，按下 POSITION 键进入如图 1-42 所示“回参考点”窗口，窗口中的“○”表示坐标轴未回到参考点，如果显示“◕”则表示坐标轴已经回到参考点。

3）按住“+Z”键，使主轴向 *Z* 轴正向移动，屏幕上的图标由“Z1○”变成“Z1◕”，表示 *Z* 轴已经回到参考点。

4）按照同样的方法，使 *X* 轴返回参考点。

5）按照同样的方法，使 *Y* 轴返回参考点。

X 轴、*Y* 轴、*Z* 轴回参考点后，屏幕显示如图 1-42 所示。通常情况下，在返回参考点结束后还需采用“JOG（手动）”模式来结束回参考点状态，并按住“-X”“-Y”“-Z”键，使刀架回移一段距离，以离开机床的极限位置，再进行机床的其他操作。

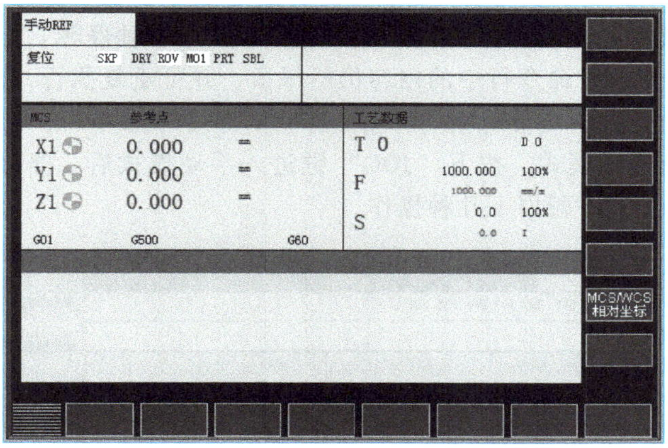

图 1-42　机床回参考点后显示界面

在回参考点过程中，有以下几方面的注意事项。

1）开机后，首先应进行“机床回参考点”操作，机床坐标系的建立必须通过该操作来完成。

2）即使机床已经回到参考点，如出现下列三种情况时，必须重新进行“回参考点”操作：机床系统断电后重新接通电源；机床解除急停状态后；机床超程报警解除后。

3）在 X、Y、Z 轴回参考点过程中，如果选择了错误的回参考点方向，刀架则不会移动。

4）在 X、Y、Z 轴回参考点过程中，注意不要发生任何碰撞。

5）机床回参考点时，刀具离参考点不能太近，否则回参考点过程中会出现超程报警。

提示　为了确保回参考点过程中刀具与机床的安全，数控铣床的回参考点一般先进行 Z 轴的回参考点，再进行 X 轴及 Y 轴的回参考点操作。

（2）在“MDA（录入）”模式下设定转速　先按“MDA”键进入手动数据输入运行方式，然后按 POSITION （位置显示）键进入图 1-43 所示窗口。

在 MDA 窗口的命令行中，输入“M03 S600；M05；”再将“SINGLE BLOCK（单段加

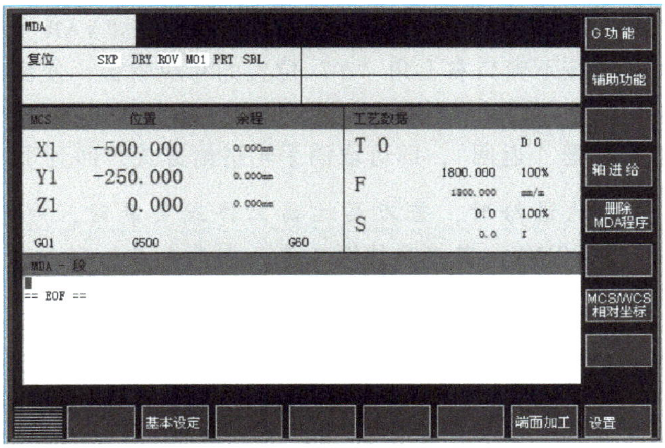

图 1-43　“MDA”模式显示窗口

工）”模式打开；将“主轴倍率调整”旋钮上的箭头指向100%；按下“循环启动”键，主轴将以600r/min的转速正转；再次按下“循环启动”键，主轴停转。

该程序段执行完毕后，命令行中的内容仍然保留，并可重复执行，直至输入新的内容替换它。

（3）“JOG（手动）”模式 按下“JOG”键进入手动模式后，屏幕显示图1-44所示窗口，在这种方式下，主要进行以下几种操作。

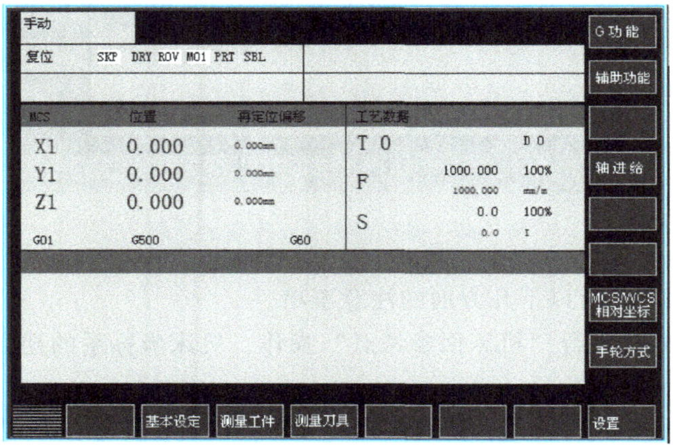

图1-44 “JOG”模式显示窗口

1）慢速工进：按住某轴的“方向选择”键可以使工作台、主轴沿相应的轴向移动；移动速度可以通过“进给速度倍率”旋钮随时调节。

2）快速进给：按住某轴的“方向选择”键不松开，同时按住“RAPID（快速移动）”按钮，可以使工作台、主轴沿该轴快速移动。

3）增量进给：按下“VAR（步进增量）”键，进入增量模式并选择增量步长（1INC、10INC、100INC、1000INC）后，每按一次轴的“方向选择”键，刀架向相应方向移动一个步进增量，这种方式可对坐标位置进行精确调节。

在“VAR”模式下，按下“JOG”键，则结束增量模式，进入手动运行方式。

（4）手轮进给 在“JOG”窗口中，按下垂直软键［手轮方式］进入图1-45所示手轮操作窗口。例如，要使机床朝$-Y$方向移动1mm，可重复按下“VAR（步进增量）”键，选择增量步长为100INC，再按下窗口右上角“Y”位置的对应软键，使窗口右下角“Y”位置出现“√”符号，逆时针方向转动手轮10小格，即可完成机床的移动。

按下图1-45中垂直软键［返回］，即可取消手轮进给方式，回到手动状态。

提示 利用手轮进给时，若刀具远离工件或夹具时，则可选择增量步长为100INC或1000INC；若刀具接近工件、夹具或在切削加工状态时，则选择增量步长为1INC或10INC。

当有些机床采用图1-46所示带有轴选择和增量步长选择的综合手轮时，只要手轮的轴选择开关没有位于“OFF（关闭）”档位，则系统默认当前机床运行方式为手轮方式，且轴的选择、增量步长的选择都默认为手轮上的选择。若需进行“回零”操作或利用“JOG”模式进行手动进给，则需先把手轮上轴的选择档位拨至“OFF”处，再进行相关操作。

注意　手动进给操作时，进给方向一定不能搞错，这是数控机床操作的基本功。

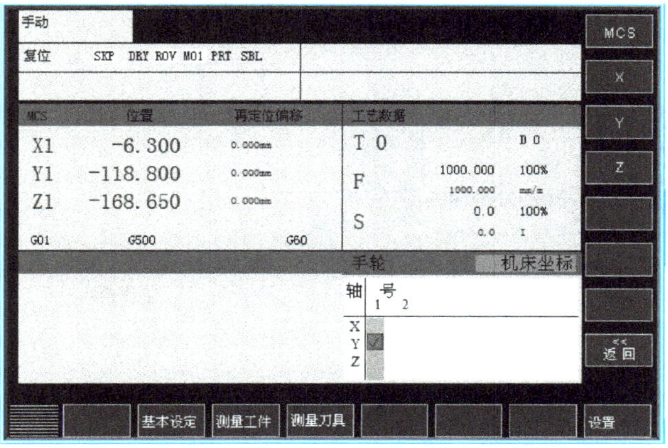

图 1-45　手轮操作窗口

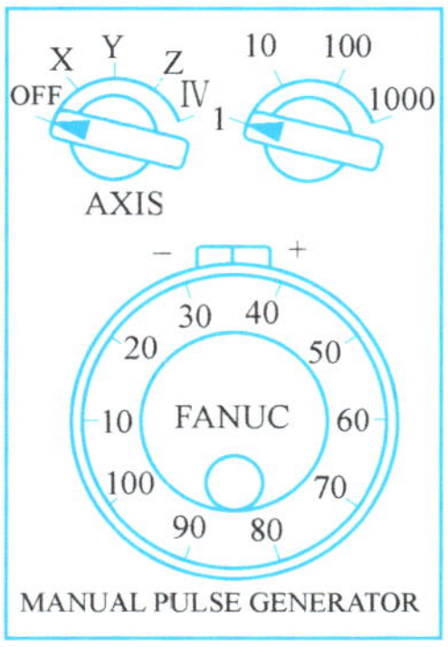

图 1-46　综合手轮

（5）机床超程解除　在手摇或手动进给过程中，由于进给方向错误，常会发生超行程报警现象，解除过程如下。

1）按下“超程解除”键不要松开，同时连续按下“RESET”键，消除报警信号。

2）仍不松开“超程解除”键，利用手轮控制机床向超程轴的反方向移动，退出超行程位置，使机床恢复正常。

（6）对刀操作

1）*XY* 平面的对刀操作。

XY 平面的对刀操作步骤如下。

① 选择“JOG（手动）”模式，主轴上安装好找正器，将进给速度倍率旋钮和主轴倍率调整旋钮设置在 100%。

② 选择“MDA”模式，输入“M03 S500;”，按下“循环启动”键，从而在“MDA”模式下开主轴。

③ 选择“JOG（手动）”模式，选择机床坐标系，选择手轮方式。

④ 选择相应的轴，快速摇动手轮，使其接近 *X* 轴方向的一条侧边，如图 1-47 所示 *A* 点处，降低手动进给倍率，使找正器慢慢接近工件侧边，使找正器正确找正侧边 *A* 点处。记录屏幕显示界面中的机械坐标系（MCS）的 *X* 值，设为 X_1（假设 $X_1=-557.0\text{mm}$）。

⑤ 用同样的方法找正侧边 *B* 点处，记录下尺寸 X_2 值（假设 $X_2=-443.0\text{mm}$）。

⑥ 计算出工件坐标系的 *X* 值，$X=(X_1+X_2)/2$。

⑦ 重复步骤④、⑤、⑥，用同样方法测量并计算出工件坐标系的 *Y* 值。

⑧ 按下 RESET 键，使主轴停止转动。

2）*Z* 轴方向的对刀。

① 将主轴停转，手动换上切削用刀具。

② 在工件上方放置一个 ϕ10mm 的测量用检验棒（或量块），利用手轮，使刀具在 *Z* 轴方向快速接近检验棒（图 1-48），然后降低手动进给倍率，使刀具与检验棒微微接触。记录

下屏幕显示界面中机床坐标系的 Z 值，设为 Z_1（假设 $Z_1=-360.0\text{mm}$）。

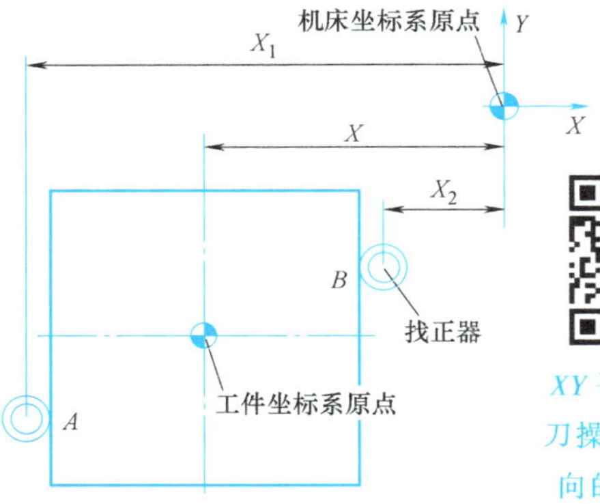

图 1-47　XY 平面内的对刀操作

XY 平面内的对刀操作、Z 轴方向的对刀操作

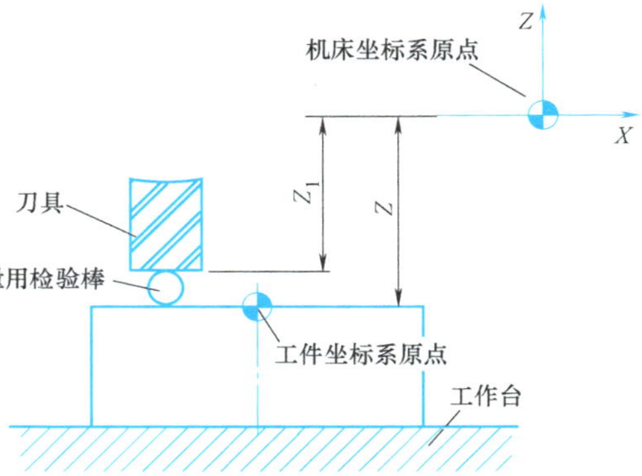

图 1-48　Z 轴方向的对刀操作

③ 计算出工件坐标系的 Z 值，$Z=Z_1-10.0\text{mm}$（10.0mm 为检验棒直径）。

④ 如果是加工中心，同时使用多把刀具进行加工，则可重复以上步骤，分别测出各自不同的 Z 值。

（7）工件坐标系的设定方法一　将工件坐标系原点与机械坐标系原点间的零点偏移量手动输入在 G54 地址中，其设定过程如下。

① 按下 MDI 功能键 OFFSET SETTING 。

②按下屏幕下的软键［零点偏移］，出现图 1-49 所示界面。

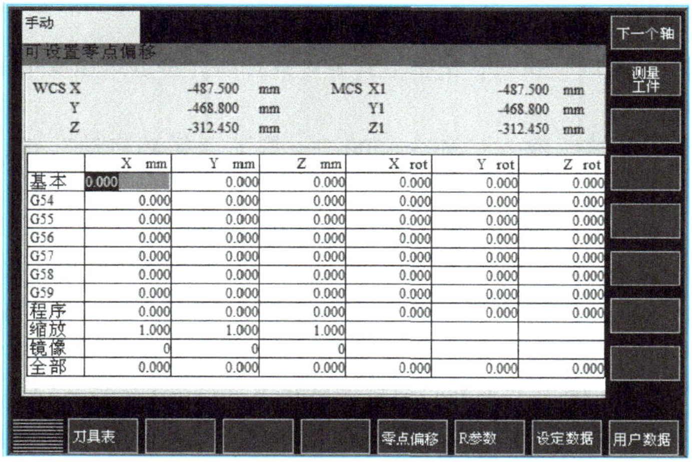

	X mm	Y mm	Z mm	X rot	Y rot	Z rot
基本	0.000	0.000	0.000	0.000	0.000	0.000
G54	0.000	0.000	0.000	0.000	0.000	0.000
G55	0.000	0.000	0.000	0.000	0.000	0.000
G56	0.000	0.000	0.000	0.000	0.000	0.000
G57	0.000	0.000	0.000	0.000	0.000	0.000
G58	0.000	0.000	0.000	0.000	0.000	0.000
G59	0.000	0.000	0.000	0.000	0.000	0.000
程序	0.000	0.000	0.000	0.000	0.000	0.000
缩放	1.000	1.000	1.000			
镜像	0	0	0			
全部	0.000	0.000	0.000	0.000	0.000	0.000

图 1-49　零点偏置窗口

③ 向下移动光标，到 G54 坐标系 X 处，输入前面计算出的 X 值，注意不要输入地址 X，按下 INPUT 键。

④ 将光标移到 G54 坐标系 Y 处，输入前面计算出的 Y 值，按下 INPUT 键。

⑤ 用同样的方法，将计算出的 Z 值输入 G54 地址中。

（8）工件坐标系的设定方法二　利用工件测量功能，让系统自动计算 X、Y、Z 方向的零点偏移值，并自动完成偏移量设定。下面介绍利用试切法进行对刀及利用工件测量功能完成零点偏置值的设定。

1）确定 X 方向零点偏置。

确定 X 方向零点偏置的操作步骤如下。

① 装刀→主轴正转。

② 选择“JOG”模式→选择功能键 POSITION →按下水平软键［测量工件］→按下垂直软键［X］，进入图 1-50 所示 X 方向零点偏置计算窗口。

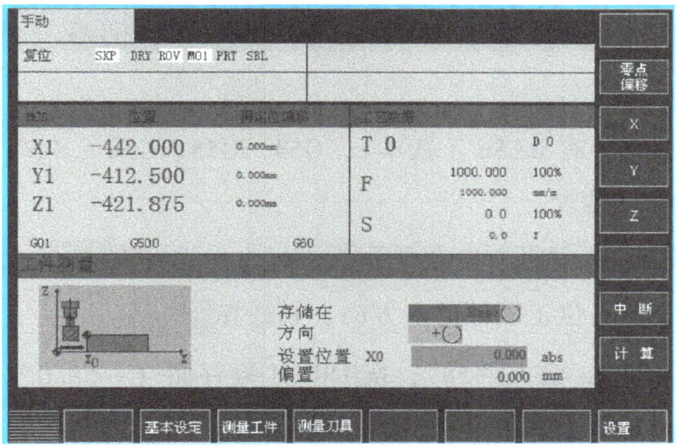

图 1-50　X 方向零点偏置计算窗口

③ 利用手轮使刀具往 X 轴负方向慢慢靠近图 1-51 所示工件侧边 A 点处，接触到工件后，立即停止机床进给运动。

④ 进行 X 方向零点偏置窗口参数填写及偏置计算，具体参数填写如图 1-52 所示。

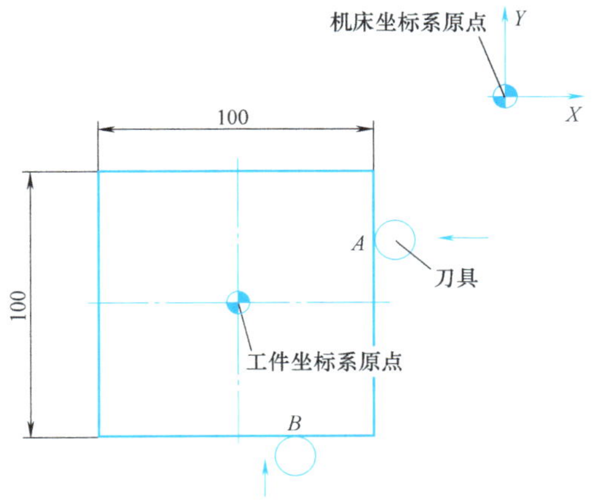

图 1-51　试切法对刀

⑤ 移动光标至 Base( )，按下选择键 ○，选择“G54”，此位置为工件坐标系原点 X

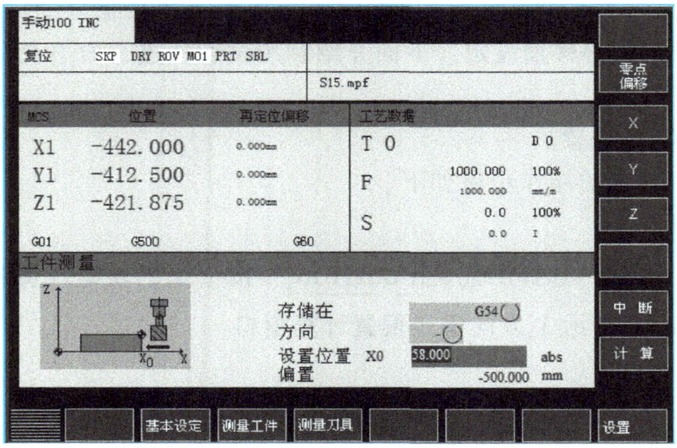

图 1-52 确定 *X* 方向零点偏置

方向机械坐标的存储位置，有 BASE（基本），G54、G55、G56 、G57、G58、G59，可利用选择键◯，进行选择存储地址。

⑥ 移动光标，利用选择键将方向选择为 -◯（方向选择有 -◯、+◯，其指定了刀具与工件的位置关系，若刀具位于工件的正方向，则选择 -◯）。

⑦ 移动光标至 0.000，输入“58”，按 INPUT 键存储（“58.0”为当前刀具中心与工件坐标系原点在 *X* 方向的距离，刀具直径为 16mm）。

⑧ 按下垂直软键［确认］，系统自动根据机床当前的坐标位置计算出偏置值“-500.000”，并将数值存储到 G54 的 X 地址中。

2）确定 *Y* 方向零点偏置。

确定 *Y* 方向零点偏置的操作步骤如下。

利用手轮使刀具沿 *Y* 轴正方向慢慢靠近图 1-51 所示工件侧边 *B* 点处，接触到工件后，立即停止机床进给运动；按照图 1-53 所示，完成参数的设定；按下垂直软键［计算］，系统自动计算出偏置值“-415.000”，并将数值存储到 G54 的 Y 地址中。

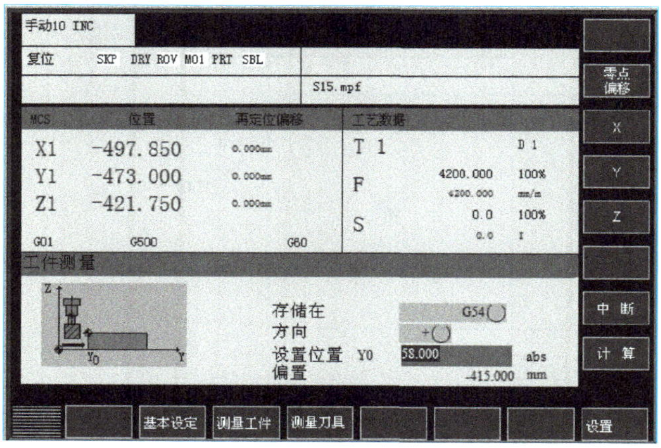

图 1-53 确定 *Y* 方向零点偏置

3）确定 Z 方向零点偏置。

参照前面的 Z 轴对刀方法，在刀具与检验棒微微接触后，立即停止机床进给运动，按照图 1-54 所示完成参数的设定，按下垂直软键［计算］，系统自动计算出偏置值“-370.000”，并将数值存储到 G54 的 Z 地址中。

在 X、Y、Z 方向零点偏置设定完后，可按下功能键 OFFSET PARAM →按下水平软键［零点偏移］，进入图 1-55 所示界面查看系统是否已在“G54”地址中完成了参数的存储。

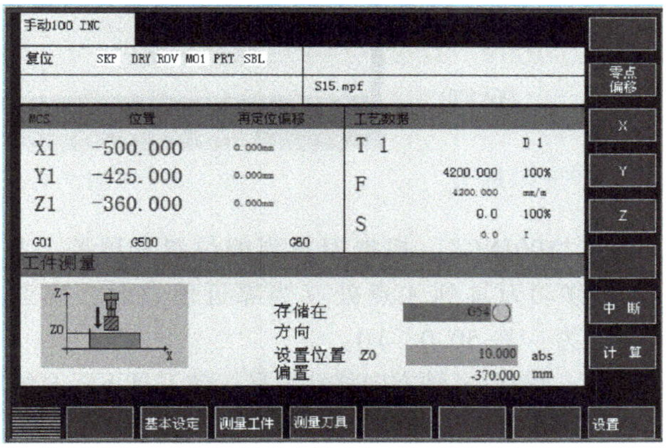

图 1-54　确定 Z 方向零点偏置

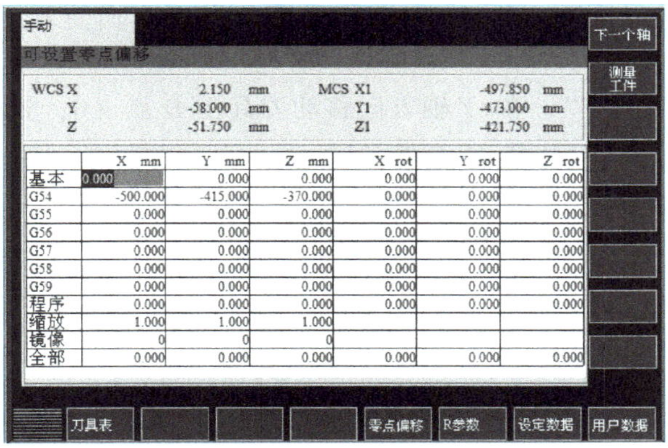

	X mm	Y mm	Z mm	X rot	Y rot	Z rot
基本	0.000	0.000	0.000	0.000	0.000	0.000
G54	-500.000	-415.000	-370.000	0.000	0.000	0.000
G55	0.000	0.000	0.000	0.000	0.000	0.000
G56	0.000	0.000	0.000	0.000	0.000	0.000
G57	0.000	0.000	0.000	0.000	0.000	0.000
G58	0.000	0.000	0.000	0.000	0.000	0.000
G59	0.000	0.000	0.000	0.000	0.000	0.000
程序	0.000	0.000	0.000	0.000	0.000	0.000
缩放	1.000	1.000	1.000			
镜像	0	0	0			
全部	0.000	0.000	0.000	0.000	0.000	0.000

图 1-55　零点偏移设置

3. 手动切削操作

（1）确定手动切削轨迹　本例工件的加工路线如图 1-56 所示，在 XY 平面内，刀具中心的切削轨迹分别为 $A \rightarrow B$ 和 $C \rightarrow D$。为了避免刀具 Z 向落刀与 Z 向抬刀过程中与工件发生碰撞，在 XY 平面内刀具切削进给的开始点（A 点和 C 点）要离开工件侧面大于一个刀具半径的距离。加工过程中的基点坐标如图 1-56 所示。

（2）工件切削加工　进行工件切削进给的操作步骤如下。

1）刀具 Z 向回参考点后，模式按钮选“JOG”，再选择“手轮方式”，按下主轴正转按钮“CW”。

2）按下 MDI 功能键 POSITION，这时的屏幕显示如图 1-57 所示。

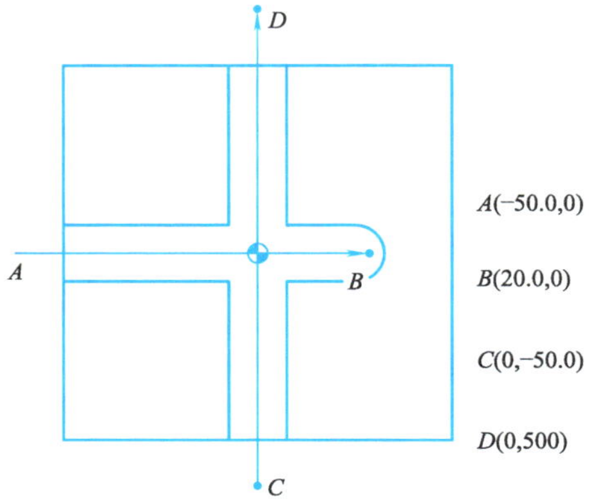

图 1-56 刀具在 XY 平面内的轨迹

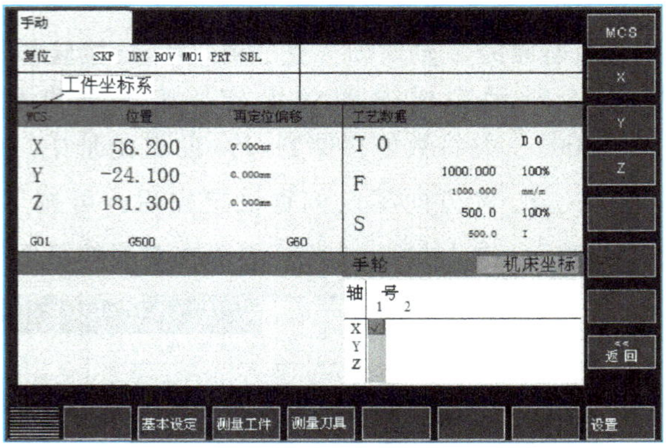

图 1-57 工件坐标系显示窗口

3）选择增量步长按钮“100INC”，根据刀具当前位置和屏幕上显示的绝对坐标值，手摇脉冲发生器，在 *XY* 平面移动刀具到 *A* 点处（当靠近该点时，应选择较小的增量步长），使屏幕中显示的绝对坐标值为：*X*−50.0，*Y*0。

4）选择手摇进给轴“*Z*”，仅在−*Z* 轴方向移动刀具，使刀具下降至绝对坐标（*Z*−2.9）处。

5）选择手摇进给轴“X”，在+*X* 轴方向移动刀具至 *B* 点（20.0，0）；手摇进给轴转换成“*Z*”，在+*Z* 轴方向移出刀具至 *Z*5.0 处。

6）在 *XY* 平面移动刀具到 *C* 点（0，−50.0）处，沿−*Z* 方向使刀具下降至绝对坐标（*Z*−2.9）处。

7）选择手摇进给轴“Y”，在+*Y* 轴方向移动刀具至 *D* 点（0，50.0）；手摇进给轴转换成“Z”，在+*Z* 轴方向移出刀具至 *Z*5.0 处。

8）再次执行 *Z* 向回参考点操作。

任务评价

本任务的任务评价表见表 1-8。

表 1-8 数控铣床/加工中心手动操作任务评价表

项目与权重	序号	技术要求	配分	评分标准	检测记录	得分
加工操作（15%）	1	外形正确	5	不正确全扣		
	2	无过切现象	5	每处扣 2.5 分		
	3	分层切削轮廓一致	5	不一致全扣		
程序与加工工艺（5%）	4	坐标点计算正确	5	每错一处扣 2.5 分		
机床操作（40%）	5	对刀操作正确	10	每错一次扣 5 分		
	6	坐标系设定正确	5	不正确全扣		
	7	进给参数设定合理	5	不合理每处扣 2.5 分		
	8	进给方向无差错	10	每错一次扣 5 分		
	9	机床操作不出错	10	每错一次扣 5 分		
安全文明生产（40%）	10	安全操作	20	出错全扣		
	11	机床维护与保养	10	不合格全扣		
	12	工作场所整理	10	不合格全扣		

知识拓展

数控铣削对刀

数控铣削对刀操作分为 X、Y 向对刀和 Z 向对刀。常用的对刀方法有试切法对刀和工具对刀两种，在数控加工过程中，通常根据加工条件和加工精度的要求来选择不同对刀方法。试切法对刀是利用铣刀与工件相接触产生切屑或摩擦声来找到工件坐标系原点的机床坐标值，它适用于工件侧面精度要求不高的场合；工具对刀适用于加工精度和加工表面质量要求较高的零件。

对刀工具通常选用寻边器和 Z 轴设定器。寻边器如图 1-58 所示，有光电式寻边器或偏心式寻边器两种类型，主要用于 X、Y 轴零点的确定。Z 轴设定器如图 1-59 所示，用于 Z 轴零点的确定，同样有机械式 Z 轴设定器和光电式 Z 轴设定器之分。采用光电式寻边器和 Z 轴设定器对刀时，被加工工件必须是良导体，且定位基准面有较好的表面质量。

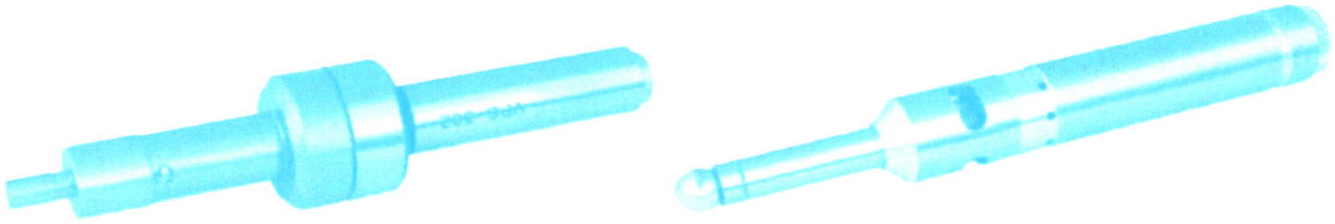

a)　　b)

图 1-58　寻边器

a）机械偏心式　b）电子式（光电式）

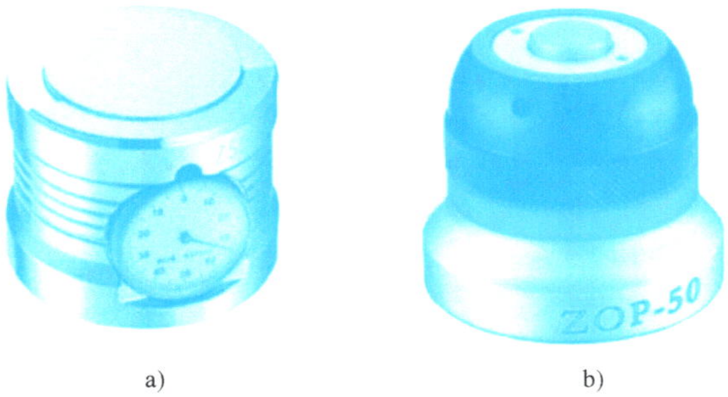

a)　　b)

图 1-59　Z 轴设定器

a）机械式　b）电子式（光电式）

任务四　数控程序输入与编辑

知识目标

- 了解数控编程的定义、分类、步骤、特点与要求。
- 掌握数控编程常用功能指令。
- 掌握数控编程的程序与程序段格式。

技能目标

- 学会数控程序手工输入与编辑的方法。
- 掌握数控程序在数控机床上校验的方法。
- 了解常见的程序出错报警信息。

素养目标

- 具有沟通协作能力。
- 具有自主学习的精神。

任务描述

采用手工输入方式将下列程序输入数控装置，并通过程序校验来验证所输入程序的正确性。

```
AA310. MPF;
G90   G94   G17   G54;
T1D1;
G74   Z0;
M03   S600;
G00   X-50.0   Y0   M08;
      Z20.0;
G01   Z-2.9   F100;
      X20.0;
G00   Z5.0;
  X0   Y-50.0;
G01   Z-2.9;
      Y50.0;
G00   Z50.0   M09;
M30;
```

说明 本例的程序即为图 1-36 所示零件的加工程序。

知识链接

1. 数控编程

（1）数控编程的定义　为了使数控机床能根据零件加工的要求进行动作，必须将这些要求以机床数控系统能识别的指令形式告知数控系统，这种数控系统可以识别的指令称为程序，制作程序的过程称为数控编程。

数控编程的过程不仅指编写数控加工指令代码的过程，它还包括从零件分析到编写加工指令代码，再到制成控制介质，以及程序校核的全过程。在编程前首先要进行零件的加工工艺分析，确定加工工艺路线、工艺参数、刀具的运动轨迹、位移量、切削用量（切削速度、进给量、背吃刀量），以及各项辅助功能（换刀、主轴正反转、切削液开关等）；接着根据数控机床规定的指令代码及程序格式编写加工程序单；之后把这一程序单中的内容记录在控制介质上（如软磁盘、移动存储器、硬盘），检查正确无误后采用手工输入到方式或计算机传输方式输入到数控机床的数控装置中，从而指挥机床加工零件。

（2）数控编程的分类　数控编程可分为手工编程和自动编程两种。

手工编程是指编制加工程序的全过程，即分析图样、确定加工工艺、数值计算、编写程序单、制作控制介质和程序校验都是由手工来完成。手工编程不需要计算机、编程器、编程软件等辅助设备，只需要有合格的编程人员即可完成。手工编程具有编程快速、及时的优点，但其缺点是不能进行复杂零件加工程序的编制。手工编程比较适合批量较大、形状简单、计算方便、轮廓由直线或圆弧组成的零件的加工。对于形状复杂的零件，特别是具有非圆曲线、列表曲线及曲面的零件，采用手工编程比较困难，最好采用自动编程的方法进行编程。

自动编程是指用计算机编制数控加工程序的过程。自动编程的优点是效率高，程序正确性好。自动编程由计算机代替人完成复杂的坐标计算和书写程序单的工作，它可以解决许多手工编制无法完成的复杂零件编程难题，其缺点是必须具有自动编程系统或编程软件。自动编程较适合于形状复杂零件的加工程序编制，如模具加工、多轴联动加工等场合。

（3）数控手工编程的内容与步骤　数控编程的步骤如图1-60所示，主要有以下几个方面的内容。

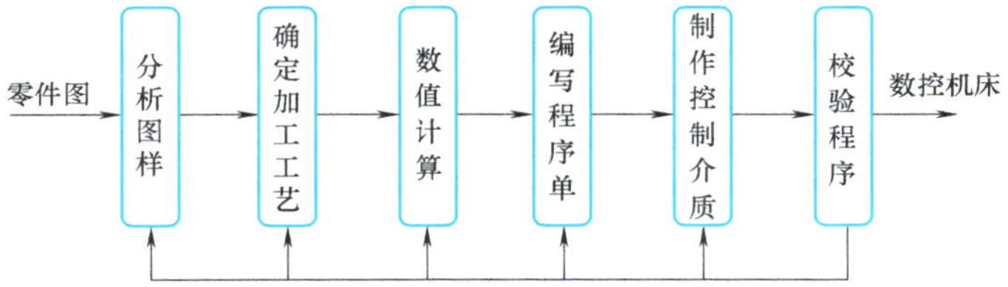

图1-60　数控编程的步骤

1）分析图样。包括零件轮廓分析，零件尺寸精度、几何精度、表面粗糙度、技术要求的分析，零件材料、热处理等要求的分析。

2）确定加工工艺。选择加工方案，确定加工路线，选择定位与夹紧方式、刀具、各项切削参数、对刀点和换刀点等。

3）数值计算。选择编程坐标系原点，对零件轮廓上各基点或节点进行准确的数值计算，为编写加工程序单做好准备。

4）编写程序单。根据数控机床规定的指令及程序格式编写加工程序单。

5）制作控制介质。简单的数控加工程序可直接通过键盘进行手工输入。当需要自动输入加工程序时，必须预先制作控制介质。现在大多数程序采用软盘、移动存储器、硬盘作为存储介质，采用计算机传输进行自动输入。

6）校验程序。加工程序必须经过校验并确认无误后才能使用。程序校验一般采用机床空运行的方式进行，有图形显示功能的机床可直接在CRT显示屏上进行校验，另外还可采用计算机数控模拟等方式进行校验。

（4）数控铣床/加工中心编程的特点

1）为了方便编程中的数值计算，在数控铣床/加工中心的编程中广泛采用刀具半径补偿功能来进行编程。

2）为适应数控铣床/加工中心的加工需要，对于常见的镗孔、钻孔切削加工动作，可以采用数控系统本身具备的固定循环功能来实现，以简化编程。

3）大多数的数控铣床与加工中心都具备镜像加工、比例缩放等特殊编程指令，以及极坐标编程指令，以提高编程效率，简化程序。

4）应根据加工批量的大小，决定加工中心采用自动换刀还是手动换刀。对于单件或很小批量的工件加工，一般采用手动换刀，而对于批量大于 10 件且刀具更换频繁的工件加工，一般采用自动换刀。

5）数控铣床与加工中心广泛采用子程序编程的方法。编程时，尽量将不同工序内容的程序分别安排到不同的子程序中，以便于对每一独立的工序进行单独的调试，也便于因加工顺序不合理重新调整加工程序。主程序主要用于完成换刀及子程序的调用等工作。

2. 数控加工程序的格式

每一种数控系统，根据系统本身的特点与编程的需要，都规定有一定的程序格式。对于不同的机床，其程序格式也不同。因此，编程人员必须严格按照机床（系统）说明书规定的格式进行编程。但加工程序的基本格式是相同的。

（1）程序的组成　一个完整的程序由程序名、程序内容和程序结束组成，如下：

```
AA11.MPF;                                   程序名
G90  G94  G40  G17  G71  G54;  ┐
G74  Z0;                       │
M03  S600                      │
G00  X-16.0  Y84.0  M08;       ├            程序内容
     Z20.0;                    │
……                             │
G00  Z50.0  M09;               ┘
M30;                                        程序结束
```

1）程序名。

每一个存储在系统存储器中的程序都需要指定一个代号以相互区别，这种用于区别零件加工程序的代号称为程序号。因为程序号是加工程序开始部分的识别标记（又称为程序名），所以同一数控系统中的程序号（名）不能重复。

SIEMENS 系统规定：程序名的开始两个符号必须是字母；其后的符号可以是字母、数字或下划线；最多为 16 个字符；不得使用分隔符。例如，“SUN123”可以作为程序名。

2）程序内容。

程序内容是整个加工程序的核心，它由许多程序段组成，每个程序段由一个或多个指令字构成，它表示数控机床中除程序结束外的全部动作。

3）程序结束。

程序结束由程序结束指令表示，它必须写在程序的最后。

SIEMENS 系统的主程序结束标记为 M02 或 M30，而子程序结束标记为 M17、M02 或字符“RET”。为了保证最后程序段的正常进行，通常要求结束标记单独占有一行。

（2）程序段的组成

1）程序段的基本格式。

程序段的基本格式是指在一个程序段中，字、字符、数据的排列、书写方式和顺序。

程序段是程序的基本组成部分，每个程序段由若干个地址字构成，而地址字由表示地址的英文字母、特殊文字和数字构成，如 X30.0、G71 等。通常情况下，程序段格式有可变程序段格式、使用分隔符的程序段格式、固定程序段格式三种。本任务主要介绍当前数控机床上常用的可变程序段格式。其格式如下：

N__	G__	X__ Z__	F__	S__	T__	D__	M__	LF
程序段号	准备功能	尺寸字	进给功能	主轴功能	刀具功能	补偿功能	辅助功能	结束标记

例 1　N50　G01　X30.0　Z30.0　F100　S800　T01　D01　M03；

2）程序段号与程序段结束。

程序段由程序段号 N××开始，以程序段结束标记“CR（或 LF）”结束，实际使用时，常用符号“；”或“＊”表示“CR（或 LF）”，本书中一律以符号“；”表示程序段结束。

N××为程序段号，由地址符 N 和后面的若干位数字表示。在大部分系统中，程序段号仅作为“跳转”或“程序检索”的目标位置指示。因此，它的大小及次序可以颠倒，也可以省略。程序段在存储器内以输入的先后顺序排列，而程序的执行是严格按信息在存储器内的先后顺序逐段执行，也就是说执行的先后次序与程序段号无关。但是，当程序段号省略时，该程序段将不能作为“跳转”或“程序检索”的目标程序段。

程序段的中间部分是程序段的内容，主要包括准备功能字、尺寸功能字、进给功能字、主轴功能字、刀具功能字、辅助功能字等，但并不是所有程序段都必须包含这些功能字，有时一个程序段内可仅含有其中一个或几个功能字，如下例程序段所示。

例 2　N10　G01　X100.0　F100；

例 3　N80　M05；

程序段号也可以由数控系统自动生成，程序段号的递增量可以通过“机床参数”进行设置，一般可设定增量值为 10，以便在修改程序时方便进行“插入”操作。

3）程序的斜杠跳跃。

有时，在程序段的前面编有“/”符号，该符号称为斜杠跳跃符号，该程序段称为可跳跃程序段。如下列程序段：

例 4　/N10　G00　X100.0；

这样的程序段，可以由操作者对程序段和执行情况进行控制。当操作机床并使系统的“跳过程序段”信号生效时，程序在执行中将跳过这些程序段；当“跳过程序段”信号无效时，该程序段照常执行，即与不加“/”符号的程序段相同。

4）程序段注释。

为了方便检查、阅读数控程序，在许多数控系统中允许对程序段进行注释，注释可以作为对操作者的提示显示在荧屏上，但注释对机床动作没有丝毫影响。

SIEMENS 系统的程序注释以“；”符号开始，和程序段一起结束，如下列程序段所示：

例 5　……

G71　G94　G40　L_F

T1；TOOL 01　L_F

……

注：本书为了与其他数控系统相一致，统一用“（ ）”表示注释，而用“；”表示程序段结束。

3. 数控系统常用的功能

数控系统常用的功能有准备功能、辅助功能和其他功能三种，这些功能是编制加工程序的基础。

（1）准备功能　准备功能又称G功能或G指令，是数控机床完成某些准备动作的指令。它由地址符G和后面的两位数字组成，包括G00~G99共100种，如G01、G41等。目前，随着数控系统功能不断增加等原因，有的系统已采用三位数的功能指令，如SIEMENS系统中的G450、G451等，现在大多数系统可将G01、G02等指令简写为G1、G2。

G00~G99虽有100种G指令，但并不是每种指令都有实际意义，有些指令在国际标准（ISO）及我国相关标准中并没有指定其功能，即“不指定”，这些指令主要用于将来修改其标准时指定新的功能。还有一些指令，即使在修改标准时也永不指定其功能，即“永不指定”，这些指令可由机床设计者根据需要自行规定其功能，但必须在机床的出厂说明书中予以说明。

（2）辅助功能　辅助功能又称M功能或M指令。它由地址符M和后面的两位数字组成，包括M00~M99共100种。

辅助功能主要控制机床或系统的各种辅助动作，如机床/系统的电源开、关，切削液的开、关，主轴的正、反、停及程序的结束等。

因数控系统及机床生产厂家的不同，其G/M指令的功能也不尽相同，甚至有些指令与ISO标准指令的含义也不相同。因此，一方面我们迫切希望对数控指令的使用贯彻标准化；另一方面，在进行数控编程时，一定要严格按照机床说明书的规定。

>> 提示　在同一程序段中，既有M指令又有其他指令时，M指令与其他指令执行的先后次序由机床系统参数设定。因此，为保证程序以正确的次序执行，有很多M指令，如M30、M02、M05等，最好以单独的程序段进行编程。

（3）其他功能

1）坐标功能。

坐标功能字（又称尺寸功能字）用来设定机床各坐标的位移量。它一般使用X、Y、Z、U、V、W、P、Q、R，和A、B、C、D、E，以及I、J、K等地址符为首，在地址符后紧跟“+”或“-”号和一串数字，分别用于指定直线坐标、角度坐标及圆心坐标的尺寸。如X100.0、A-30.0、I-10.105等。

2）刀具功能。

刀具功能是指系统进行选（转）刀或换刀的功能指令，也称为T功能。刀具功能用地址符T及后面的一组数字表示。常用刀具功能的指定方法有T4位数法和T2位数法。

T4位数法：4位数的前两位数用于指定刀具号，后两位数用于指定刀具补偿存储器号。刀具号与刀具补偿存储器号可以相同，也可以不同，如T0101表示选1号刀具并选1号刀具补偿存储器号中的补偿值；而T0102则表示选1号刀具并选2号刀具补偿存储器号中的补偿值。FANUC数控系统及部分国产系统数控车床大多采用T4位数法。

T2位数法：该指令仅指定了刀具号，刀具存储器号则由其他指令（如D或H指令）进行选择。同样，刀具号与刀具补偿存储器号可以相同，也可以不同，如 T4D1 表示选用 4 号刀具及 4 号刀具中的 1 号补偿存储器。数控铣床、加工中心普遍采用 T2 位数法。

3）进给功能。

用来指定刀具相对于工件运动速度的功能称为进给功能，由地址符 F 和其后面的数字组成。根据加工的需要，进给功能分为每分钟进给和每转进给两种，并以其对应的功能字进行转换。

① 每分钟进给。直线运动的单位为毫米/分钟（mm/min）。数控铣床的每分钟进给通过准备功能字 G94 来指定，其值为大于零的常数。如下列程序段所示：

例 6　G94　G01　X20.0　F100；　　（进给速度为 100mm/min）

② 每转进给。如在加工米制螺纹过程中，常使用每转进给来指定进给速度（该进给速度即表示螺纹的螺距或导程），其单位为毫米/转（mm/r），通过准备功能字 G95 来指定。如以下程序段所示：

例 7　G95　G33　Z-50.0　F2；　（进给速度为 2mm/r，即加工的螺距/导程为 2mm）

例 8　G95　G01　X20.0　F0.2；　（进给速度为 0.2mm/r）

在编程时，进给速度不允许用负值来表示，一般也不允许用 F0 来控制进给停止。但在除了螺纹加工的实际操作过程中，均可通过操作机床面板上的进给速度倍率旋钮来对进给速度速度值进行实时修正。这时，通过倍率旋钮，可以控制其进给速度的值为 0。

4）主轴功能。

用以控制主轴转速的功能称为主轴功能，也称为 S 功能，由地址符 S 及其后面的一组数字组成。根据加工的需要，主轴的转速分为线速度 v 和转速 S 两种。

① 转速 S。转速 S 的单位是转/分钟（r/min），用准备功能字 G97 来指定，其值为大于零的常数。指令格式如下：

例 9　G97　S1 000；　　　（主轴转速为 1000r/min）

② 恒线速度 v。在加工某些非圆柱体表面时，为了保证工件的表面质量，主轴需要满足其线速度恒定不变的要求，而自动实时调整转速，这种功能称为恒线速度。恒线速度的单位为米/分钟（m/min），用准备功能字 G96 来指定。恒线速度指令格式如下例所示：

例 10　G96 S100；　　　（主轴恒线速度为 100m/min）

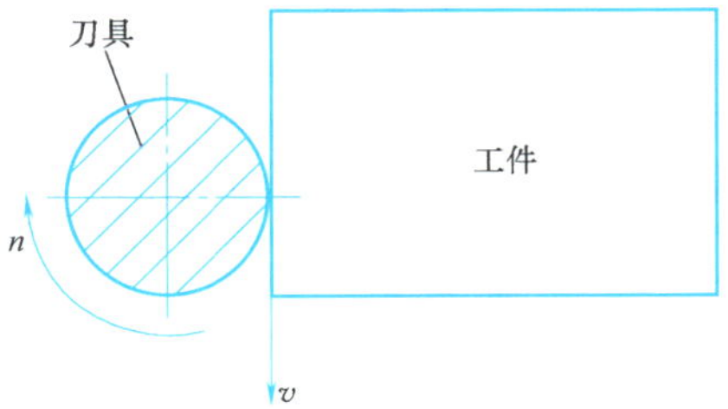

图 1-61　线速度与转速的关系

如图 1-61 所示，线速度 v 与转速 n 之间可以相互换算，其换算关系为

$$v=\frac{\pi Dn}{1000}$$

$$n=\frac{1000v}{\pi D}$$

式中　v——切削线速度（m/min）；

D——刀具直径（mm）；

n——主轴转速（r/min）。

注意 在数控铣床/加工中心上主要采用恒转速功能，而恒线速度功能常用于数控车床的加工。

提示 在编程时，主轴转速不允许用负值来表示，但允许用S0使转速停止。在实际操作过程中，可通过机床操作面板上的主轴倍率调整旋钮来对主轴转速值进行修正，其调整范围一般为50%~120%。

③ 主轴的启动、停止

在程序中，主轴的正转、反转、停转由辅助功能M03/M04/M05进行控制。其中，M03表示主轴正转，M04表示主轴反转，M05表示主轴停转，其指令格式如下：

例11　G97　M03　S300；　　（主轴正转，转速为300r/min）

M05；　　（主轴停转）

(4) 常用功能指令的属性

1）指令分组。

所谓指令分组，就是将系统中不能同时执行的指令分为一组，并以编号区别。例如G00、G01、G02、G03就属于同组指令，其编号为01组。类似的同组指令还有很多，详见附录A和附录B。

同组指令具有相互取代作用，同一组指令在一个程序段内只能有一个生效。当在同一程序段内出现两个或两个以上的同组指令时，只执行其最后输入的指令，有的机床此时会出现系统报警。对于不同组的指令，在同一程序段内可以进行不同的组合。如下列程序段所示：

例12　G90　G94　G40　G71　G17 G54；　　（是规范正确的程序段，所有指令均不同组）

例13　G01　G02　X30.0　Y30.0　R30.0　F100；（是不规范的程序段，其中G01与G02是同组指令）

2）模态指令。

模态指令（又称为续效指令）表示该指令在某个程序段中一经指定，在接下来的程序段中将持续有效，直到出现同组的另一个指令时，该指令才失效。如常用的G00、G01~G03及F、S、T等指令。

模态指令的出现，避免了在程序中出现大量的重复指令，使程序变得清晰明了。同样，当尺寸功能字在前后程序段中出现重复，则该尺寸功能字也可以省略。在如下程序段中，有下划线的指令则可以省略其书写和输入。

例14　G01　X20.0　Y20.0　F150；

<u>G01</u>　X30.0　<u>Y20.0</u>　<u>F150</u>；

G02　<u>X30.0</u>　Y-20.0　R20.0 F100；

因此，以上程序可写成：

G01　X20.0　Y20.0　F150；

　　X30.0；

G02　Y-20.0　R20.0　F100；

仅在编入的程序段内才有效的指令称为非模态指令（或称为非续效指令），如G指令中的G04指令、M指令中的M00等指令。

对于模态指令与非模态指令的具体规定，因数控系统的不同而各异，编程时请查阅有关系统说明书。

3）开机默认指令。

为了避免编程人员出现指令遗漏，数控系统中对每一组的指令，都选取其中的一个作为开机默认指令，此指令在开机或系统复位时可以自动生效。

常见的开机默认指令有 G01、G17、G40、G54、G94、G96。如当程序中没有 G96 或 G97 指令，用程序“M03 S200;”指定主轴的正转转速是 200r/min。

任务实施

1. 程序编辑操作

（1）建立一个新程序

1）按下 MDI 功能键 PROGRAM MANAGER，进入图 1-62 所示的程序管理窗口，显示系统中已存在的程序目录。

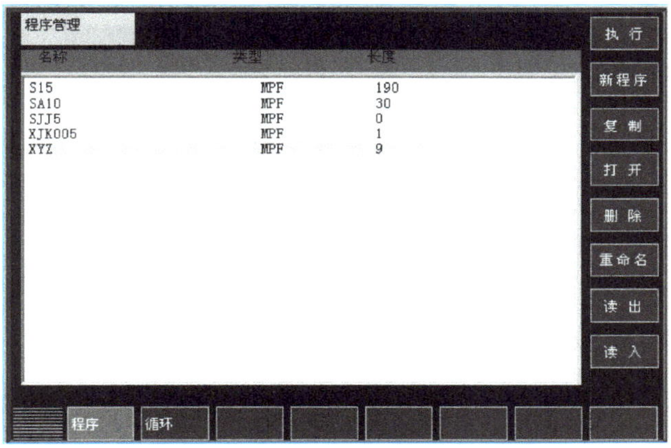

程序的编辑操作

图 1-62 程序管理窗口

2）按下垂直软键［新程序］，屏幕中出现建立新程序对话窗口，在该窗口中输入图 1-63 所示的新程序名“HUA181”。

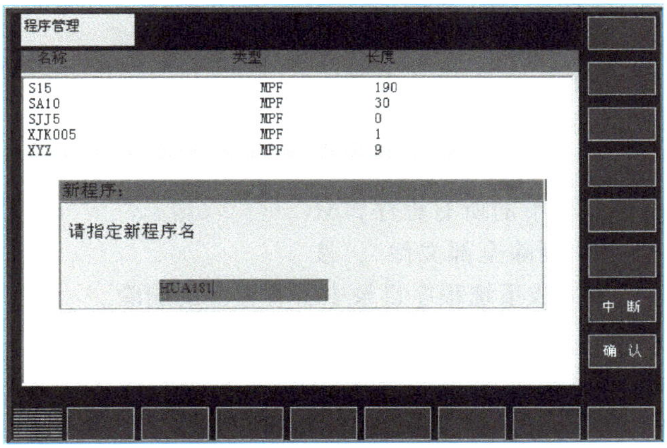

图 1-63 新程序名输入窗口

3）按下垂直软键［确认］，生成新程序名为“HUA181”的主程序文件，自动转入图1-64所示程序编辑页面，此时的程序名为“HUA181. mpf”，其中“. mpf”为主程序扩展名，由系统自动生成。

注意 建立新程序时，要注意新建立的程序名应为内存储器没有的新程序名。

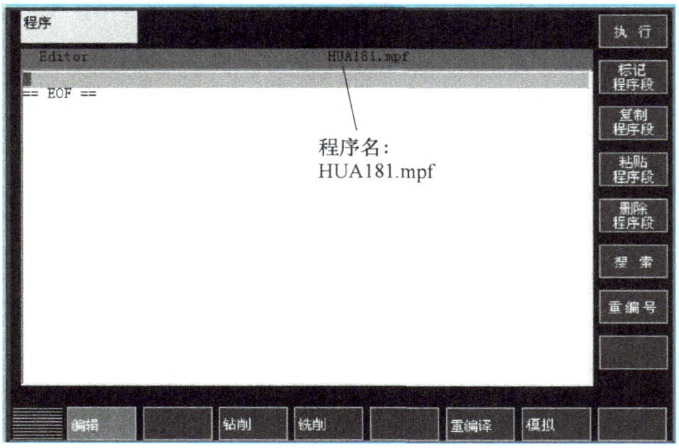

图 1-64 程序编辑窗口

（2）调用内存中储存的程序

1）按下 MDI 功能键 PROGRAM MANAGER，显示程序管理窗口。

2）移动光标至所要调出的程序名上，或直接键入所要调出的程序名。

3）按下垂直软键［打开］，即可完成该程序的打开。

提示 程序调用时，一定要调用内存储器中已存在的程序

（3）删除程序

1）按下 MDI 功能键 PROGRAM MANAGER，显示程序管理窗口。

2）移动光标至所要删除的程序名如“HUA181”上，或直接键入所要删除的程序名；

3）按下垂直软键［删除］，出现图1-65所示“删除文件”对话框。

4）按下垂直软键［确认］，即完成程序“HUA181”的删除；若按下垂直软键［中断］，返回至程序管理窗口，可取消刚才进行的删除操作。

图 1-65 “删除文件”对话框

5）如果要删除内存储器中的所有程序，只需移动光标下移键，选中“删除全部文件”，按下垂直软键［确认］，即可完成系统程序目录中所有程序的删除。

2. 程序段的操作

（1）输入程序段

1）按下 MDI 功能键 PROGRAM MANAGER，打开新建程序“HUA181”，显示图1-63所示窗口。

2）输入程序段“G94;”，按下INPUT键完成程序段的输入与换行。

3）如图 1-66 所示，将剩余的所有程序段输入完毕。

4）按下垂直软键［重编号］，完成程序段号的自动生成，如图 1-67 所示。

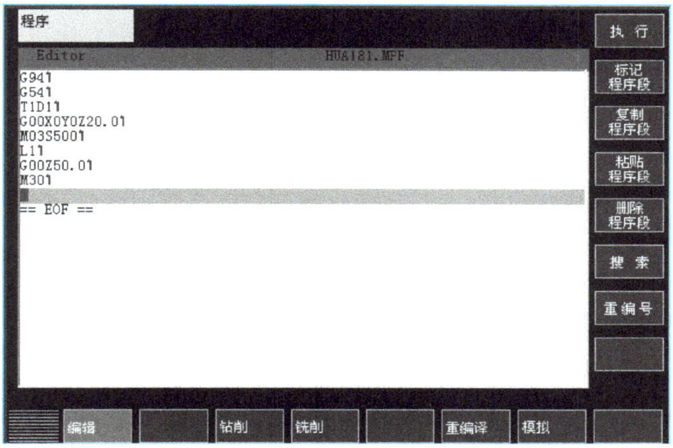

图 1-66　“HUA181”程序窗口

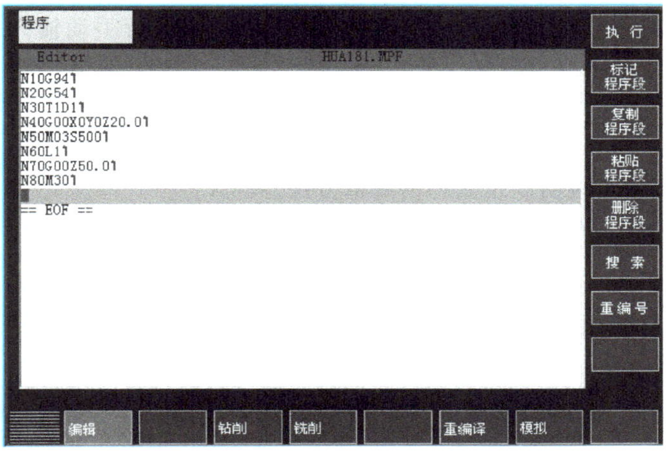

图 1-67　程序段号自动生成

（2）插入程序段

1）将光标移动至要插入位置的前一程序段的结束字符上。

2）按下INPUT键，输入程序段内容。

3）按下垂直软键［重编号］，系统进行程序段号的自动生成。

（3）删除程序段

1）将光标停留在所要删除程序段的第一个字符上。

2）按下垂直软键［标记程序段］。

3）用光标移动键或上下翻页键，选中要删除的程序段。

4）按下垂直软键［删除程序段］，将当前所标记的程序段全部删除。

（4）复制、粘贴程序段

1）将光标停留在所要删除程序段的第一个字符上。

2）按下垂直软键［标记程序段］，标记要复制的内容。

3）按下垂直软键［复制程序段］。

4）将光标移至需粘贴的位置。

5）按下垂直软键［粘贴程序段］，完成当前所复制内容的插入。

3. 程序字的操作

（1）编辑程序字

1）扫描程序字。按下光标向左或向右移动键，光标将在屏幕上向左或向右移动一个地址字。按下光标向上或向下移动键，光标将移动到上一个或下一个程序段的开头。按下 PAGE UP 键或 PAGE DOWN 键，光标将向前或向后翻页显示。

2）跳到程序开头。利用翻页键即可使光标跳到程序段首。

3）字符的编辑。按下 DEL 键，删除当前光标位于的字符；按下 BACK SPACE 键，删除位于光标前的一个字符。

4）字符的检索。按下垂直软键［搜索］，键入要检索的文本或行号，例如，键入“G41”，按下垂直软键［确认］，光标自动搜索到“G41”的位置。

（2）固定循环的编辑　加工循环可以在程序编辑窗口进行手动输入，但通过“屏幕格式"输入更直观、方便，也更容易保证其准确性。

在图 1-64 所示的程序编辑窗口中，按下水平软键［钻削］。此时，在垂直软键处出现［镗孔］［钻削沉孔］［深孔钻］［刚性攻丝］［非刚性攻丝］［孔模式］等选择软键。本处以“钻削沉孔”循环为例来说明固定循环的编辑方法。

① 按下垂直软键［钻削沉孔］，出现图 1-68 所示的窗口。

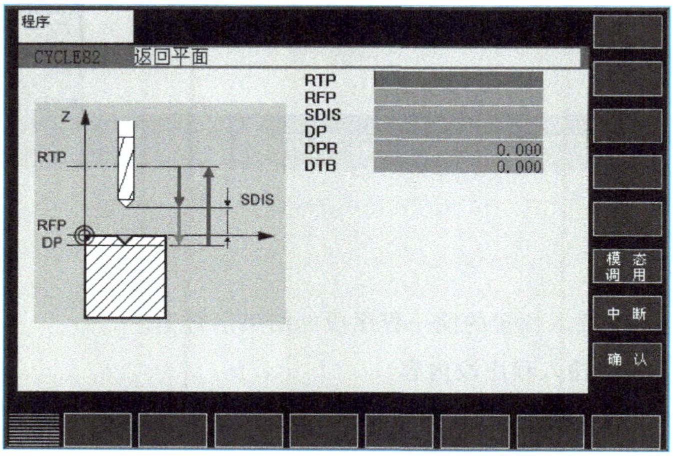

图 1-68　钻削沉孔窗口

② 在对应的参数表格中输入相应的数值后按［确认］键，返回程序编辑窗口，完成固

定循环的输入与编辑。

提示　程序、程序段和程序字的输入与编辑过程中出现的报警，可通过按“RESET”键来消除；程序编辑时的［标记］［删除］［拷贝］［粘贴］功能，对单个字符也有效；零件程序未处于执行状态时，方可进行编辑；如果要对原有程序进行编辑，可以在“程序”界面用光标选择待编辑的程序，然后选择［打开］，就可以进行编辑；零件程序中进行的任何修改，均会立即被存储。

4. 输入本任务程序

程序的输入过程如下：

按下 MDI 功能键 PROGRAM MANAGER，完成程序“SA310. mpf”的新建，在出现的程序编辑窗口中按如下操作进行输入。

G90　G94　G17　G54 INPUT

T1D1 INPUT

G00　X-40.0　Y-40.0 INPUT

……

……

M05 INPUT

M30 INPUT

5. 校验程序

（1） 自动运行前的检查

使用自动运行功能之前，一定要先做好以下各项检查工作。

1） 机床刀架必须回参考点。

2） 待加工零件的加工程序已经输入，并调试确认无误。

3） 加工前的其他准备工作均已就绪，如参数设置，对刀及刀补设置。

4） 必要的安全锁定装置已经启动。

（2） 自动加工的操作过程

1） 按下 MDI 功能键 PROGRAM，调出需加工的程序。

2） 选择“AUTO（自动）”模式，按下垂直软键“［执行］”，屏幕显示图 1-69 所示正在执行的程序及坐标。

3） 重复按下垂直软键［相对坐标］，根据需要选择机床坐标系、工件坐标系或相对坐标系中的实际值。

4） 按下“循环启动”键，进入自动加工。

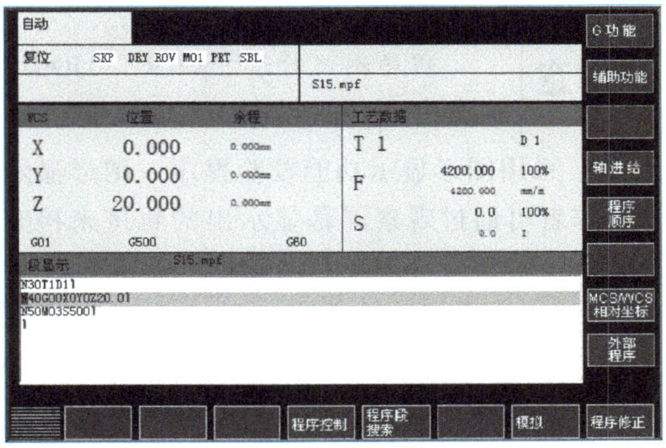

图 1-69　自动模式状态图

>> **提示** 在加工过程中，可以通过图 1-63 所示窗口，观察到当前刀尖的坐标位置（机床/工件）以及剩余行程、当前进给速度、主轴转速和当前刀具；还可以观察正在执行及待执行的程序段。

（3）自动加工过程中的程序控制

1）在图 1-69 窗口中，按下水平软键［程序控制］，进入图 1-70 所示程序控制窗口。

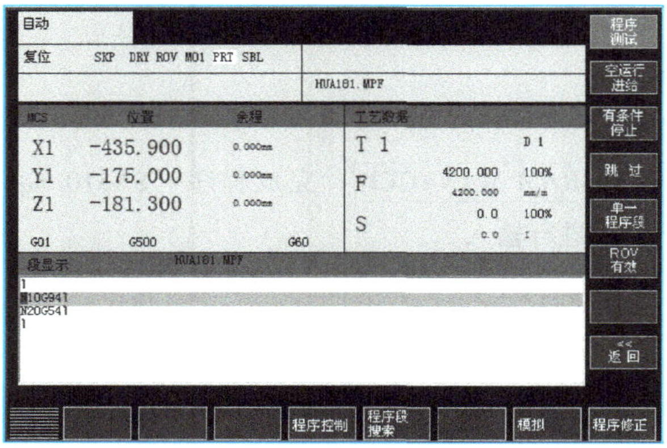

图 1-70 程序控制窗口

2）按下该窗口中相对应的垂直软键，即可实现不同的程序控制。具体程序控制内容见表 1-9。

表 1-9 自动运行状态下程序控制的含义

垂直软键	功　能
程序测试(PRT)	程序运行,但机床不执行进给运动,检测程序格式的正确性
空运行进给(DRY)	刀具以空运行速度执行该程序,检测刀具轨迹的正确性
有条件停止(M01)	执行程序时,M01 指令的功能与 M00 指令功能相同
跳过(SKP)	执行程序时,跳过程序段前加“/”符号的程序段
单一程序段(SBL)	单段运行方式,每个程序段逐段解码,每段结束时有一暂停
ROV 有效(ROV)	按下该软键,“进给速度倍率”旋钮对于快速运行也有效

>> **注意** 程序测试对于“VAR”“JOG”“RET POINT”“MDA”“AUTO”运行方式都有效。在机床校验过程中，采用单步运行模式而非自动运行较为合适。

（4）采用图形显示功能校验程序　图形显示功能可以显示自动运行期间的刀具移动轨迹，操作者可通过观察屏幕显示出的轨迹来检查加工过程，显示的图形可以进行放大及复原。图形显示功能可以在自动运行、机床锁住和空运行等模式下使用，其操作过程如下。

1）调出所要校验的程序。

2）选择“AUTO（自动）”模式，按下垂直软键［执行］，选择程序测试状态。

3）按下水平软键［模拟］，进入图形显示窗口。

4）按下“循环启动”键，机床开始移动，并在屏幕上绘出刀具的运动轨迹。

5）观察图形轨迹，若发现有误，可按下“RESET”键，使机床处于复位状态，再按下水平软键［程序修正］，直接进行程序的编辑修改。

6）利用翻页键使光标直接跳至程序段首，然后按下“循环启动”键，重新进行工件的模拟加工，直至模拟完毕。

提示

为了安全起见，在进行程序校验时，一定要明确程序测试状态是否已启用，可直接通过观看窗口状态栏中的“PRT”是否处于选中状态来判断。

若在加工中发现程序有错误，直接按下“RESET”键使机床复位，再按下水平软键［程序修正］，可直接对当前程序进行修改，所有修改会立即被存储。

（5）其他操作　在SIEMENS 802D系统的屏幕操作中，除了上述操作外，还能进行［报警］［维修信息］［调试］［机床数据］［口令］［语言转换］等按键的操作。具体的操作过程请参阅与机床配套的操作说明书。

提示

在机床锁住校验过程中，如出现程序格式错误，则机床显示程序报警界面，机床停止运行。因此，机床锁住主要校验程序格式的正确性。

机床空运行校验和图形显示校验主要用于校验程序轨迹的正确性。如果机床具有图形显示功能，则采用图形显示校验更加方便直观。

任务评价

本任务的任务评价表见表1-10。

表1-10　数控程序输入与编辑任务评价表

项目与权重	序号	技术要求	配分	评分标准	检测记录	得分
加工操作（30%）	1	空运行图形正确	10	不正确全扣		
	2	程序输入正确	10	每处扣2分		
	3	程序完整、不遗漏	10	每错一处扣5分		
程序与加工工艺（10%）	4	程序与程序段格式正确	10	每错一处扣5分		
机床操作（30%）	5	程序操作	6	误操作每次扣3分		
	6	程序输入与编辑操作	6	误操作每次扣3分		
	7	程序扩展操作	6	误操作每次扣3分		
	8	程序空运行检查	6	误操作全扣		
	9	绘图功能操作正确	6	误操作每次扣3分		
安全文明生产（30%）	10	安全操作	10	出错全扣		
	11	机床维护与保养	10	不合格全扣		
	12	工作场所整理	10	不合格全扣		

知识拓展

常见的程序出错报警信息

对于输入的程序，如出现程序格式方面的错误，则在程序调试过程中，会在显示屏幕上出现程序出错报警信息，通过这些信息，能方便地找出程序出错的原因。因此，了解这些出错信息对进行数控编程和程序正确输入很有帮助。常见的程序出错报警信息见表 1-11。

表 1-11 常见的程序出错报警信息

屏幕信息		报警内容分析
英文	中文	
PLEASE TURN OFF POWER	请关电源	参数输入后必须关闭电源
TOO MANY DIGITS	数字位太多	输入了超过允许位数的数据（参见最大指令值一项）
ADDRESS NOT FOUND	地址没找到	在程序段的开始无地址而输入了数字或符号"–"
NO DATA AFTER ADDRESS	地址后面无数据	地址后面无适当数据而是另一地址或 EOB 代码
ILLEGAL USE OF NEGATIVE SIGN	非法使用负号	符号"–"输入错误（在不能使用负号的地址后输入了"–"符号或输入了两个或多个"–"符号）
ILLEGAL USE OF DECIMAL POINT	非法使用小数点	小数点"."输入错误（在不允许使用的地址中输入了"."符号，或输入了两个或多个"."符号）
ILLEGAL ADDRESS INPUT	输入非法地址	在有效信息区输入了不能使用的字符
IMPROPER G-CODE	不正确的 G 指令	使用了不能使用的 G 指令指令了无此功能的 G 指令
NO FEEDRATE COMMANDED	无进给速度指令	在切削进给中未指令进给速度或进给速度不当
OVER TOLERANCE OF RADIUS	超出半径公差	在圆弧插补（G02 或 G03）中，起始点与圆弧中心的距离不同于终点与圆弧中心的距离，允许它超过参数 3410 中指定的值
ILLEGAL PLANE AXES COMMANDED	指令了非法平面轴	在圆弧插补中，指令了不在所选平面内（用 G17、G18、G19）的轴
NO CIRCLE RADIUS	没有圆弧半径	在圆弧插补中，不管是 R（指定圆弧半径），还是 I、J 和 K（指定从起始点到中心的距离）都没有被指令
ILLEGAL RADIUS COMMAND	非法半径指令	由半径指令的圆弧插补中，地址 R 指定了错误的数值或字母
CAN NOT COMMAND F0 IN G02/G03（M series）	在 G02/G03 中不能指令 F0	在圆弧插补中，指令了 F1 位数 F0
RADIUS IS OUT OF RANGE（T series）	半径超过范围	圆弧插补期间，由 I、J、K 指令的圆弧中心导致半径超过了 9 位数
NO DECIMAL POINT	没有小数点	对于必须定义小数点的指令没有指令小数点
ADDRESS DUPLICATION ERROR	地址重复错误	在一个程序段中两次或多次指令了同一地址，或者在一个程序段中指令了两个或多个同一组的 G 指令

思考与练习

一、填空题

1. 加工中心是指带有______和__________________的数控机床。

2. 用于完成__________或__________加工的数控机床称为数控铣床。

3. 常用的数控系统有______国的 FANUC，______国的 SIEMENS，____国的航天华中，______国的 A-B 等。

4. 解释各按钮的含义：EDIT 表示________、HANDLE 表示__________、____表示在线加工。

5. 找出工件坐标系在机床坐标系中位置的过程称为________。

6. 在右手直角笛卡儿坐标系中，大拇指指向__________________方向，食指指向________方向，中指指向为__________方向。

7. ____________也称为标准坐标系，一般规定与____________________平行的坐标轴为 Z 坐标轴。

8. 数控编程可分为____________和__________两种。

9. 在程序中，一经指定即能保持连续有效的指令称为____________，仅在编入程序段有效的指令称为______________。

10. 指令 G97 S1000 指________________，G94　F100 指________________。

11. 在程序段的前面编有“__”符号时，机床在执行程序时，程序段可跳跃。

12. 一个完整的程序段主要包括准备功能字、____________、____________、主轴功能字、____________、____________等。

二、是非题（判断正误并在括号内填 T 或 F）

1. 数控机床开机时一般要先回参考点，其目的是为了建立机床坐标系。（　　）
2. 在数控系统中，常用的 ISO 代码也称为奇数代码。（　　）
3. 在确定机床坐标系的方向时规定：永远假定刀具相对于静止的工件而运动。（　　）
4. 开机回参考点的目的是为了建立工件坐标系。（　　）
5. 利用零点偏置设定的工件坐标系，即使机床关机，该坐标系仍存在。（　　）
6. 在空运行期间，机床的主轴转速不受程序输入的主轴转速影响。（　　）
7. 自动编程的优点是效率高，程序正确性高。（　　）
8. 自动编程方式适合于批量较大、形状简单的零件的编程与加工。（　　）
9. 可以作为程序结束标记的 M 指令有 M02 和 M03。（　　）
10. 程序段的执行先后次序与程序段号大小无关。（　　）

三、选择题（请在下列选项中选择一个正确答案并填在括号内）

1. 将手轮倍率开关置于“100INC”，手轮旋转 360°刀具移动的距离为（　　　）mm。

A. 0.1　　　　B. 1

C. 10　　　　D. 100

2. 计算机数控用（　　　）代号表示。

A. CAD　　B. CAM

C. ATC　　D. CNC

3. 手动回参考点需在（　　）方式下进行。

A. MDI　　B. Ret Point

C. JOG　　D. NC ON

4. 机床坐标系建立后，在（　　）情况下需重新回参考点。

A. 数控系统断电　　B. 程序运行中按下复位按钮

C. 程序运行中按下进给保持按钮　　D. 切断机床电源前

5. 下列装置中，不属于数控系统的装置是（　　）。

A. 伺服驱动　　B. 输入/输出装置

C. 数控装置　　D. 自动换刀装置

6. 在增量进给方式下向 X 轴正向移动 0.1mm，增量步长选“×10”，则要按下“+X"方向移动按钮（　　）次。

A. 1　　B. 10

C. 100　　D. 1000

7. 设定数控铣床的进给速度为 100mm/min，可通过（　　）指令来实现。

A. G94　G01　Y10.0　F100;　　B. G95　G01　Y10.0　F100;

C. G96　G01　Y10.0　F100;　　D. G97　G01　Y10.0　F100;

8. 下列属于同组指令的是（　　）。

A. G21、G22　　B. G19、G20

C. G90、G91　　D. G03、G04

9. 在数控铣床的以下指令中，属于开机默认指令的是（　　）。

A. G17　　B. G18

C. G19　　D. G20

10. 在 SIEMENS 系统中，用（　　）作为主程序的结束标记。

A. M98　　B. M30

C. G99　　D. M99

四、问答题

1. 试列出本地区常用的数控系统及其型号。

2. 试简要说明数控机床的种类。

3. 若机床出现超程报警时，如何使机床恢复正常工作?

4. 简要说明数控机床操作的注意事项。

5. 试说明数控编程的内容与步骤。

6. 如何在数控机床上进行程序的新建、调出及删除?

五、操作题

1. 找出图 1-71 中点 $A \sim F$ 在 XY 平面内的坐标值。

2. 采用手动切削方式加工图 1-72 所示工件中的矩形槽，深度为 3mm，试选择合适的刀具直径并根据图中给出的工件坐标系位置，计算出点 $A \sim D$ 在 XY 平面内的坐标值。

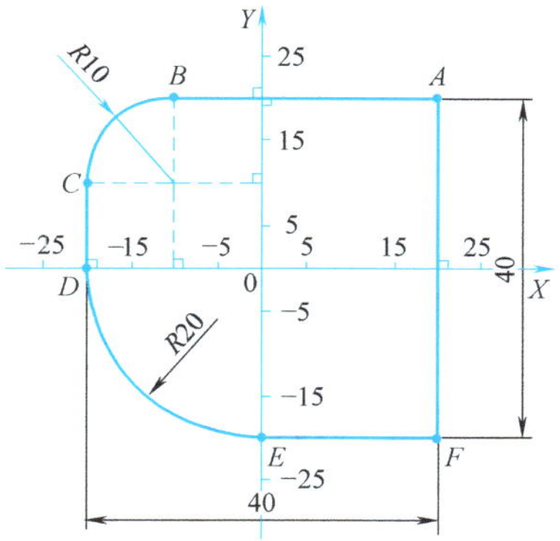

图 1-71　练习图一

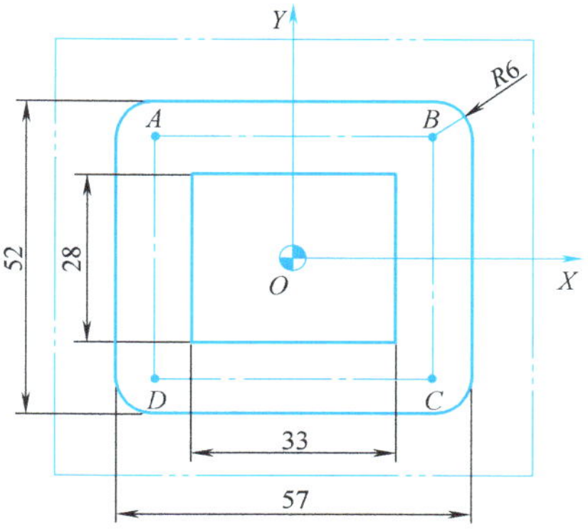

图 1-72　练习图二

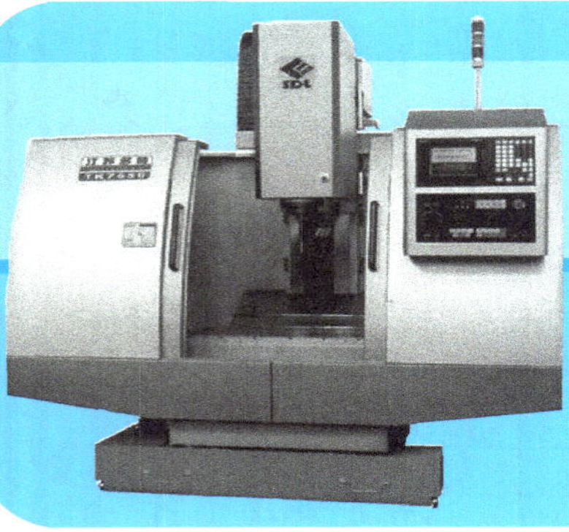

项目二

铣削平面类零件与数控仿真加工

任务一　平面铣削

知识目标

- 了解数控加工的基础知识。
- 掌握数控编程的编程规则。
- 掌握数控编程常用指令的含义。

技能目标

- 掌握简单零件的编程方法。
- 掌握平面类零件的铣削加工方法。
- 掌握平口钳的安装与找正方法。
- 掌握工件的安装与找正方法。

素养目标

- 具备分析和解决实训过程中突发事件的能力。
- 能查阅相关学习资料。

任务描述

加工图2-1所示工件，毛坯为80mm×80mm×35mm的硬铝，试编写其数控铣床加工程序并进行加工。

知识链接

1. 数控加工

（1）数控加工的定义　数控加工是指在数控机床上进行自动加工零件的一种工艺方法。数控加工的实质是：数控机床按照事先编制好的加工程序并通过数字控制过程，自动地对零件进行加工。

（2）数控加工的内容　数控加工流程图如图2-2所示，主要包括分析图样、工件的定位

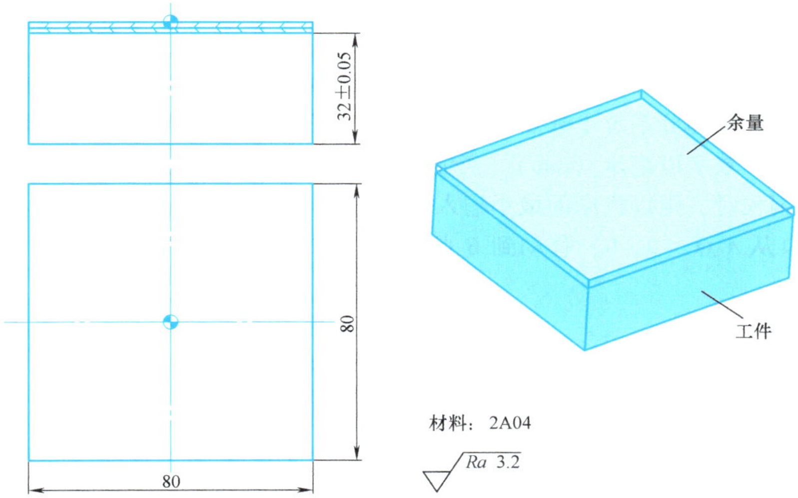

图 2-1　平面铣削零件实例

与装夹、刀具的选择与安装、编制数控加工程序、试切削或试运行、数控加工、工件的验收与质量误差分析等方面的内容。

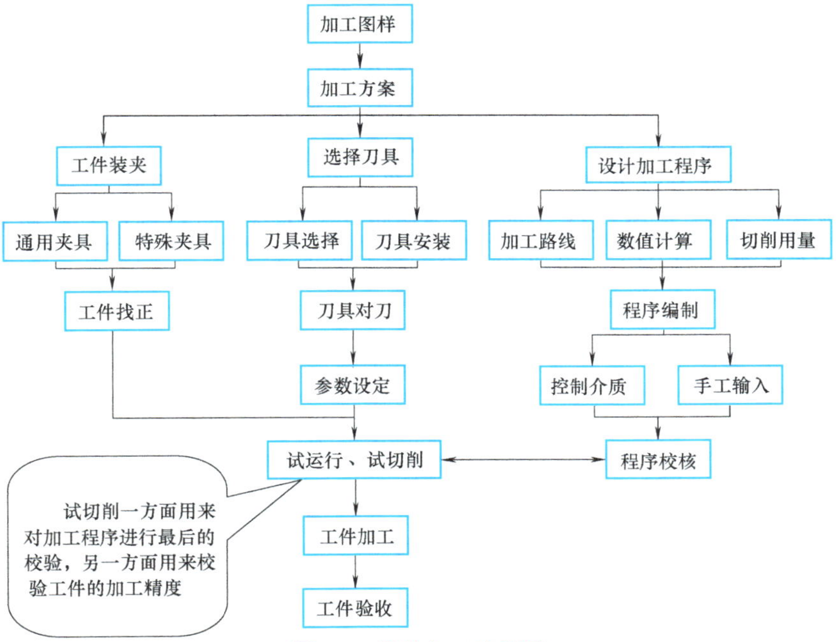

图 2-2　数控加工流程图

（3）数控加工的特点　与普通机床加工相比，数控加工具有零件的加工精度高、产品质量一致性好、生产率高、加工范围广和有利于实现计算机辅助制造的优点；缺点是初始投资大，加工成本高，首件加工编程、调试程序和试加工时间长。

2. 数控编程规则

（1）小数点编程　数控编程时，数字单位以公制为例分为两种：一种是以毫米（mm）

为单位，另一种是以脉冲当量即机床的最小输入单位为单位。现在大多数机床常用的脉冲当量为 0.001mm。

对于数字的输入，有些系统可省略小数点，有些系统则可以通过系统参数来设定是否可以省略小数点，而大部分系统小数点不可省略。对于不可省略小数点编程的系统，当使用小数点进行编程时，数字以毫米（mm）［英制为英寸（in），角度为度（°）］为输入单位，而当不用小数点编程时，则以机床的最小输入单位作为输入单位。

例 1　刀具从 *A* 点（0，0）移动到 *B* 点（50，0）有以下三种表达方式：

X50.0

X50.　　　　　　　　　　　　（小数点后的零可省略）

X50000　　　　　　　　　　　（脉冲当量为 0.001mm）

以上三组数值表示的坐标值均为 50mm，从数学角度上看 50000 是 50.0 的 1000 倍。因此，在进行数控编程时，不管哪种系统，为保证程序的正确性，最好不要省略小数点的输入。此外，脉冲当量为 0.001mm 的系统采用小数点编程，其小数点后的位数超过 4 位时，数控系统按四舍五入原则处理。例如，当输入 X50.1234 时，经系统处理后的数值为 X50.123。

（2）米、寸制编程 G71/G70　坐标功能字是使用米制还是寸制，多数系统用准备功能字来选择，如 SIEMENS 系统采用 G71/G70 来进行米、寸制的切换，而 FANUC 系统则采用 G21/G20 来进行米、寸制的切换。其中 G71 或 G21 表示米制，而 G70 或 G20 表示寸制。

例 2　G91　G70　G01　X50.0;　　　（表示刀具向 *X* 轴正方向移动 50 in）

　　　G91　G71　G01　X50.0;　　　（表示刀具向 *X* 轴正方向移动 50 mm）

米、寸制对旋转轴无效，旋转轴的单位总是度（°）。

（3）平面选择指令 G17/G18/G19　当机床坐标系及工件坐标系确定后，对应地就确定了三个坐标平面，即 *XY* 平面、*ZX* 平面和 *YZ* 平面（图 2-3）。可分别用 G 代码 G17（*XY* 平面）、G18（*ZX* 平面）和 G19（*YZ* 平面）表示这三个平面。

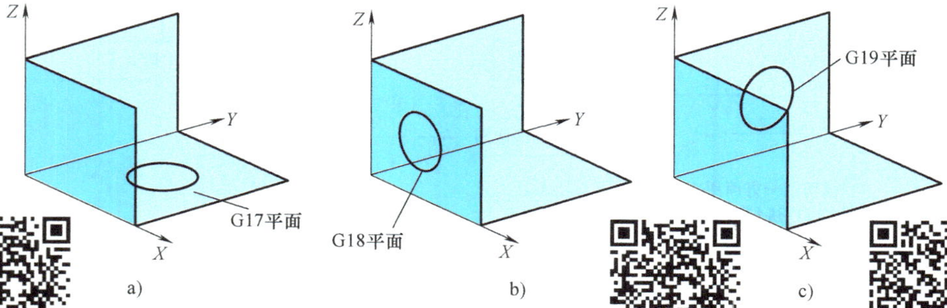

图 2-3　平面选择指令

a）G17　b）G18　c）G19

平面选择指令 G17

平面选择指令 G18

平面选择指令 G19

（4）绝对坐标与增量坐标 G90/G91　ISO 代码中，绝对坐标用 G90 来表示。程序中坐标功能字后面的坐标是以原点作为基准，表示刀具终点的绝对坐标。

例 3　如图 2-4 所示刀具轨迹 *OA*→ *AB*→*BC*，用 G90 编程时的程序段为：

G90　G01　　X30.0　Y10.0　F100;　　(*A* 点)
　　　　　　　X20.0　Y20.0;　　　　　(*B* 点)
　　　　　　　Y30.0;　　　　　　　　　(*C* 点)

ISO 代码中，相对坐标（也称为增量坐标）指令用 G 代码 G91 来表示。程序中坐标功能字后面的坐标是以刀具起点作为基准，表示刀具终点相对于刀具起点坐标值的增量。

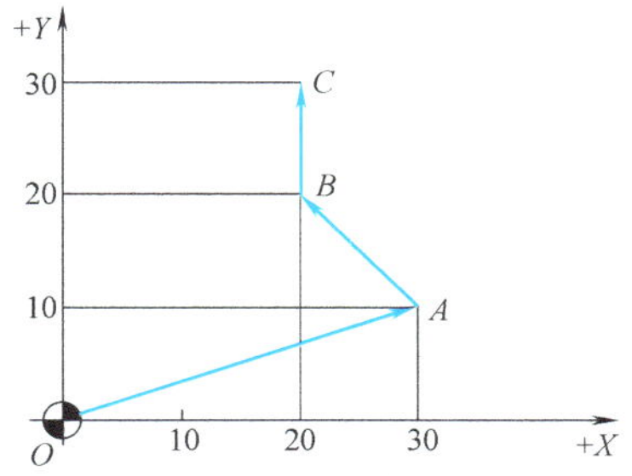

图 2-4　绝对坐标与增量坐标

例 4　如图 2-4 所示刀具轨迹 *OA*→ *AB*→*BC*，用 G91 编程时的程序段为：

G91　G01　X30.0　Y10.0　F100;　　(*A* 点)
　　　　　　　　　X-10.0 Y10.0;　(*B* 点)
　　　　　　　　　　　　 Y10.0;　(*C* 点)

G90 与 G91 属于同组模态指令，系统默认指令是 G90。在实际编程时，可根据具体的零件及零件的标注来进行 G90 和 G91 方式的切换。

SIEMENS 系统还可以利用 AC 对程序段中的坐标尺寸进行绝对设定，利用 IC 对程序段中的坐标尺寸进行相对设定。

例 5　如图 2-4 所示，刀具轨迹 *OA*→ *AB*→*BC*，用 AC、IC 编程时的程序段为：

G90　G01　X30.0　Y10.0　F100;　　(*A* 点，*X* 为绝对尺寸，*Y* 为绝对尺寸)

G91　X-10.0　Y=AC (20.0);　　　　(*B* 点，*X* 为增量尺寸，*Y* 为绝对尺寸)

X=AC (20.0)　Y=IC (10.0);　　　　(*C* 点，*X* 为绝对尺寸，*Y* 为增量尺寸)

3. 基本 G 指令

(1) 快速点定位指令 (G00)

指令格式：G00　X__　Y__　Z__;

X__　Y__　Z__为刀具目标点坐标，当使用增量方式时，X__　Y__　Z__为目标点相对于起始点的增量坐标，不运动的坐标可以不写。

例 6　G00　X30.0　Y10.0;

G00 不用指定移动速度，其移动速度由机床系统参数设定。在实际操作时，也能通过机床面板上的按钮“F0”“F25”“F50”“F100”对其移动速度进行调节。

快速移动的轨迹通常为折线型轨迹，如图 2-5 所示，图中快速移动轨迹 *OA* 和 *AD* 的程序段如下所示：

OA：G00　X30.0　Y10.0;

AD：G00　X0　Y30.0;

对于 *OA* 程序段，刀具在移动过程中先在 *X*、*Y* 轴方向移动相同的增量，即图中的 *OB* 轨迹，然后再从 *B* 点移动至 *A* 点。同样，对于 *AD* 程序段，则由轨迹 *AC* 和 *CD* 组成。

由于 G00 的轨迹通常为折线型轨迹，因此，要特别注意采用 G00 方式进、退刀时刀具相对于工件、夹具所处的位置，以避免在进、退刀过程中，刀具与工件、夹具等发生碰撞。

(2) 直线插补指令 (G01)

指令格式：G01　X__　Y__　Z__　F__;

X__　Y__　Z__为刀具目标点坐标。当使用增量方式时，X__　Y__　Z__为目标点相对于起始点的增量坐标，不运动的坐标可以不写。

F__为刀具切削进给的进给速度。在 G01 程序段中必须含有 F 指令。如果在 G01 程序段前的程序中没有指定 F 指令，而在 G01 程序段也没有 F 指令，则机床不运动，有的系统还会出现系统报警。

例 7　图 2-6 所示的切削运动轨迹 *CD* 的程序段为：

G01　X0　Y20.0　F100;

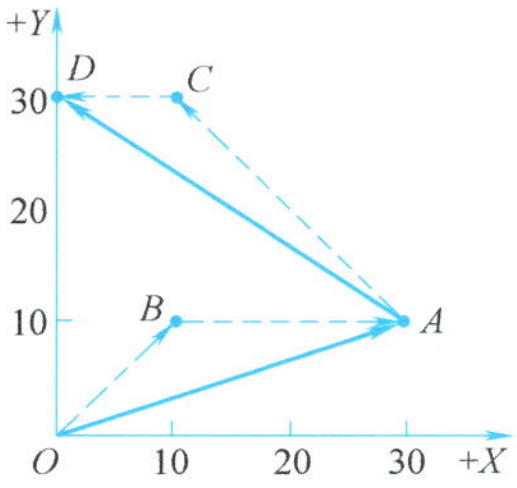

图 2-5　G00 轨迹

G00 轨迹

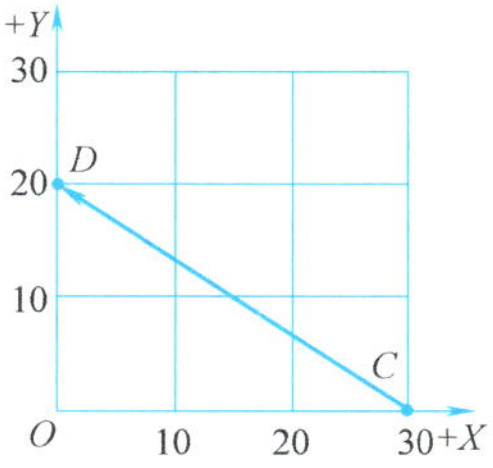

图 2-6　G01 轨迹实例

G01 轨迹实例

4. 常用 M 指令

不同的机床生产厂家对部分 M 指令定义了不同的功能，但多数常用的 M 指令，在所有机床上都具有通用性，这些常用的 M 指令见表 2-1。

表 2-1　数控铣床系统常用 M 指令

序号	指令	功　能	序号	指令	功　能
1	M00	程序暂停	6	M05	主轴停转
2	M01	程序选择停止	7	M30	主轴停转，程序结束
3	M02	程序结束	8	M08	切削液开
4	M03	主轴顺时针方向旋转	9	M09	切削液关
5	M04	主轴逆时针方向旋转			

（1）程序停止（M00）　执行 M00 指令后，机床所有动作均被切断，以便进行某种手动操作，如精度的检测等，重新按“循环启动”按钮后，再继续执行 M00 指令后的程序。该指令常用于粗加工与精加工之间精度检测时的暂停。

（2）程序选择停止（M01）　M01 指令的执行过程和 M00 相似，不同的是只有按下机床控制面板上的“选择停止”按钮后，该指令才有效，否则机床继续执行后面的程序。该指令常用于检查工件的某些关键尺寸。

（3）程序结束（M02）　M02 程序结束指令执行后，表示本加工程序内所有内容均已完成，但程序结束后，机床 CRT 显示屏上的执行光标不返回程序开始段。

（4）程序结束（M30）　M30 指令的执行过程和 M02 相似。不同之处在于当程序内容结束后，随即关闭主轴、切削液等所有机床动作，机床显示屏上的执行光标返回程序开始段，为加工下一个工件做好准备。

（5）主轴功能（M03/M04/M05）　M03 指令用于主轴顺时针方向旋转（俗称正转），M04 指令用于主轴逆时针方向旋转（俗称反转），主轴停转用指令 M05 表示。

（6）切削液开、关（M08/M09）

切削液开用指令 M08 表示，切削液关用指令 M09 表示。

5. 平面类零件的装夹与找正

加工本任务工件时，通常采用精密平口钳进行装夹与找正。常用精密平口钳如图 2-7 所示，常采用机械螺旋式、气动式或液压式的夹紧方式。平口钳具有较大的通用性和经济性，适用于尺寸较小的方形工件的装夹。

采用平口钳装夹工件时，需对平口钳的钳口进行找正，以保证平口钳的钳口方向与主轴刀具的进给方向平行或垂直。平口钳的找正方法如图 2-8 所示，将百分表用磁性表座固定在主轴上，百分表触头接触平口钳钳口，在上下和左右方向移动主轴，从而找正平口钳钳口平面与进给方向的平行度。

图 2-7　常用精密平口钳

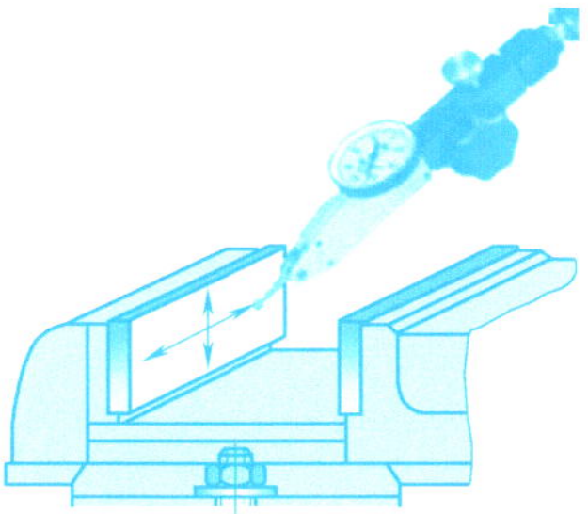

图 2-8　平口钳的找正方法

平口钳的找正方法

对于大型工件，当无法采用平口钳或其他夹具装夹时，可直接采用图 2-9 所示的压板进行装夹。加工中心压板通常采用 T 形螺母与螺栓的夹紧方式。

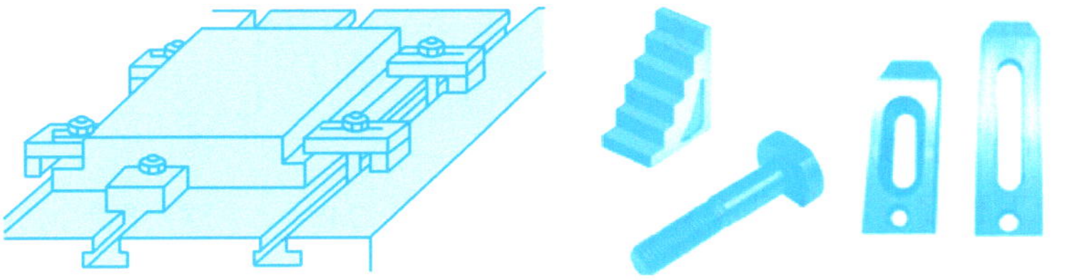

采用压板装夹工件

图 2-9　采用压板装夹工件

采用压板装夹工件时，应使垫铁的高度略高于工件，以保证夹紧效果；压板螺栓应尽量靠近工件，以增大压紧力；压紧力要适中，或在压板与工件表面安装软材料垫片，以防止工件变形或工件表面受到损伤；工件不能在工作台面上拖动，以免将工作台面划伤。

在使用平口钳或压板装夹的过程中，应对工件进行找正，找正方法如图 2-10 所示。找正时，将百分表用磁性表座固定在主轴上，百分表触头接触工件，在前后或左右方向移动主轴，从而找正工件上下平面与工作台面的平行度。同样在侧平面内移动主轴，找正工件侧面与轴进给方向的平行度。如果不平行，可用铜棒轻敲工件或垫塞尺的办法进行纠正，然后再重新进行找正。

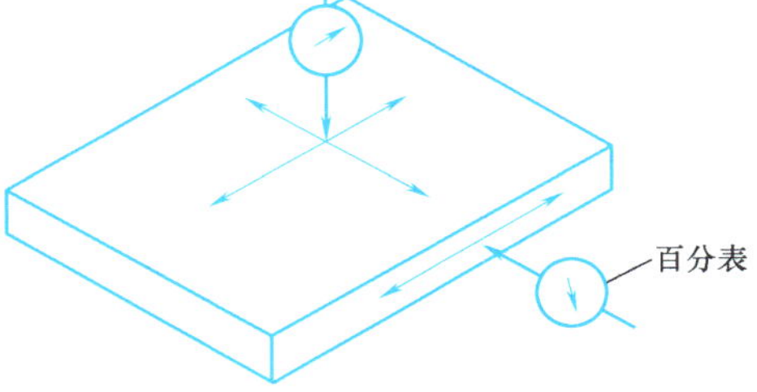

图 2-10　工件的找正方法

任务实施

1. 加工准备

本任务选用的机床为 XK7650 型 SIEMENS 802D 系统数控铣床。选择图 2-11 所示 ϕ60mm 面铣刀（刀片材料为硬质合金）进行加工，采用平口钳进行装夹。切削用量推荐值如下：切削速度 $n=1000$r/min；进给速度 $v_f=500$mm/min；背吃刀量 $a_p=1\sim3$mm。

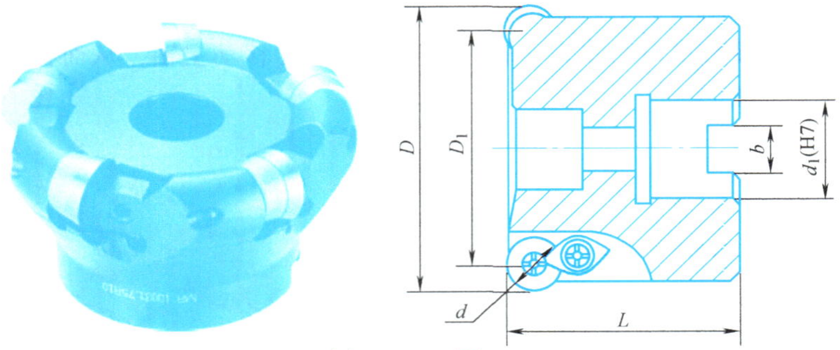

图 2-11 面铣刀

2. 编写加工程序

（1）设计加工路线 加工本任务工件时，刀具的运动轨迹如图 2-12 所示（*A*→*B*→*C*→*D*，再 *Z* 向切深，然后 *D*→*C*→*B*→*A*）。由于零件 *Z* 向总切深量为 3mm，所以，采用分层切削的方式进行加工，背吃刀量分别取 2mm 和 1mm。刀具在加工过程中经过的各基点坐标分别为 *A*（-80.0，-20.0）、*B*（40.0，-20.0）、*C*（40.0，20.0）、*D*（-80.0，20.0）。

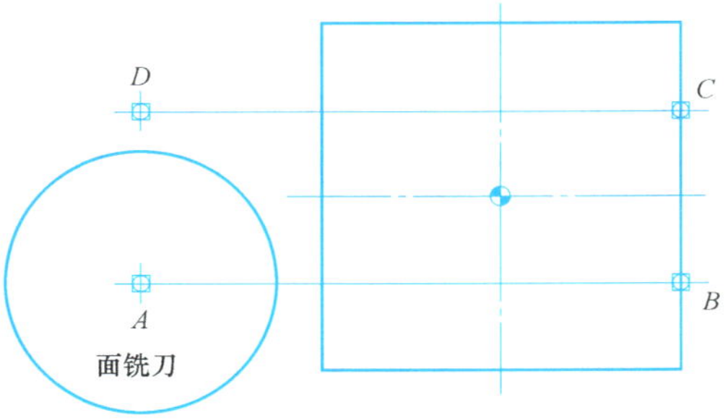

图 2-12 刀具中心在 *XY* 平面中的轨迹图

（2）编制数控加工程序 采用基本编程指令编写的数控铣床加工程序见表 2-2。

表 2-2 平面铣削参考程序

刀具	ϕ60mm 面铣刀	
程序段号	加工程序	程序说明
	AA021. MPF;	程序号
N10	G90 G94 G71 G40 G17 G54;	程序初始化
N20	G74 Z0;	*Z* 向回参考点
N30	M03 S1000;	主轴正转，切削液开
N40	G00 X-80.0 Y-20.0 M08;	刀具在 *XY* 平面中快速定位
N50	Z20.0;	刀具 *Z* 向快速定位
N60	G01 Z-2.0 F500;	第一层切削深度位置
N70	X40.0;	*A*→*B*
N80	Y20.0;	*B*→*C*
N90	X-80.0;	*C*→*D*
N100	Z-3.0;	第二层切削深度位置

（续）

刀具	ϕ60mm 面铣刀	
程序段号	加工程序	程序说明
N110	X40.0;	$D \rightarrow C$
N120	Y-20.0;	$C \rightarrow B$
N130	X-80.0;	$B \rightarrow A$
N140	G00 Z100.0 M09;	刀具 Z 向快速抬刀
N150	M05;	主轴停转
N160	M02;	程序结束

注意 编程完毕后，根据所编写的程序手工绘出刀具在 ZX 平面内的轨迹，以验证程序的正确性。

3. 数控加工

（1）零件加工　由教师完成刀具和工件的安装，校正安装好的工件，学生观察教师的动作，完成程序的输入、编辑，采用机床锁住、空运行和图形显示功能进行程序校验。完成后采用单步运行模式进行自动加工。

（2）操作过程中出错的解决方案

① 按“CYCLE STOP”循环暂停键使程序暂停，该操作主要用于再次确认刀具的运行轨迹及运行的后续程序是否正确。

② 按“RESET”键使程序停止执行，机床恢复到初始状态。该操作主要用于发现程序出错或刀具轨迹出错后的操作。

③ 按下“急停”按钮。该操作主要用于机床将出现危险事故时的操作，通常情况下，按下“急停”按钮后，需重新进行回参考点操作。

提示 在首件自动运行加工时，操作者通常一只手放在循环启动键上，另一只手放在循环暂停键上，眼睛时刻观察刀具运行轨迹和加工程序，以保证加工安全。

任务评价

本任务的任务评价表见表 2-3。

表 2-3　平面铣削任务评价表

项目与权重	序号	技术要求	配分	评分标准	检测记录	得分
加工操作（20%）	1	(32±0.05)mm	10	超差 0.01mm 扣 2 分		
	2	表面质量好	10	超差扣 2 分/处		
程序与加工工艺（30%）	3	程序格式规范	10	不规范扣 2 分/处		
	4	程序正确、完整	10	不正确扣 2 分/处		
	5	工艺合理	5	不合理扣 1 分/处		
	6	程序参数合理	5	不合理扣 1 分/处		
机床操作（30%）	7	对刀及坐标系设定	10	不正确扣 2 分/次		
	8	机床面板操作正确	10	不正确扣 2 分/次		
	9	手摇操作不出错	5	不正确扣 2 分/次		
	10	意外情况处理合理	5	不合理扣 2 分/次		
安全文明生产（20%）	11	安全操作	10	不合格全扣		
	12	机床整理	10	不合格全扣		

知识拓展

轴类零件的装夹与找正

对于轴类零件，当无法采用平口钳或者压板装夹时，通常采用卡盘或者分度头、四轴转台上自带的卡盘进行装夹。

卡盘根据卡爪的数量分为二爪卡盘、自定心卡盘、单动卡盘和六爪卡盘等类型。在数控车床和数控铣床上应用较多的是自定心卡盘（图 2-13a）和单动卡盘（图 2-13b）。特别是自定心卡盘，由于其具有自动定心作用和装夹简单的特点，因此，中小型圆柱形工件在数控铣床或数控车床上加工时，常采用自定心卡盘进行装夹。卡盘的夹紧有机械螺旋式、气动式或液压式等多种形式。

采用卡盘装夹时，先将卡盘固定在工作台上，保证卡盘的中心与工作台面垂直。自定心卡盘装夹圆柱形工件的找正方法如图 2-14 所示，将百分表固定在主轴上，触头接触外圆侧素线，上下移动主轴，根据百分表的读数用铜棒轻敲工件进行调整，当主轴上下移动过程中百分表读数不变时，表示工件素线平行于 *Z* 轴。

当找正工件外圆圆心时，可手动旋转主轴，根据百分表的读数值在 *XY* 平面内手摇移动工件，直至手动旋转主轴时，百分表读数值不变，此时，工件中心与主轴轴线同轴，记下此时的 *X*、*Y* 机床坐标系的坐标值，可将该点（圆柱中心）设为工件坐标系 *XY* 平面的编程原点。内孔中心的找正方法与外圆圆心找正方法相同。

a) b)

图 2-13 卡盘

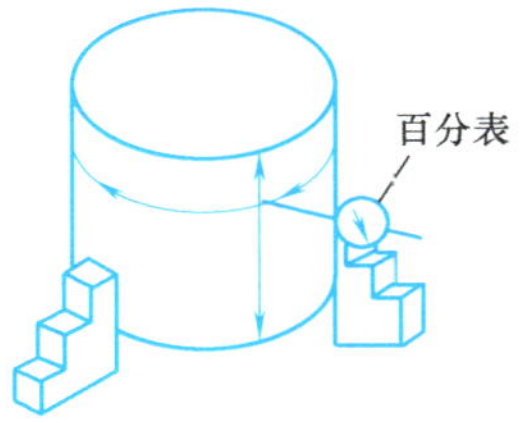

自定心卡盘装夹圆柱形工件的找正方法

图 2-14 自定心卡盘装夹圆柱形工件找正方法

对于需要采用分度或四轴联动加工的零件，通常采用图 2-15 所示的分度头或图 2-16 所示的四轴旋转工作台进行装夹。

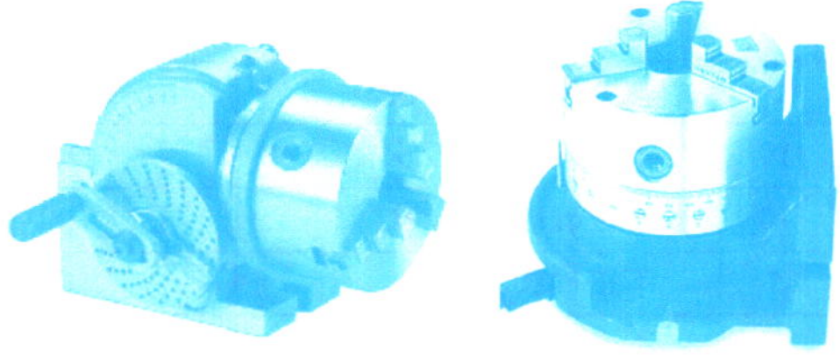

图 2-15 分度头

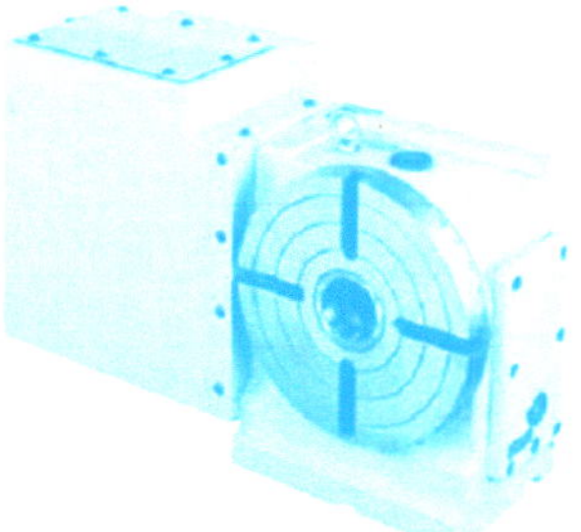

图 2-16 四轴旋转工作台

分度头是数控铣床或普通铣床的主要附件。在机械加工中，常用的分度头有万能分度头、简单分度头、直接分度头等，但这些分度头普遍分度精度不是很高。因此，为了提高分度精度，数控机床上还采用投影光学分度头和数显分度头等对精密零件进行分度。四轴工作台既可直接通过压板装夹工件，也可在工作台上安装卡盘，再通过卡盘进行工件的装夹。

采用分度头或四轴旋转工作台装夹工件（工件横放）时，其找正方法如图 2-17 所示。分别在上素线和侧素线处分别左右移动百分表，调整工件，保证百分表在移动过程中的读数始终相等，从而确保工件侧素线与工件进给方向平行。

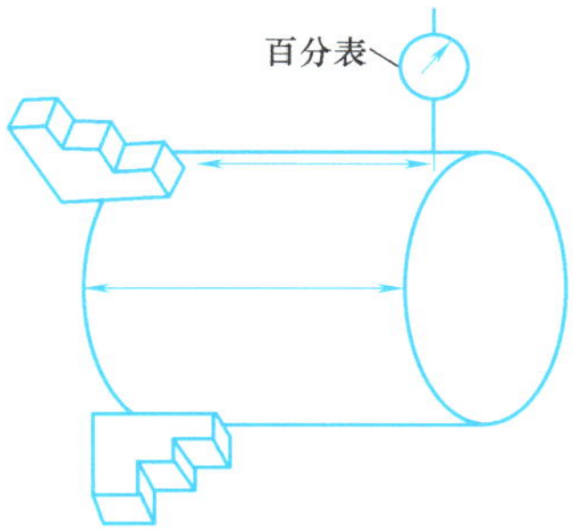

图 2-17　工件的找正

任务二　圆弧槽的铣削

知识目标

- 掌握圆弧加工指令的编程方法。
- 掌握坐标偏置指令的编程方法。
- 掌握返回参考点指令的编程方法。
- 了解 SIEMENS 系统其他圆弧插补指令。

技能目标

- 掌握圆弧槽的编程与加工方法。
- 掌握球头铣刀的使用方法。

素养目标

- 具有质量掌控的意识。
- 具有团队意识。

任务描述

加工图 2-18 所示工件，毛坯为 80mm×80mm×32mm 的硬铝，圆弧加工深度为 1mm，试编写其数控铣床加工程序并进行加工。

知识链接

1. 圆弧加工指令

（1）指令格式　以 G17 平面的圆弧指令为例，其指令格式如下：

G02　X__　Y__　Z__　CR=__　;　　　　（半径方式）

G03　X__　Y__　Z__　CR=__　;

G02　X__　Y__　Z__　I__　J__　K__　F__;（圆心方式）

G03　X__　Y__　Z__　I__　J__　K__　F__;

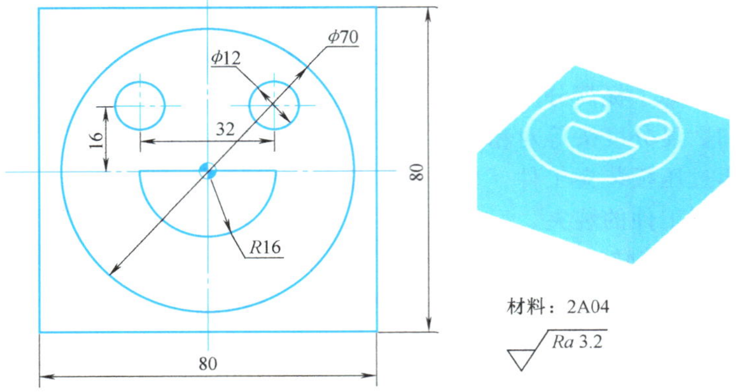

图 2-18 圆弧槽的铣削实例

G02 表示顺时针方向圆弧插补；G03 表示逆时针方向圆弧插补。

X__ Y__ Z__为圆弧的终点坐标值，其值可以是绝对坐标，也可以是增量坐标。在增量方式下，其值为圆弧终点坐标相对于圆弧起点的增量值。

CR=__为圆弧半径。

I__ J__ K__为圆弧的圆心相对于其起点并分别在 *X*、*Y* 和 *Z* 坐标轴上的增量值。

（2）指令说明 如图 2-19 所示，圆弧插补的顺逆方向的判断方法是：沿圆弧所在平面（如 *XY* 平面）的另一根轴（*Z* 轴）的正方向向负方向看，顺时针方向为顺时针圆弧，逆时针方向为逆时针圆弧。

在判断 *I*、*J*、*K* 值时，一定要注意该值为矢量值。图 2-20 所示圆弧在编程时的 *I*、*J* 值均为负值。

圆弧的顺逆判断

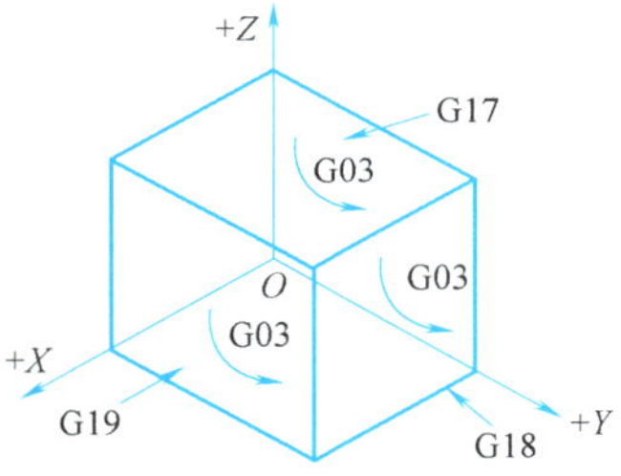

图 2-19 圆弧的顺逆判断

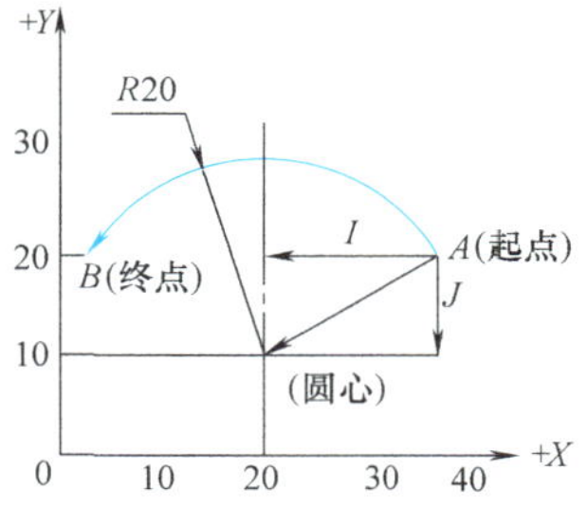

图 2-20 圆弧编程中的 *I*、*J* 值

圆弧编程中的 *I*、*J* 值

例 1 图 2-21 所示轨迹 *AB*，用圆弧指令编写的程序段如下所示：

AB_1 G03 X2.68 Y20.0 CR=20.0；

G03 X2.68 Y20.0 I-17.32 J-10.0；

AB_2 G02 X2.68 Y20.0 CR=20.0；

G02 X2.68 Y20.0 I-17.32 J10.0；

圆弧半径 CR 有正值与负值之分。当圆弧圆心角小于或等于 180°（如图 2-22 中圆弧 AB_1）时，程序中的 CR 用正值表示。当圆弧圆心角大于 180°并小于 360°（如图 2-22 中圆弧 AB_2）时，CR 用负值表示。需要注意的是，该指令格式不能用于整圆插补的编程，整圆插补需用 I、J、K 方式编程。

例 2 如图 2-22 中轨迹 AB，用 R 指令格式编写的程序段如下：

AB_1 G03 X30.0 Y-40.0 CR=50.0 F100;

AB_2 G03 Y-40.0 CR=-50.0 F100;

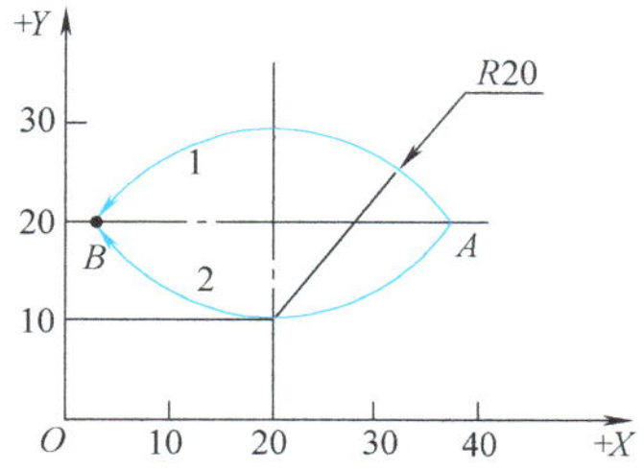

R 及 I、J、K 方式编程举例

图 2-21 R 及 I、J、K 方式编程举例

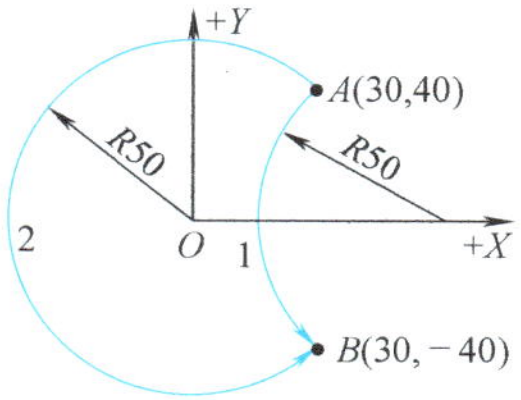

R 值的正负判别

图 2-22 R 值的正负判别

例 3 如图 2-23 中以 C 点为起点和终点的整圆加工程序段如下：

G03 X50.0 Y0 I-50.0 J0;

或简写成：G03 I-50.0;

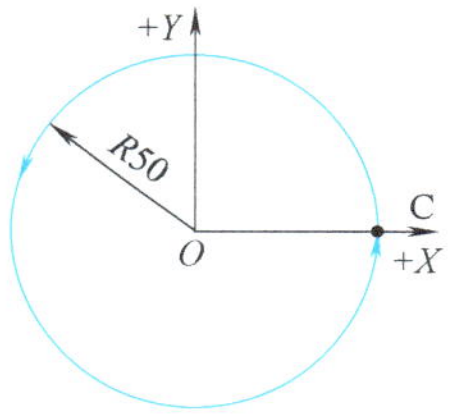

整圆加工实例

图 2-23 整圆加工实例

2. **工件坐标系零点偏移及取消指令**（G54～G59、G53）

（1）指令格式

G54～G59; （程序中设定工件坐标系零点偏移指令）

G53; （程序中取消工件坐标系设定，即选择机床坐标系）

（2）指令说明 零点偏置设定工件坐标系的实质是：在编程与加工之前让数控系统知道工件坐标系在机床坐标系中的具体位置。通过这种方法设定的工件坐标系，只要不对其进行修改、删除操作，该工件坐标系将永久保存，即使机床关机，其坐标系也将保留。

一般通过对刀操作及对机床面板的操作，输入不同的零点偏移数值，可以设定 G54～G59 共 6 个不同的工件坐标系，在编程及加工过程中，可以通过 G54～G59 指令来对不同的工件坐标系进行选择。

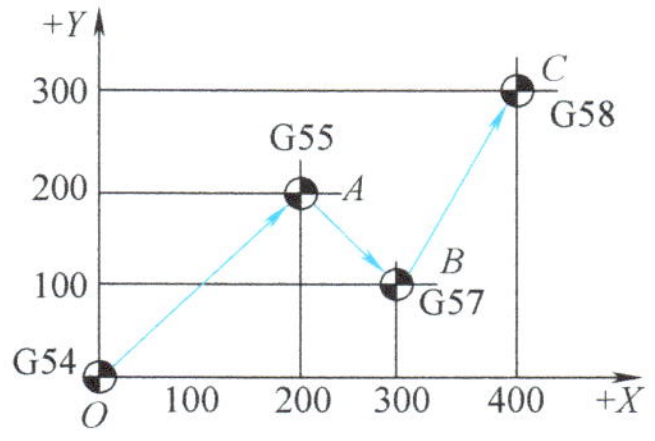

零点偏移指令 G54～G59

图 2-24 零点偏移指令 G54～G59

例 4 如图 2-24 所示，试编写刀具刀位点在 O 点、A 点、B 点和 C 点间快速移动的程序（系统 G54～G59 存储器中设定了不同的值）。

G90;	（绝对坐标系编程）
G54 G00 X0 Y0;	（选择 G54 坐标系，快速定位到该坐标系 XY 平面原点）
G55 G00 X0 Y0;	（选择 G55 坐标系，快速定位到该坐标系 XY 平面原点）
G57 G00 X0 Y0;	（选择 G57 坐标系，快速定位到该坐标系 XY 平面原点）
G58 G00 X0 Y0;	（选择 G58 坐标系，快速定位到该坐标系 XY 平面原点）
M30;	（程序结束）

3. 返回参考点指令

参考点是机床上的固定点之一。一般在数控机床接通电源后，需先手动使机床返回参考点。若在程序中需要返回参考点时，可以利用参考点返回指令将机床运动到参考点。其指令格式为：

G74　Z0；

程序段中 Z 后编程的数值（可以为 0 或其他）不被识别。机床由当前点返回到固定点时，每个轴均以 G00 的速度运动。机床在执行程序段“G74　Z1=0；”时，完成 *Z* 向参考点返回运动。

4. 数控铣床加工程序的程序开始与程序结束部分

针对不同的数控机床，程序开始部分和结束部分的内容都是相对固定的，包括一些机床信息，如程序初始化、换刀、工件原点设定、快速点定位、主轴起动、切削液开启等。因此，程序开始和程序结束可编成相对固定格式，从而减少编程的重复工作量。

SIEMENS 802D 系统的程序开始部分与程序结束部分的程序见表 2-4。

表 2-4　SIEMENS 802D 系统的程序开始部分与程序结束部分的程序

程序段号	SIEMENS 802D 系统程序	程序说明
	AA21. MPF；	程序号
N10	G90　G94　G71　G40　G17　G54；	程序初始化
N20	G74　Z0；	刀具 *Z* 向回参考点
N30	M03　S__；	主轴正转
N40	G00　X__　Z__　M08；	刀具定位
N50	Z__；	
…	……	工件加工
N150	G00　Z50. 0； （或 G74　Z0；）	刀具退出
N160	M05；	主轴停转
N170	M02；	程序结束

注：N10～N50 为程序开始部分，N150～N170 为程序结束部分。

任务实施

1. 加工准备

本任务选用的机床为 XK7650 型 SIEMENS 802D 系统数控铣床。选择图 2-25 所示球头铣刀（刀具材料为硬质合金）进行加工，球头半径为 2mm。切削用量推荐值如下：切削速度 $n=3000\text{r/min}$；*XY* 平面内进给速度取 $v_f=300\text{mm/min}$，*Z* 向进给速度取 $v_f=80\text{mm/min}$；背吃刀量的取值等于槽深度，取 $a_p=1\text{mm}$。

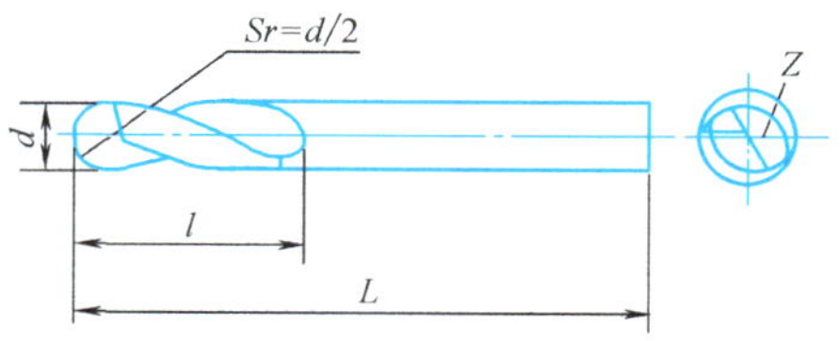

图 2-25　球头铣刀

2. 确定零件加工次序

本任务工件各部位的加工次序如图 2-26 所示。

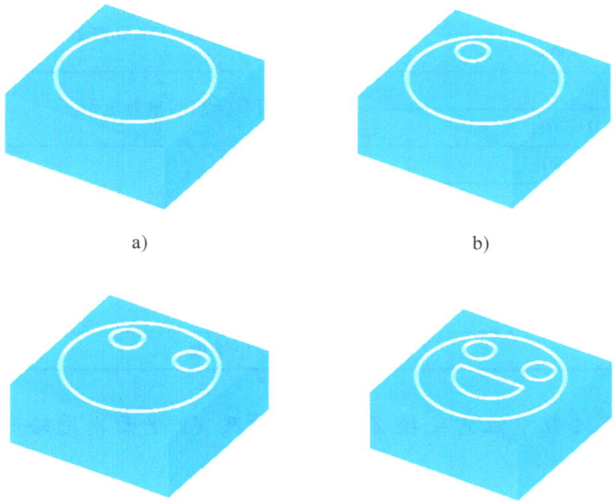

a)　b)　c)　d)

图 2-26　工件各部位的加工次序

a) 加工外部整圆　b) 加工左侧整圆　c) 加工右侧整圆　d) 加工下方半圆

3. 编写加工程序

本任务的数控铣床加工程序见表 2-5。

表 2-5　圆弧槽铣削实例参考程序

刀具	ϕ4mm 硬质合金球头铣刀	
程序段号	加工程序	程序说明
	AA22. MPF;	程序号
N10	G90　G94　G71　G40　G17　G54;	程序初始化
N20	G74　Z0;	*Z* 向回参考点
N30	M03　S3000　M08;	主轴正转,切削液开
N40	G00　X-35.0　Y0.0;	刀具在 *XY* 平面中快速定位
N50	Z20.0　M08;	刀具 *Z* 向快速定位
N60	G01　Z-1.0　F40;	刀具下降至槽深位置
N70	G02　X-35.0　Y0.0　I35.0　F300;	加工 ϕ70mm 整圆
N80	G00　Z5.0;	刀具抬起
N90	X-22.0　Y16.0;	刀具重定位
N100	G01　Z-1.0　F80;	加工左侧 ϕ12mm 整圆
N110	G02　I6.0　F300;	
N120	G00　Z5.0;	刀具抬起后重新定位
N130	X10.0　Y16.0;	

（续）

刀具	ϕ4mm 硬质合金球头铣刀	
程序段号	加工程序	程序说明
N140	G01 Z-1.0 F80;	加工右侧 ϕ12mm 整圆
N150	G02 I6.0 F300;	
N160	G00 Z5.0;	刀具抬起后重新定位
N170	X-16.0 Y0;	
N180	G01 Z-1.0 F80;	加工下方半圆
N190	X16.0 F300;	
N200	G02 X-16.0 CR=16.0;	
N210	G74 Z0 M09;	*Z* 向回参考点
N220	M05;	主轴停转
N230	M02;	程序结束

>> **注意** 编程过程中注意变换 *Z* 向进给时及 *XY* 平面内进给时的进给速度。

任务评价

本任务的任务评价表见表 2-6。

表 2-6 圆弧槽的铣削任务评价表

项目与权重	序号	技术要求	配分	评分标准	检测记录	得分
加工操作(45%)	1	ϕ70mm、ϕ12mm、*R*16mm	4×4	不正确全扣		
	2	32mm、16mm	4×2	不正确全扣		
	3	槽深度及宽度正确	4×3	不正确全扣		
	4	表面质量好	9	每错一处扣 3 分		
程序与加工工艺(30%)	5	程序格式规范	5	每错一处扣 2.5 分		
	6	程序正确、完整	10	每错一处扣 2 分		
	7	刀具选择正确	5	不合理每处扣 2.5 分		
	8	刀具安装正确	5	不正确全扣		
	9	刀具参数选择正确	5	不正确全扣		
机床操作(15%)	10	对刀操作正确	5	不正确全扣		
	11	坐标系设定正确	5	不正确全扣		
	12	机床操作不出错	5	每错一次扣 2.5 分		
安全文明生产(10%)	13	安全操作	5	出错全扣		
	14	机床维护与保养	5	不合格全扣		

知识拓展

SIEMENS 802D 系统其余圆弧插补指令

SIEMENS 802D 系统除了前面介绍了两种常用的圆弧插补格式外，还可以用一些特殊的指令进行圆弧插补，其余的圆弧插补指令见表 2-7。

表 2-7 SIEMENS 802D 系统其余圆弧插补指令

指令格式	编程举例	程序段
G02/G03 X_ Y_ AR=_; AR:圆弧张角,即插补圆弧所对应的圆心角,单位是°(其值为 0.00001°~359.99999°)	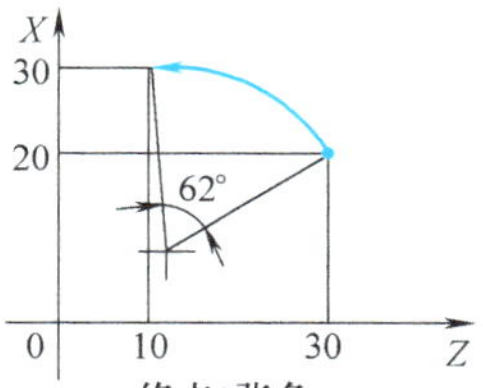 终点+张角	G00 X30.0 Y20.0; G03 X10.0 Y30.0 AR=62.0;
G02/G03 I_ J_ AR=_; I、J:起点到圆心的矢量值 AR:圆弧张角	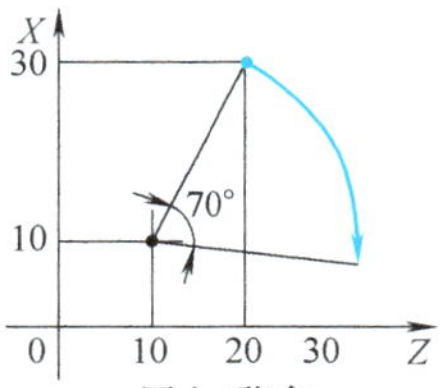 圆心+张角	G00 X20.0 Y30.0; G02 I-10.0 J-20.0 AR=-70.0;
CIP X_ Y_ I1=_ J1=_; I1、J1:圆弧上任一中间点(除起点和终点外的任一点)的 X、Z 坐标值	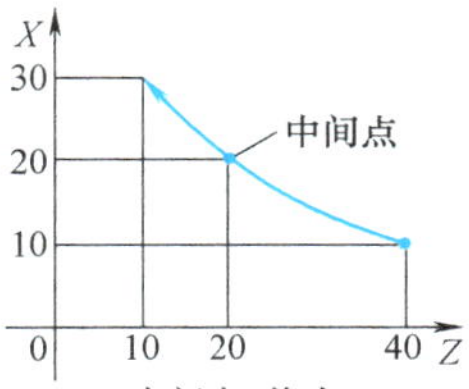 中间点+终点	G00 X40.0 Y10.0; CIP X10.0 Y30.0 I1=20.0; J1=20.0;
G111 X_ Y_; G02/G03 AP=_ RP=_; AP:圆弧终点的极坐标角度 RP:圆弧半径 利用 G111 指令,将圆心定义为极点,X、Y 为圆心在当前工件坐标系中的坐标值	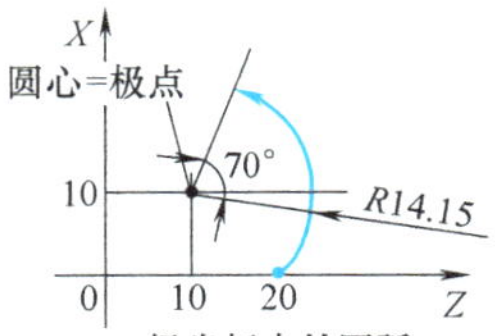 极坐标中的圆弧	G00 X28.0 Y10.0; G111 X10.0 Y10.0; G03 AP=70.0 RP=14.15;
CT X_ Y_;(切弧终点坐标) 使用 CT 指令,给出圆弧终点坐标可使圆弧与前面的轨迹(圆弧或直线)进行切向连接	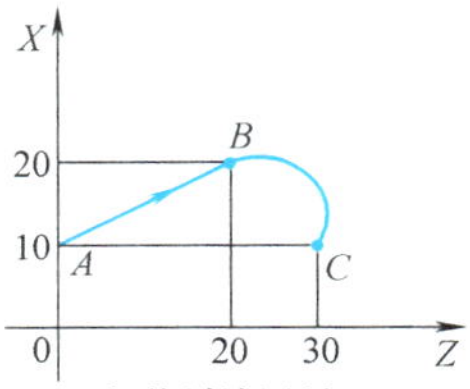 切线过渡圆弧	G00 X0 Y10.0; G01 X20.0 Y20.0;(B 点坐标) CT X30.0 Y10.0;(C 点坐标) *BC* 圆弧与 *AB* 直线相切

任务三 台阶的铣削

知识目标

- 了解数控铣削用量的概念。
- 掌握数控铣削用量的选择方法。
- 了解数控铣削用刀具材料。
- 掌握切削液的选择和使用方法。

技能目标

- 掌握台阶的编程与加工方法。
- 掌握数控铣床刀具的安装方法。

素养目标

- 具有安全文明生产和环境保护意识。
- 具有自主学习的意识和能力。

任务描述

加工图 2-27 所示工件，毛坯为 80mm×80mm×32mm 的硬铝，试编写其数控铣床加工程序并进行加工。

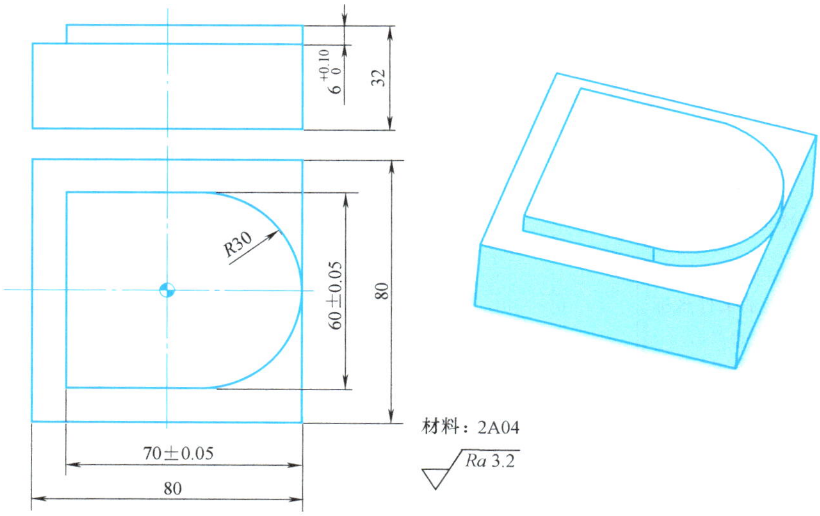

图 2-27 台阶的铣削实例

知识链接

1. 铣削用量的合理选择

铣削用量包括铣削速度、进给量、铣削背吃刀量及铣削宽度等。合理选择铣削用量，对提高生产率，改善表面质量和加工精度，都有着密切的关系，铣削用量如图 2-28 所示。

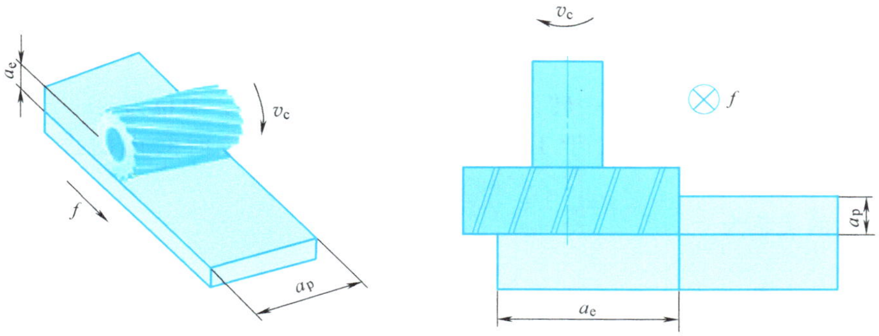

图 2-28　铣削用量

（1）铣削速度 v_c　铣削速度是指在切削过程中铣刀的线速度，单位为 m/min。其计算公式为

$$v_c = \frac{\pi D n}{1000}$$

式中　D——铣刀的直径（mm）；

n——铣刀的转速（r/min）；

π——圆周率。

铣削速度在铣床上是以主轴的转速来调整的，但对铣刀使用寿命等因素的影响，是以铣削速度来考虑的。因此，一般在选择好合适的铣削速度后，再根据铣削速度来计算铣床的主轴转速。

例　在立式数控铣床上，用直径为 80mm 的硬质合金盘铣刀以 200m/min 的铣削速度进行铣削，试问主轴转速应调整到多少？

解
$$n = \frac{1000 v_c}{\pi D} = \frac{1000 \times 200}{3.14 \times 80} \text{r/min} = 796 \text{r/min}$$

实际上，铣床主轴转速选 800r/min。

铣削速度 v_c 可在表 2-8 推荐的范围内选取，并根据实际情况进行试切后加以调整。

表 2-8　铣削速度 v_c 值的选取

工件材料	铣削速度 v_c/(m/min)	
	高速钢铣刀	硬质合金铣刀
20 钢	20～45	150～250
45 钢	20～35	80～220
40Cr	15～25	60～90
HT150	14～22	70～100
黄铜	30～60	120～200
铝合金	112～300	400～600
不锈钢	16～25	50～100

注：1. 粗铣时取小值，精铣时取大值。
2. 工件材料强度和硬度较高时取小值，反之取大值。
3. 刀具材料耐热性较好时取大值，反之取小值。

（2）进给量　铣刀是多刃刀具，因此，进给量有几种不同的表达方式。

1）每齿进给量 f_z：铣刀每转过一个刀齿时，铣刀在进给运动方向上相对于工件的位移量称为每齿进给量，单位为 mm/z，它是选择铣削进给速度的依据。每齿进给量的选择见表 2-9。

2）每转进给量 f：铣刀每转一转，铣刀与工件的相对位移，单位为 mm/r。

3）进给速度 v_f：铣刀相对于工件的移动速度，即单位时间内的进给量，单位为 mm/min。

三者之间的关系为

$$v_f = fn = f_z zn$$

式中　z——铣刀齿数。

表 2-9　每齿进给量 f_z 值的选取　（单位：mm/z）

刀具名称	高速钢刀具		硬质合金刀具	
工件材料	铸铁	钢件	铸铁	钢件
立铣刀	0.08～0.15	0.03～0.06	0.2～0.5	0.08～0.20
面铣刀	0.15～0.20	0.06～0.10	0.2～0.5	0.08～0.20

（3）铣削背吃刀量 a_p 与铣削宽度 a_e　铣削背吃刀量不同于车削时的背吃刀量，它不是待加工表面与已加工表面的垂直距离，而是指平行于铣刀轴线测得的切削层尺寸。铣削背吃刀量 a_p 的选取可参考表 2-10。

表 2-10　铣削背吃刀量 a_p 的选取　（单位：mm）

刀具材料	高速钢铣刀		硬质合金铣刀	
加工阶段	粗铣	精铣	粗铣	精铣
铸铁	5～7	0.3～1	10～18	0.5～2
软钢	<5	0.3～1	<12	0.5～2
中硬钢	<4	0.3～1	<7	0.5～2
硬钢	<3	0.3～1	<4	0.5～2

铣削宽度是指垂直于铣刀轴线测量的切削层尺寸，如图 2-28 所示。粗加工的铣削宽度一般取刀具的直径 60%～80%，精加工的铣削宽度由精加工余量确定（精加工余量一次性切削）。

2. 切削液的选择与使用

（1）切削液的作用　切削液的主要作用是冷却和润滑，加入特殊添加剂后，还可以起清洗和防锈的作用，以保护机床、刀具、工件等不被周围介质腐蚀。

（2）切削液的种类　切削液主要分成水溶液、乳化液、合成切削液、切削油、极压切削液、固体润滑剂等多种类型。

（3）切削液的选用

1）根据加工性质选用。粗加工时，由于加工余量及切削用量均较大，因此，在切削过程中产生大量的切削热，易使刀具迅速磨损，这时应降低切削区域温度，所以应选择以冷却作用为主的乳化液或合成切削液。精加工时，为了减少切屑、工件与刀具之间的摩擦，保证工件的加工精度和表面质量，应选用润滑性能较好的极压切削油或高浓度极压乳化液。

2）根据工件材料选用。一般钢件，粗加工时选择乳化液；精加工时选用硫化乳化液。加工铸铁、铸铝等脆性金属，为了避免细小切屑堵塞冷却系统或粘附在机床上难以清除，一般不用切削液，也可选用 7%～10%的乳化液或煤油。加工非铁金属或铜合金时，不宜采用含硫的切削液，以免腐蚀工件。加工镁合金时，不用切削液，以免燃烧起火。必要时，可用压缩空气冷却。加工不锈钢、耐热钢等难加工材料时，应选用 10%～15%的极压切削油或极压乳化液。

3）根据刀具材料选用。对于高速钢刀具，粗加工时，选用乳化液；精加工时，选用极压切削油或浓度较高的极压乳化液。对于硬质合金刀具，为避免刀片因骤冷骤热产生崩刃，一般不用切削液。如使用切削液，需连续充分浇注切削液。

（4）切削液的使用方法　切削液的使用普遍采用浇注法。对于深孔加工、难加工材料的加工以及高速或强力切削加工，应采用高压冷却法。切削时，切削液工作压力为 1～10MPa，流量为 50～150L/min。

喷雾冷却法也是一种较好的使用切削液的方法，加工时，切削液被高压并通过喷雾装置雾化，并被高速喷射到切削区。

任务实施

1. 加工准备

本任务选用的机床为 XK7650 型 SIEMENS 802D 系统数控铣床。选择图 2-29 所示 ϕ16mm 立铣刀（刀具材料为高速钢）进行加工，切削用量推荐值如下：切削速度 n=2000r/min；进给速度 v_f=200mm/min；背吃刀量 a_p=6mm。

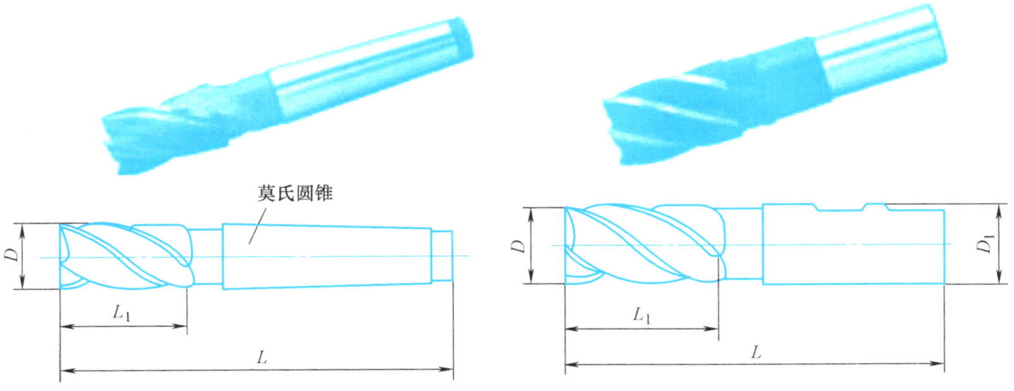

图 2-29　立铣刀

2. 安装刀具

（1）数控刀具在刀柄中的安装

1）选择 KM 弹簧夹头（ϕ16mm），将键槽铣刀装入弹簧夹头。

2）选择强力夹头刀柄。

3）将刀具装入图 2-30 所示锁刀器，刀柄卡槽对准锁刀器的凸起部分。

4）用月牙形扳手（图 2-30）松开锁紧螺母，将装有刀具的 KM 弹簧夹头装入刀柄。

5）拧紧锁紧螺母，完成刀具在刀柄中的安装。

（2）数控刀柄在数控机床上的安装

1）打开供气气泵，向数控机床的气动装置供气。

2）按下数控机床控制面板上的“刀具松”按钮。

3）手握刀柄底部，将刀柄柄部伸入主轴锥孔中。

4）按下主轴上的“气动”按钮（图 2-31），同时向上推刀柄。

5）松开“气动”按钮，然后松开手握刀柄。

6）检查刀柄在数控机床上的安装情况。

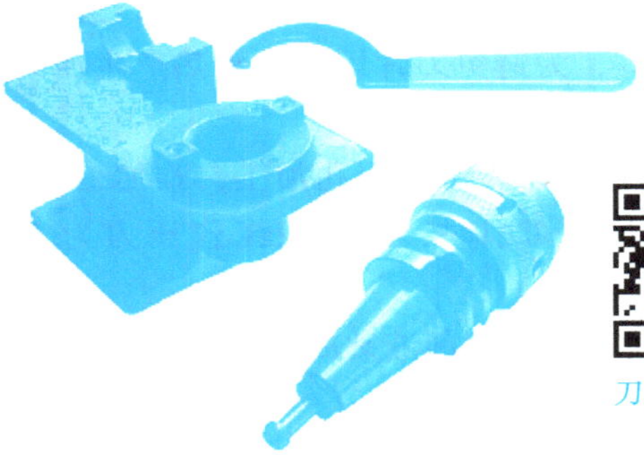

刀具的安装

图 2-30 锁刀器与月牙形扳手

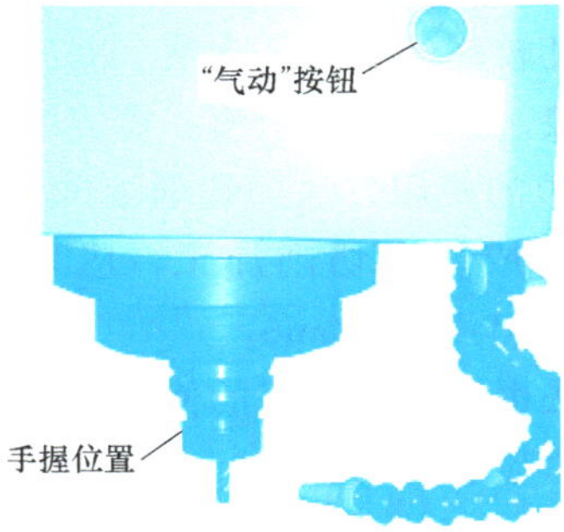

刀柄在数控机床上的安装

图 2-31 刀柄在数控机床上的安装

3. 设计加工路线

加工本任务工件时，刀具中心在 XY 平面内的轨迹图如图 2-32 所示。根据加工路线确定刀具轨迹中各基点坐标，经计算，得出各基点坐标如下。

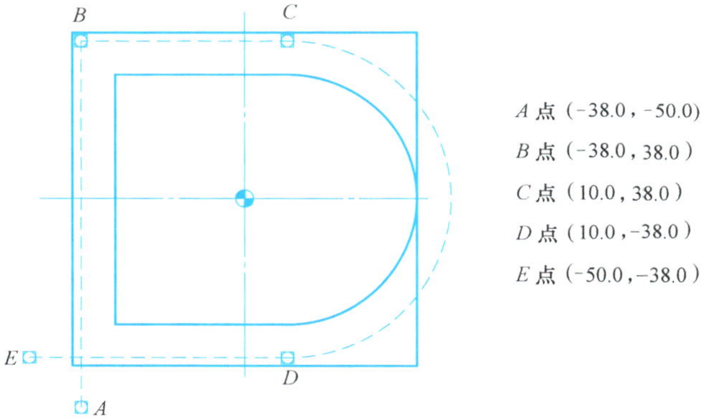

图 2-32 刀具中心在 XY 平面内的轨迹图

4. 编写加工程序

本任务的数控铣床加工程序见表 2-11。

表 2-11 台阶的铣削参考程序

刀具	ϕ16mm 高速钢立铣刀	
程序段号	加工程序	程序说明
	AA23. MPF;	程序号
N10	G90 G94 G71 G40 G17 G54;	程序初始化
N20	G74 Z0;	Z 向回参考点

（续）

刀具	ϕ16mm 高速钢立铣刀	
程序段号	加工程序	程序说明
N30	M03　S2000;	主轴正转，切削液开
N40	G00　X-38.0　Y-50.0　M08;	刀具在 *XY* 平面中快速定位
N50	Z20.0;	刀具 *Z* 向快速定位
N60	G01　Z-6.0　F200;	台阶的切削深度位置
N70	Y38.0;	$A \to B$
N80	X10.0	$B \to C$
N90	G02　X10.0　Y-38.0　CR=38.0;	$C \to D$
N100	G01　X-50.0;	$D \to E$
N110	G00　Z100.0　M09;	刀具 *Z* 向快速抬刀
N120	M05;	主轴停转
N130	M02;	程序结束

任务评价

本任务的任务评价表见表 2-12。

表 2-12　台阶的铣削任务评价表

项目与权重	序号	技术要求	配分	评分标准	检测记录	得分
加工操作（40%）	1	（60±0.05）mm	10	超差 0.01mm 扣 2 分		
	2	（70±0.05）mm	10	超差 0.01mm 扣 2 分		
	3	$6^{+0.10}_{0}$mm	10	超差 0.01mm 扣 2 分		
	4	圆弧正确	5	不正确扣 2 分/处		
	5	表面质量好	5	不正确扣 2 分/处		
程序与加工工艺（25%）	6	程序格式规范	5	不合理扣 1 分/处		
	7	程序正确、完整	5	不正确扣 1 分/次		
	8	工艺合理	10	不正确扣 2 分/次		
	9	程序参数合理	5	不正确扣 2 分/次		
机床操作（25%）	10	对刀及坐标系设定	5	不合理扣 1 分/次		
	11	机床面板操作正确	10	不正确扣 2 分/处		
	12	手摇操作不出错	5	出错扣 1 分/次		
	13	意外情况处理合理	5	出错扣 1 分/次		
安全文明生产（10%）	14	安全操作	5	不规范扣 1 分/次		
	15	机床整理	5	不合格全扣		

知识拓展

刀具材料的选择

（1）刀具材料应具备的基本性能

1）高硬度。刀具材料的硬度应大于工件材料的硬度。通常高速钢的硬度为60~70HRC，硬质合金的硬度为89~93HRA。

2）足够的强度和韧性。刀具的切削部分在切削过程中承受很大的切削力和冲击力，因此刀具材料必须具有足够的强度和韧性。

3）高耐磨性和高耐热性。刀具材料的耐磨性是指刀具抵抗磨损的能力。刀具的耐热性是指刀具在高温下保持较高硬度的性能，又称为"高温硬度"或"热硬性"。

4）良好的导热性。刀具的导热性越好，则切削过程中产生的热量就越容易传导出去，从而降低切削部分的温度，减轻刀具磨损。

5）良性的工艺性和经济性。为了便于制造，要求刀具材料具有较好的可加工性。另外刀具的制造成本也是选择刀具的关键。

6）抗粘结性和化学稳定性。刀具的抗粘结性是指工件与刀具材料分子在高温高压作用下抵抗互相吸附而产生粘结的能力。刀具的化学稳定性是指刀具材料在高温下不易与周围材料发生化学反应的能力。

（2）常用刀具材料 常用的数控刀具材料有高速钢、硬质合金、涂层硬质合金、陶瓷、立方氮化硼、金刚石等。其中，高速钢、硬质合金和涂层硬质合金在数控铣削刀具中应用最广。

1）高速钢。高速钢是指加了较多的钨、钼、铬、钒等合金元素的高合金工具钢，其常用的牌号有W18Cr4V、W18Cr4VCo5和W6Mo5Cr4V2等。高速钢刀具有较高的强度和韧性，主要用于复杂刀具和精加工刀具，但刀具耐热性差。该刀具材料的适用性较广，能适用于各种金属的加工，由于其耐热性差，因此不适用于高速切削。

2）硬质合金。硬质合金分成钨钴（K）类（代号为YG）、钨钛钴（P）类（代号为YT）、钨钛钽钴（M）类（代号为YW）等几种。常用刀具牌号有YG3、YG6、YG8、YT5、YT15、YT30、YW1和YW2。硬质合金具有高硬度、高耐磨性、高耐热性的特点，但其抗弯强度和冲击韧性较差，因此该材料适用于精加工或加工钢及韧性较大的塑性金属。

涂层硬质合金是在普通硬质合金的基体上通过"涂镀"新工艺得到的，使得其耐磨、耐热和耐腐蚀性能得到大大提高。因此，其使用寿命比普通硬质合金至少可提高1~3倍。

刀具的涂层技术在这几年的刀具制造中得到了广泛的运用，通过刀具的涂层，既保持了普通刀片基体强度的韧性，又使刀具表面具有较高的硬度和耐磨性，从而解决了材料的硬度、强度和韧性之间的矛盾。当前有70%~80%的刀片和50%以上的整体刀具已使用了刀具涂层技术。

3）陶瓷。陶瓷刀具是以Al_2O_3（氧化铝）或Si_3N_4（氮化硅）为基体再添加少量金属，在高温下烧结而成的一种刀具材料。其硬度可达91~95HRA，耐磨性比硬质合金高十几倍。该材料具有很高的硬度和耐磨性，很强的耐高温性和较低的摩擦系数，另外该刀具材料与多种金属材料的亲和力小，化学稳定性高。因此，陶瓷刀片是加工淬硬（达65HRC左右）钢及其他难加工材料的首选刀具。

4）其他高硬度刀具材料。立方氮化硼及金刚石材料具有极高的硬度和耐磨性，分别适用于精加工各种淬硬钢及高速精加工钛或铝合金工件，但不宜承受冲击和低速切削，也不宜加工软金属，且价格较高。

（3）刀具材料性能比较　不同刀具材料的硬度和韧性对比图如图 2-33 所示。通常情况下，我们希望得到的理想的刀具材料应既具有较高的硬度，又具有较好的韧性。

当前刀具材料的发展趋势是：硬质合金刀具应用范围继续扩大，硬质合金与高速钢两种粉末的复合材料将代替一部分高速钢刀具；超硬刀具材料的使用将明显增加。

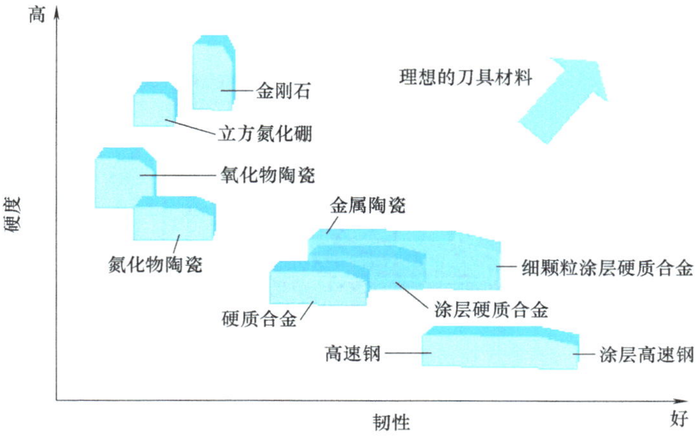

图 2-33　不同刀具材料的硬度与韧性对比图

任务四　宇龙数控仿真软件的使用

知识目标

- 了解宇龙数控仿真软件。
- 认识宇龙数控仿真软件的操作界面。
- 了解当前使用的各类数控加工仿真软件。

技能目标

- 掌握宇龙数控仿真软件选择机床的方法。
- 掌握宇龙数控仿真软件选择刀具、毛坯的方法。

素养目标

- 具有自主学习的意识和能力。
- 具备分析和解决实训过程中突发事件的能力。

任务描述

认识图 2-34 所示宇龙数控仿真系统（SIEMENS 系统）操作界面；掌握仿真系统中选择

毛坯、夹具、刀具等的操作方法；采用手动输入方式输入前一任务的加工程序。

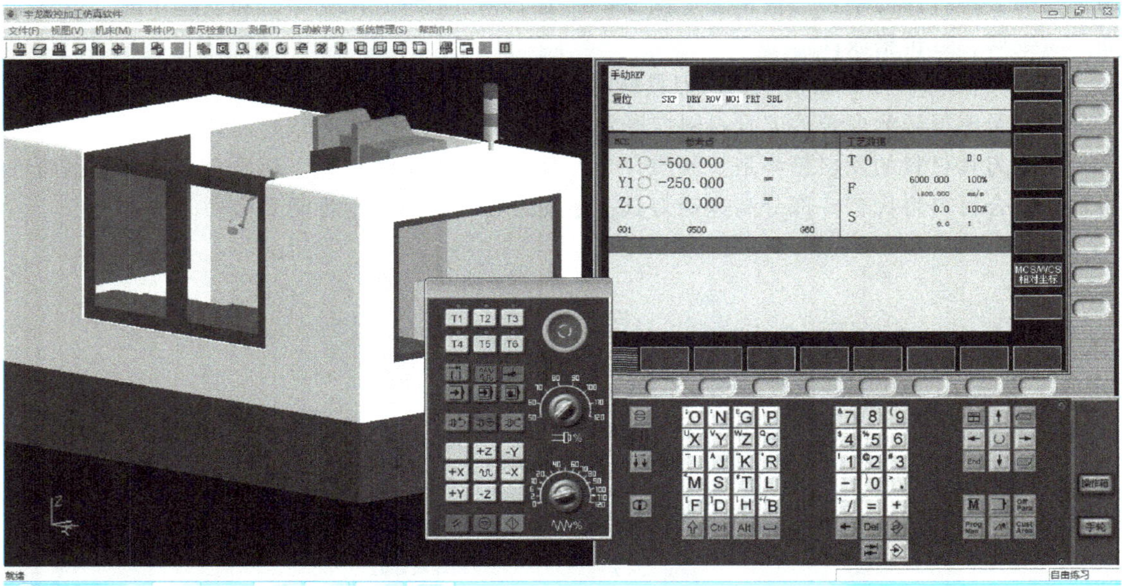

图 2-34 宇龙数控仿真系统（SIEMENS 系统）操作界面

知识链接

1. 宇龙数控仿真系统软件简介

（1）数控仿真系统软件　当前，在数控培训中使用的仿真软件品牌较多，主要有上海宇龙仿真系统、北京斐克仿真系统、南京宇航仿真系统和南京斯沃仿真系统等，虽然这些仿真系统各有特点，但其操作却大同小异。

本书以上海宇龙软件公司开发的数控仿真系统 V4.8 版来说明仿真加工的方法。该仿真软件含有多种数控系统的数控车、数控铣和加工中心的仿真操作，具有较大的适用性。宇龙数控铣仿真系统（SIEMENS 802D 系统）操作界面如图 2-34 所示。

（2）宇龙数控仿真软件功能特点

1）系统提供车床、立式铣床、卧式加工中心、立式加工中心。控制系统有 FANUC 系统、SIEMENS 系统、三菱系统、大森系统、华中数控系统、广州数控系统，以及上海市技能鉴定机构所采用的 PA 系统。

2）具有丰富的刀具材料库，采用数据库统一管理刀具材料和性能参数库，刀具库含有数百种不同材料和形状的车刀、铣刀，支持用户自定义刀具，以及相关特征参数。

3）机床操作全过程仿真。仿真机床操作的整个过程；毛坯定义、工件装夹、压板安装、基准对刀、安装刀具，机床手动、自动加工操作等仿真。

4）加工运行全环境仿真。仿真数控程序的自动运行和 MDI 运行模式；三维工件的实时切削，刀具轨迹的三维显示；提供刀具补偿、坐标系设置等系统参数的设定。

5）全面的碰撞检测。手动、自动加工等模式下的实时碰撞检测，包括刀柄刀具与夹具、压板、机床等碰撞，也包括机床行程越界及主轴不转时刀柄、刀具与工件等的碰撞。

6）数控程序处理。能够通过 DNC 导入各种 CAD/CAM 软件生成的数控程序，例如 Mastercam、Creo、NX、CAXA-ME 等，也可以导入手工编制的文本格式数控程序，还能够直接通过面板手工编辑、输入、输出数控程序。具有数控程序预检查和运行中的动态检查功能。

7）考试操作过程记录和结果记录回放。具有记录考试操作全过程和考试结果的功能，以及多种回放方式。

8）互动教学。教师和学生可以相互观看对方的操作，进行互动交流。

2. 宇龙数控仿真系统操作界面简介

（1）启动宇龙数控仿真系统

1）单击［开始］/［所有程序］/［数控加工仿真系统］/［加密锁管理程序］，打开宇龙数控仿真系统加密锁管理程序，此时在教师机右下角出现“”图标。

注意　一定要启动“加密锁管理程序”后才能启动用户界面。

2）单击［开始］/［所有程序］/［数控加工仿真系统］/［数控加工仿真系统］，出现图 2-35 所示的“用户登录”界面，此时无须填写【用户名】（注：对话框中的按钮用带“【 】”的文字表示）和【密码】，直接单击【快速登录】，登录数控仿真系统。此时仿真软件的操作界面如图 2-35 所示。

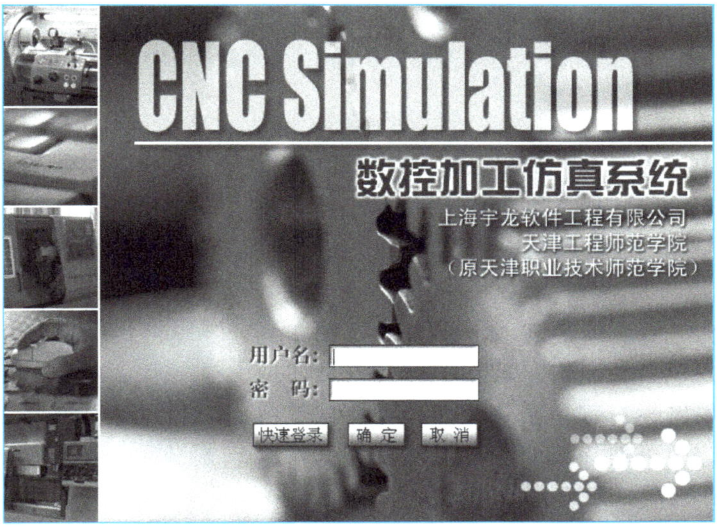

图 2-35　“用户登录”界面

（2）仿真软件的主菜单　主菜单为下拉菜单，部分下拉菜单的展开图如图 2-36 所示，可根据需要选择其中的一个。本书中的下拉菜单以带“[]”的文字表示，如［文件］/［打开项目］等。

（3）仿真软件的工具栏　宇龙数控仿真系统的工具栏及其功能如图 2-37 所示，这些工具栏是下拉菜单的快捷方式，在仿真软件的操作过程中应尽量选用这些工具栏。

（4）仿真软件的机床操作面板　宇龙数控铣仿真系统的机床操作面板是根据相应系统数控铣床的实际操作面板定制而成的。

（5）仿真软件的机床显示　根据所选择的不同类型机床，在机床显示区域将显示不同

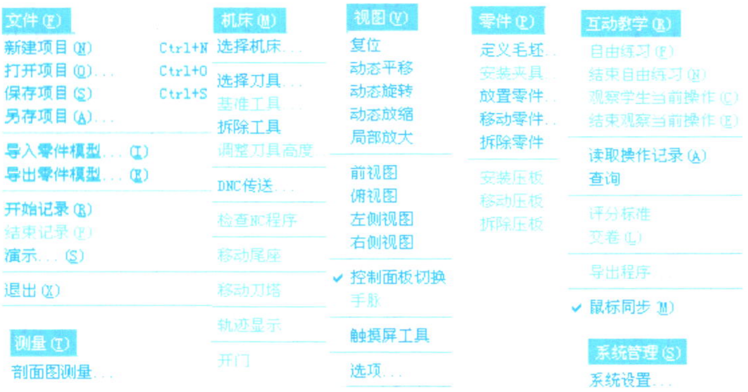

图 2-36　主菜单展开图

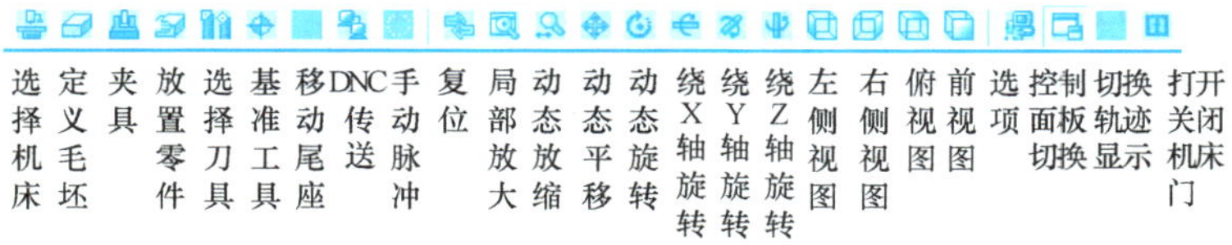

图 2-37　宇龙数控仿真系统的工具栏及其功能

类型的数控机床。

3. 各种按钮及旋钮的操作方法

（1）按钮操作　对于图 2-38 所示的按钮，单击该按钮，即可使该按钮处于接通状态，再次单击该按钮，即可松开该按钮。

（2）旋钮操作　对于图 2-39 所示的旋钮及图 2-40 所示的手摇脉冲发生器，单击该旋钮，可使该旋钮逆时针方向旋转；用鼠标右键单击该旋钮，可使该旋钮顺时针方向旋转，即可使该按钮位于接通状态，再次单击该按钮，即可松开该按钮。

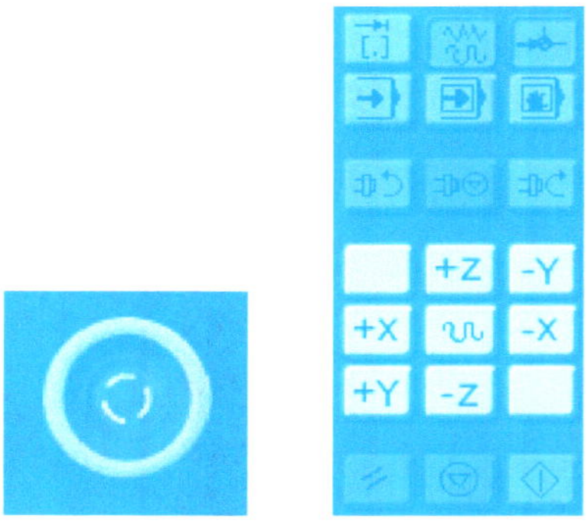

图 2-38　各种按钮

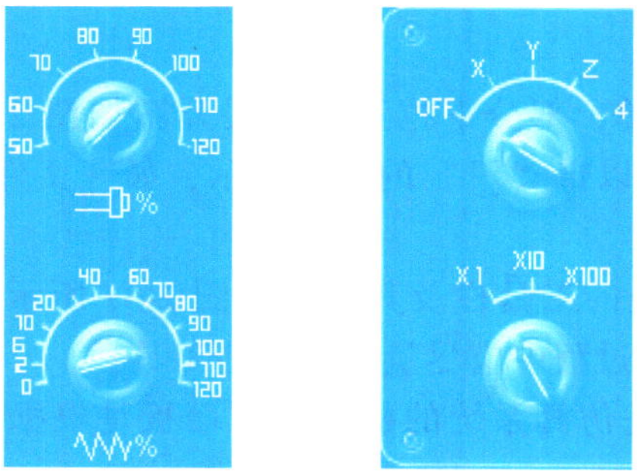

图 2-39　各种旋钮

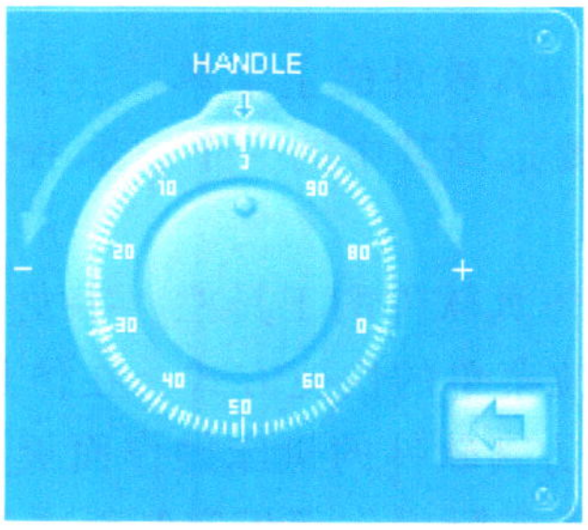

图 2-40　手摇脉冲发生器

（3）MDI 功能面板操作　仿真软件系统中的 MDI 功能面板和真实数控系统相对应的 MDI 功能面板完全相同，其操作方法也完全类似，只需单击按钮即可实现相应功能键的相应操作。

任务实施

1. 仿真加工准备操作

（1）操作准备　操作前需准备好数控仿真机房，为计算机安装宇龙数控仿真 V4.8 版软件。同时配备投影仪等多媒体教学设备。

（2）选择机床和数控系统

1）单击下拉菜单［机床］/［选择机床...］或直接单击工具栏图标“ ”，弹出图 2-41 所示的“选择机床”对话框。

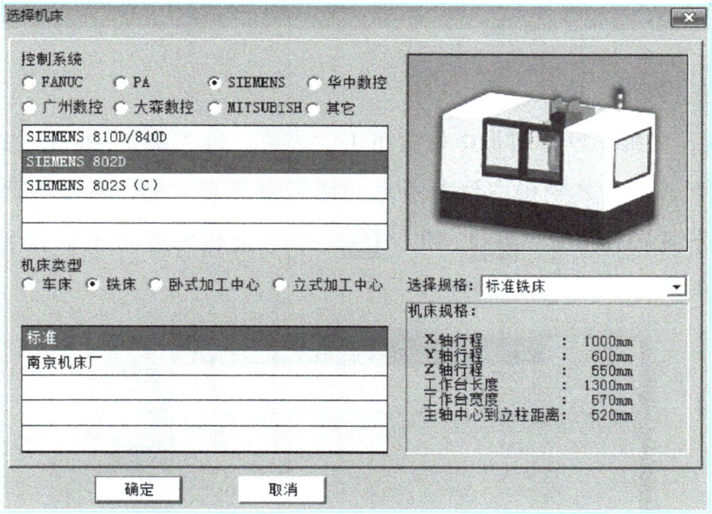

图 2-41　“选择机床”对话框

2）在图 2-41 所示的界面中，在“控制系统”单选中 SIEMENS 系统“SIEMENS”，再在次菜单中选中“SIEMENS 802D”系统；“机床类型”选中铣床“铣床”。然后单击【确定】，完成机床和数控系统的选择。

3）单击下拉菜单［视图］/［选项...］或直接单击工具栏图标“ ”，弹出图 2-42 所示的“视图选项”对话框，参照图 2-42 进行参数设定。单击【确定】按钮，此时机床显示效果如图 2-43 所示。

4）将鼠标移动到机床位置，上下滚动滚轮，可使机床变大或变小显示。另外，还可采用工具条“ ”中的相应按钮，对机床进行“移动”“转动”“缩放”“切换视图”等操作。

（3）机床开机回参考点

1）解除急停报警并开系统电源。在机床操作面板中单击红色急停按钮“ ”，再在机

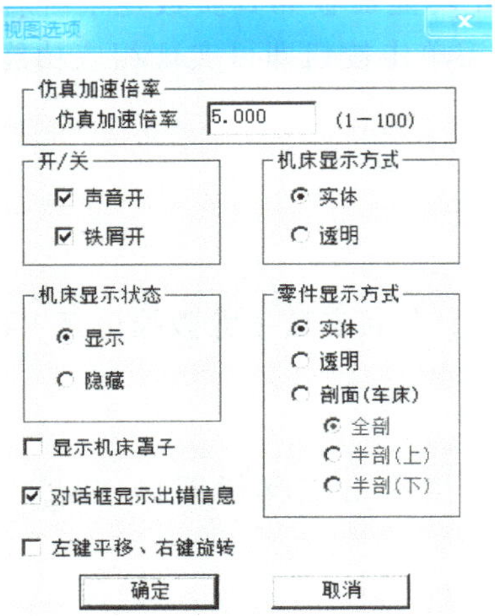

图 2-42 “视图选项”对话框

图 2-43 拆除罩子后的机床

床操作面板中单击“ ”按钮。

2）回参考点。在机床操作面板中依次单击“ ”和“ ”按钮，进入“回参考点”模式，单击“+Z”按钮，*Z* 轴将回到参考点。回到参考点之后，*Z* 轴的回零灯将从“ ”变为“ ”；再分别单击选择“+X”和“+Y”轴，使机床返回 *X* 轴和 *Y* 轴的参考点。仿真系统的显示屏显示图 2-44 所示界面。

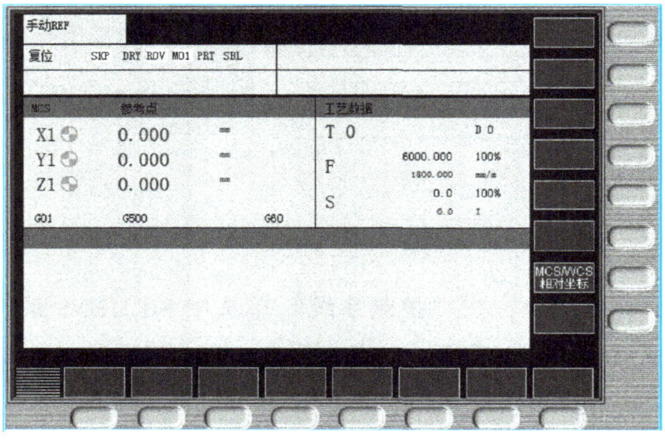

图 2-44 回参考点后的显示界面

（4）定义毛坯并安装夹具

1）单击下拉菜单［零件］/［定义毛坯...］或直接单击工具栏图标“ ”，弹出图 2-45 所示“定义毛坯”对话框。定义的毛坯形状有两种，一种是图 2-45a 所示的定义长方形毛坯；另一种是图 2-45b 所示的定义圆柱形毛坯。

2）单击下拉菜单［零件］/［安装夹具...］或直接单击工具栏图标“ ”，弹出图 2-46 所示“选择夹具”对话框。单击对话框中的“选择零件”右侧向下箭头，选择“毛坯 1”。再单击对话框中的“选择夹具”右侧向下箭头，出现“平口钳”和“工艺板”两种选

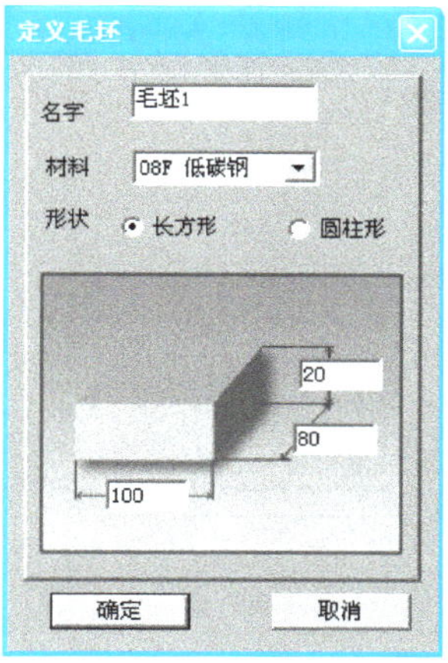

a)

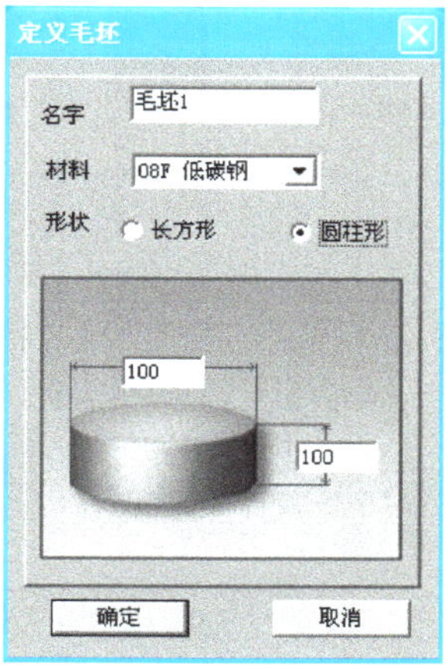

b)

图 2-45　“定义毛坯”对话框

择。选择“平口钳”后的对话框，如图 2-46a 所示，选择“工艺板”后的对话框，如图 2-46b 所示。

单击对话框“移动”按钮，可实现毛坯在各个方向上的位置调整，单击【确定】，关闭该对话框。

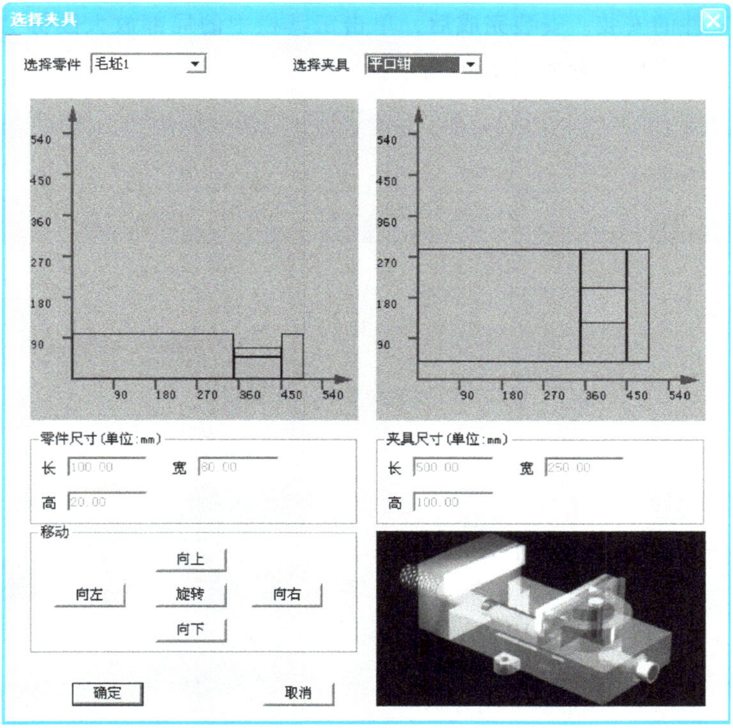

a)

图 2-46　“选择夹具”对话框

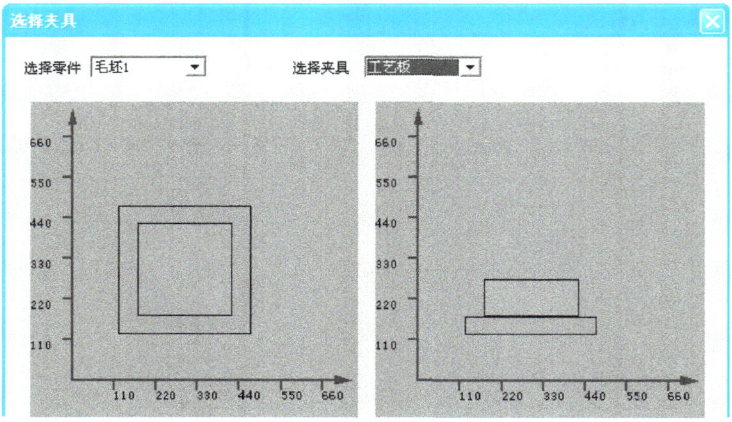

b)

图 2-46 “选择夹具”对话框（续）

（5）安装零件

1）单击下拉菜单［零件］/［放置零件...］或直接单击工具栏图标“ ”，弹出图 2-47 所示的“选择零件”对话框，选中上一步定义的毛坯后选择【安装零件】，弹出图 2-48 所示的零件位置调整界面。

2）如果零件采用平口钳作为夹具，调整夹具在工件台面上的位置后，单击【退出】，完成夹具及其上零件的安装。安装完成后，单击工具栏中的局部放大图标“ ”，框选平口钳局部，放大后的工件位置如图 2-49 所示。

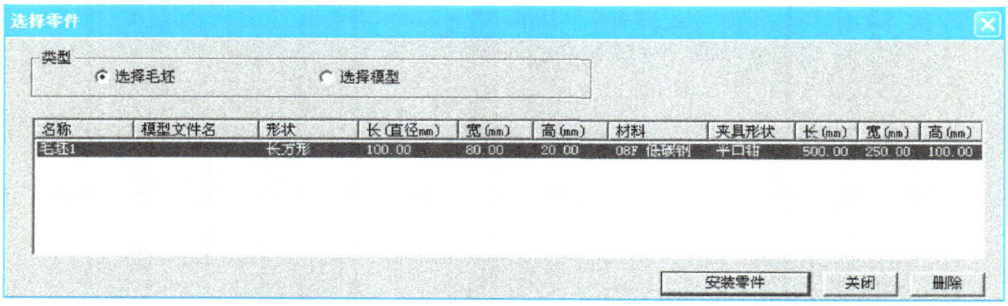

名称	模型文件名	形状	长(直径mm)	宽(mm)	高(mm)	材料	夹具形状	长(mm)	宽(mm)	高(mm)
毛坯1		长方形	100.00	80.00	20.00	08F 低碳钢	平口钳	500.00	250.00	100.00

图 2-47 “选择零件”对话框

图 2-48 零件位置调整

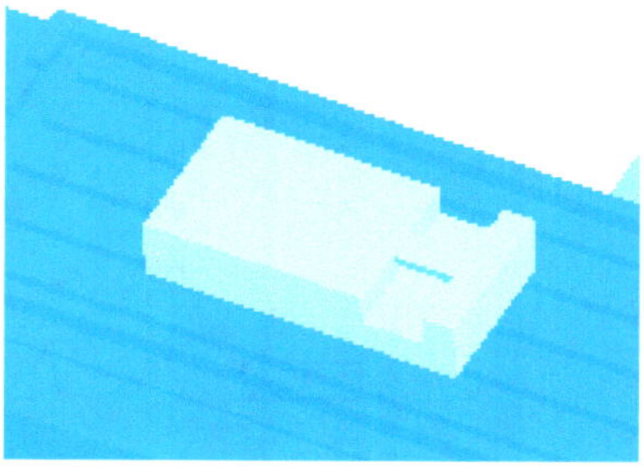

图 2-49 安装后的平口钳与零件

3）如果零件采用工艺板作为夹具，调整夹具在工件台面上的位置后，单击【退出】，完成夹具及其上零件的安装。安装完成后，工件位置如图 2-50 所示。

采用工艺板装夹时，需用压板来压紧工艺板。单击下拉菜单［零件］/［安装压板］，弹出图 2-51 所示“选择压板”对话框。选择其中的一种压板类型后单击【确定】，此时零件的装夹示意图如图 2-52 所示。

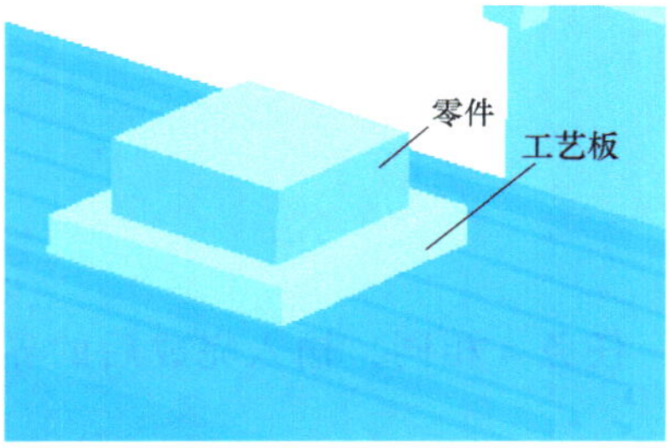

图 2-50　安装后的工艺板与零件

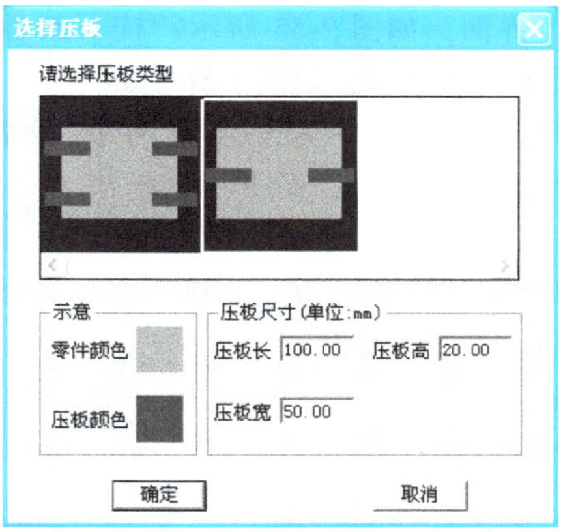

图 2-51　“选择压板”对话框

注：如果选择的是圆柱体毛坯，则在夹具栏中会显示卡盘夹具，可选择自定心卡盘进行装夹。

（6）安装刀具

1）单击下拉菜单［机床］/［选择刀具...］或直接单击工具栏图标“”，弹出图 2-53 所示“选择铣刀”对话框。

2）在该对话框中的“可选刀具”栏中选择其中的一把刀具，其余参数不变，单击【确认】，此时在主轴位置显示图 2-54 所示刀具。

图 2-52　安装压板后的装夹示意图

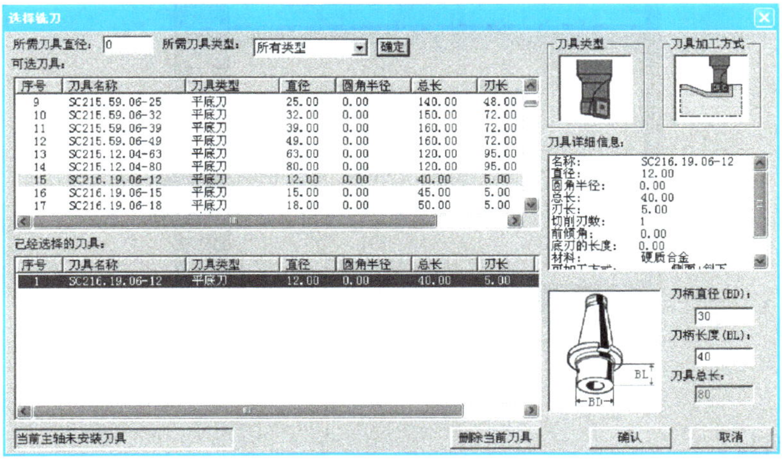

图 2-53　“选择铣刀”对话框

2. 输入 NC 程序

数控程序既可通过 MDI 面板输入，也可通过传输方式输入。采用 MDI 面板输入程序的操作步骤如下。

1）完成机床开机操作和回参考点操作。

2）在系统面板上按下“Prog Man”按钮，进入“程序管理”界面，如图 2-55 所示；按下新程序键，则弹出“新程序”对话框，如图 2-56 所示。

3）输入程序名，若没有扩展名，自动添加“. MPF”为扩展名，而子程序扩展名“. SPF”需随文件名一起输入。

4）按“确认”键，生成新程序文件，并进入到编辑界面，如图 2-57 所示。

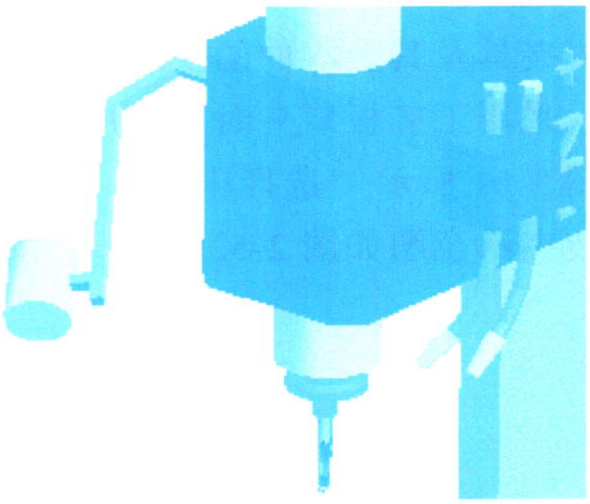

图 2-54 显示安装的刀具

5）输入项目一任务 4 中的程序，输入方法与项目一任务 4 相同，输入完成后的界面如图 2-57 所示。

图 2-55 “程序管理”界面

图 2-56 “新程序”对话框

图 2-57 编辑界面

3. 保存项目

单击下拉菜单［文件（F）］/［保存项目（S）］，弹出图 2-58 所示的“另存为”对话框，选择保存文件的位置，单击【保存】，将相应的项目文件保存。

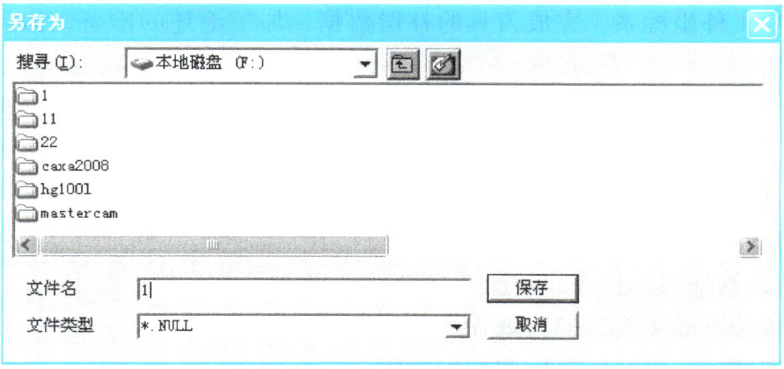

图 2-58　“另存为”对话框

任务评价

本任务的任务评价略。

知识拓展

其他数控仿真软件介绍

1. Vnuc 数控仿真软件

Vnuc 数控仿真软件的工作界面如图 2-59 所示。该软件具有如下特点。

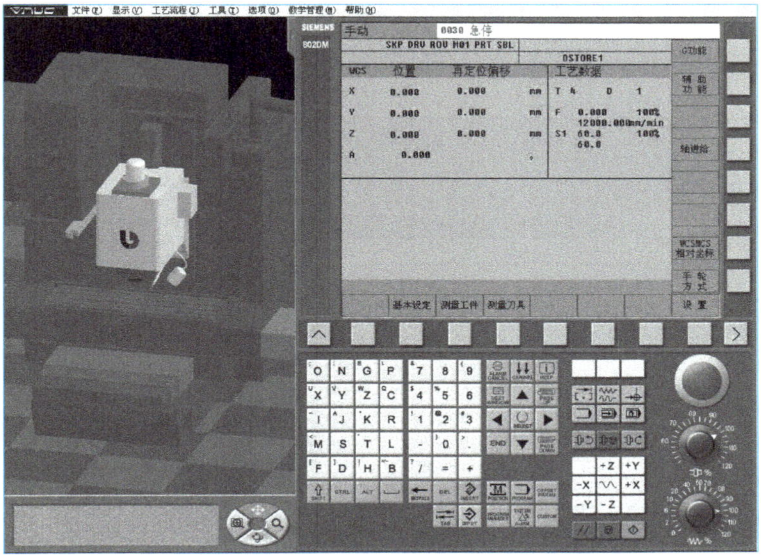

图 2-59　Vnuc 数控仿真软件的工作界面

1）能够支持 G 指令参数编程（宏程序）方式。

2）缩短加工程序的手工输入与执行。

3）可调用并执行 CAM 软件生成的大型或超大型程序。

4）可在 MDI 状态下运行执行程序的指令功能。

5）自由设置工件坐标系，完成刀具的补偿数据、加工毛坯的准备、刀具的准备、基准对刀工具的使用。

6）实现符合数控加工工艺的虚拟数控加工，实现对不符合数控加工工艺的虚拟加工的检查与警告。

7）在网络计算机、PC 计算机及其组成的系统上实现联网操作。

2. 斯沃（Swan）数控仿真软件

斯沃数控仿真软件的工作界面如图 2-60 所示。该软件具有如下特点。

1）可自动免费下载更新的国内数控仿真软件。

2）具有真实感的三维数控机床和操作面板。

3）具有动态旋转、缩放、移动、全屏显示等功能的实时交互操作方式。

4）支持 ISO—1056 准备功能（G 功能）、辅助功能（M 功能）及其他指令功能。

5）支持各系统自定义功能，以及固定循环。

6）直接调入 NX、Creo、Mastercam 等 CAD/CAM 后置处理文件进行模拟加工。

7）具有 Windows 系统的宏录制和回放功能。

8）具有 AVI 文件的录制和回放功能。

9）可进行工件选放、装夹，换刀机械手、四方刀架、八方刀架，基准对刀、手动对刀零件切削，带加工切削液、加工声效、铁屑等。

10）可使用寻边器、塞尺、千分尺、卡尺等工具。

11）采用数据库管理的刀具和性能参数库，内含多种不同类型的刀具，支持用户自定义刀具功能。

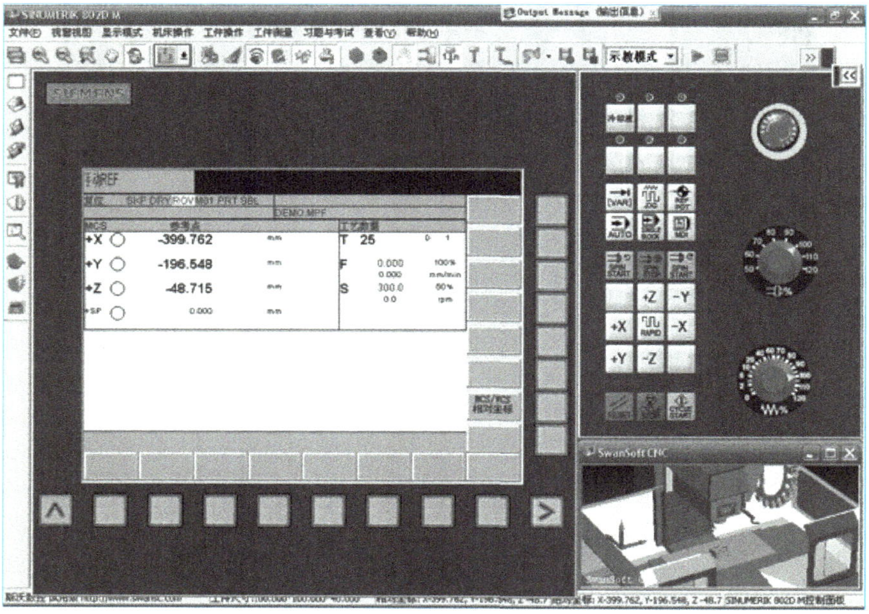

图 2-60　斯沃数控仿真软件的工作界面

12）提供加工后模型的三维测量功能，及基于刀具切削参数的零件表面粗糙度值测量。

13）SSCNC 网络版模块可实现教学的网络统一管理与监控：服务器可以增加、编辑习题，教师发送习题图片，学生答题，通过互发解答方便教师与学生的交流；可根据注册信息，记录学生操作过程，服务器远程控制和查询学生的登录和退出操作，以及加工操作，同时教师机可以一对多地进行屏幕广播；其考试系统可进行题库管理、试卷管理、考试过程管理以及试卷自动评分；考务系统可以进行考试数据管理、准考证管理以及考试成绩管理。

3. 宇航（YHCNC）数控仿真系统

宇航数控仿真软件的工作界面如图 2-61 所示。该软件具有如下特点。

1）具有真实感的三维数控机床和操作面板。

2）提供动态旋转、缩放、移动等功能的实时交互操作方式。

3）具有换刀机械手，带加工切削液。

4）具有全中文菜单和提示信息的图形用户界面。

5）具有 FANUC 0/SIEMENS 802D 固定循环。

6）具有 SIEMENS 802S、SIEMENS 802SE、SIEMENS 802D 固定循环。

7）具有工件选放、工件装夹、基准对刀、手动对刀功能。

8）采用数据库管理的刀具和性能参数库，含有不同种类的刀具，支持用户自定义刀具功能。

9）提供基于刀具切削参数的零件表面粗糙度值的测量。

10）提供加工后的模型三维测量功能。

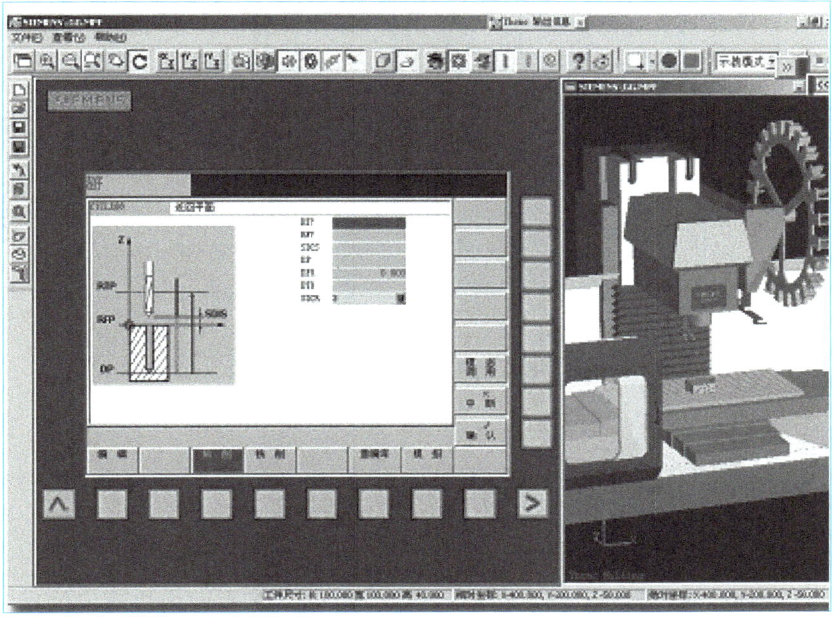

图 2-61　宇航数控仿真软件的工作界面

任务五 仿真加工实例

知识目标

- 进一步掌握“宇龙”数控仿真软件的使用方法。

技能目标

- 掌握“宇龙”数控仿真软件描述轨迹的方法。
- 掌握“宇龙”数控仿真软件中导入加工程序的方法。
- 掌握“宇龙”数控仿真软件铣削加工零件的方法。

素养目标

- 具有安全文明生产和环境保护意识。
- 具有自主学习的意识和能力。

任务描述

根据现有的加工程序（CL01），采用 *R*2mm 的球头铣刀在计算机上数控仿真加工图 2-62 所示零件。该零件槽深为 1mm，毛坯为 130mm×50mm×10mm 的铝件。

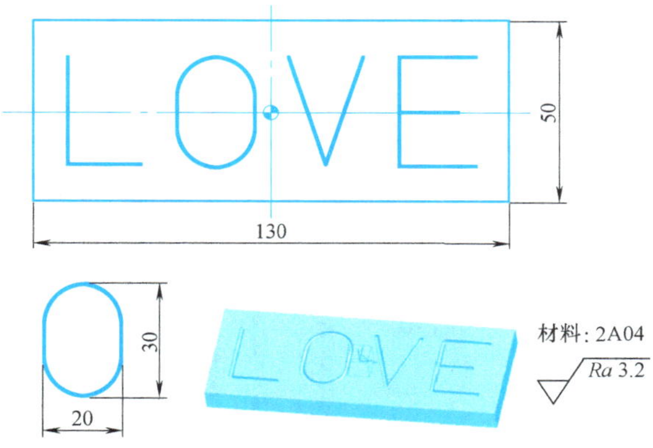

图 2-62 数控铣床仿真加工实例

数控铣床仿真加工实例

```
CL01. MPF;
N10   G90   G94   G71   G40   G17   G54;
N20         G74   Z0;                          (Z 向回参考点)
N30   M03   S3000;                             (主轴正转)
N40         G00   X-55.0   Y15.0;              (刀具在 XY 平面内快速定位)
N50        Z5.0   M08;                         (刀具 Z 向快速定位)
N60   G01   Z-1.0   F50;                       (加工字母“L”)
```

```
N70          Y-15.0   F300;
N80          X-35.0;
N90    G00   Z3.0;                              (刀具抬起)
N100         X-25.0   Y5.0;                     (在XY平面内快速定位)
N110   G01   Z-1.0    F50;                      (加工字母“O”)
N120   G01   Y-5.0    F300;
N130   G03   X-5.0    CR=10.0;
N140   G01   Y5.0;
N150   G03   X-25.0   CR=10.0;
N160   G00   Z3.0;                              (刀具抬起)
N170         X5.0     Y15.0;                    (在XY平面内快速定位)
N180   G01   Z-1.0    F50;                      (加工字母“V”)
N190   G01   X15.0    Y-15.0   F300;
N200         X25.0    Y15.0;
N210   G00   Z3.0;                              (刀具抬起)
N220         X55.0    Y15.0;                    (在XY平面内快速定位)
N230   G01   Z-1.0    F50;                      (加工字母“E”)
N240         X35.0    F300;
N250         Y-15.0;
N260         X55.0;
N270   G00   Z3.0;
N280         X35.0    Y0;
N290   G01   Z-1.0    F50;
N300   G01   X50.0    F300;
N310   G00   Z100.0   M09;                      (刀具Z向快速抬刀)
N320   M05;                                     (主轴停转)
N330   M30;                                     (程序结束)
```

知识链接

1. 检查运行轨迹

(1) 打开项目

1) 启动数控仿真系统，打开急停开关和系统电源，实现回参考点操作。

2) 单击下拉菜单 [文件 (F)]/[打开项目 (O)]，弹出图 2-63 所示对话框。

3) 单击【否】，弹出图 2-64 所示“打开”对话框，查找到先前保存的项目“1”，单击【打开】，在仿真软件的系统屏幕中显示先前保存的程序。

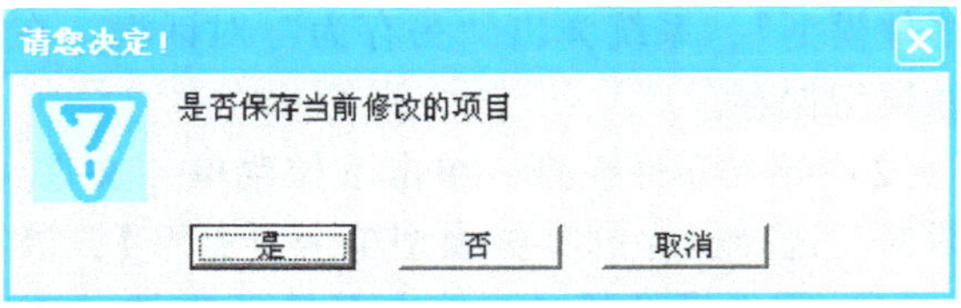

图 2-63 “保存选项”对话框

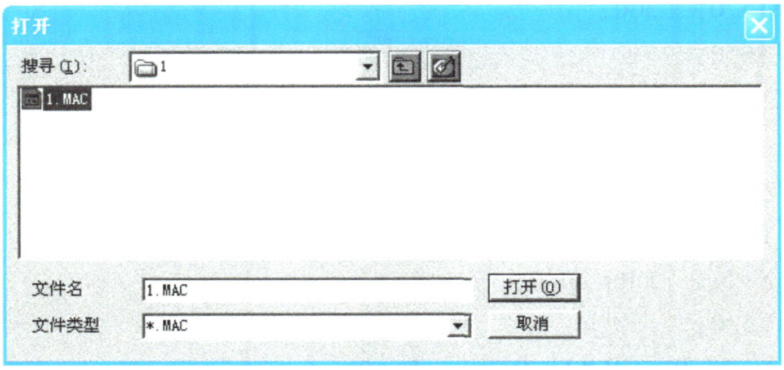

图 2-64 “打开”对话框

（2）检查运行轨迹

1）在机床操作面板中单击“ ”按钮进入“自动”模式主界面下，按下软键［模拟］或在程序编辑主界面下按下“模拟”软键“ ”，系统进入图 2-65 所示界面。

2）单击循环启动按钮“ ”开始模拟执行程序。执行后，则可看到加工的轨迹，并可以通过工具栏上的“ ”按钮来调整观看的角度及界面的大小。结果如图 2-66 所示。

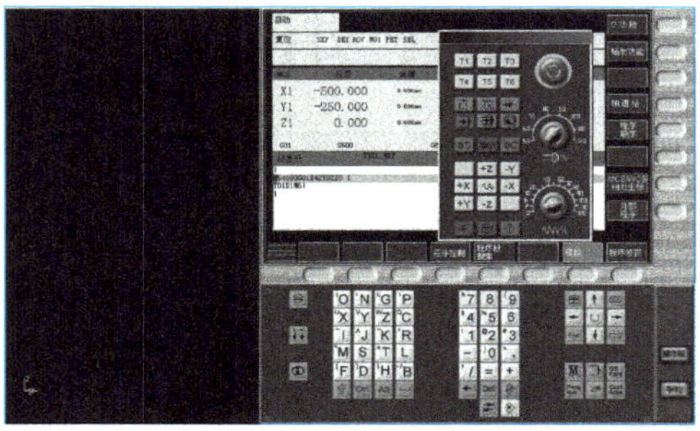

图 2-65 轨迹检查界面

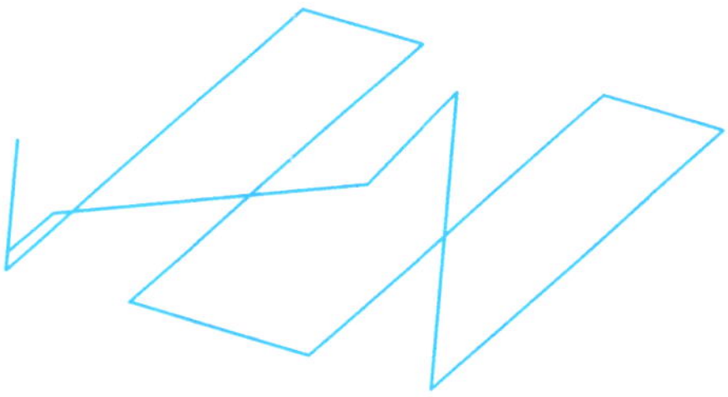

图 2-66 运行轨迹

2. 零件模型操作

在数控加工过程中，常常会采用已加工的零件作为毛坯。在仿真软件中，也可使用已加工的零件作为毛坯，这种毛坯称为零件模型。

（1）导出零件模型　零件在仿真软件中加工完成后，单击下拉菜单［文件（F）］/［导出零件模型］，系统弹出“另存为”对话框，在对话框中输入文件名后单击【保存】，将该零件模型保存。

（2）导入零件模型　单击下拉菜单［文件（F）］/［导入零件模型］，系统弹出“打开”对话框，选择保存的零件模型单击【打开】，该零件模型被放置在工作台面上。

（3）零件模型装夹　单击菜单［零件（P）］/［放置零件］，在弹出的图 2-47 所示对话框中选中“选择模型”，即可对零件模型进行装夹。

3. 设定刀具参数

1）在机床操作面板上单击“ ”按钮，切换到参数区。

2）按“刀具表”下方软键“”，切换到刀具表界面，如图 2-67 所示。

3）用光标键定位到要修改的数据，若刀具数据多于一页，可用翻页键“上一页”和“下一页”来翻页。

4）将光标移动至“几何”项目下方对应的刀号位置，进行刀具长度、半径的输入，按 INPUT 键“”或移动光标，数据将自动保存。

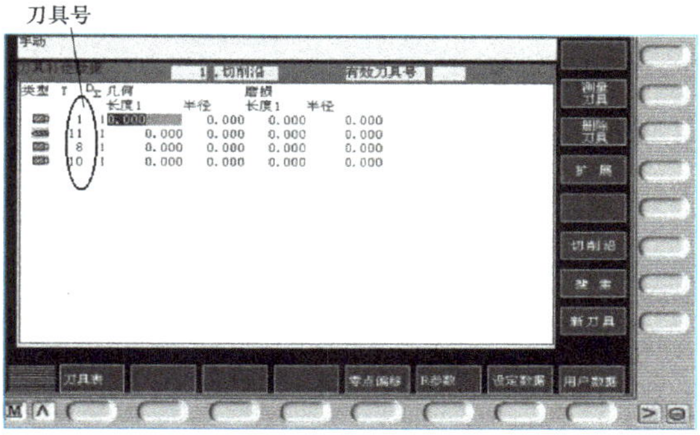

图 2-67 设定刀具参数

注：输入刀具参数时，应注意输入的值为半径量。另外，应将刀具参数输入在“几何”项目的下方。

任务实施

1. 导入加工程序

（1）在记事本中输入加工程序

1）单击［开始］/［所有程序］/［附件］/［记事本］。

2）输入加工程序，其界面如图 2-68 所示。

3）保存文件至相应位置，文件名为“1. txt”。

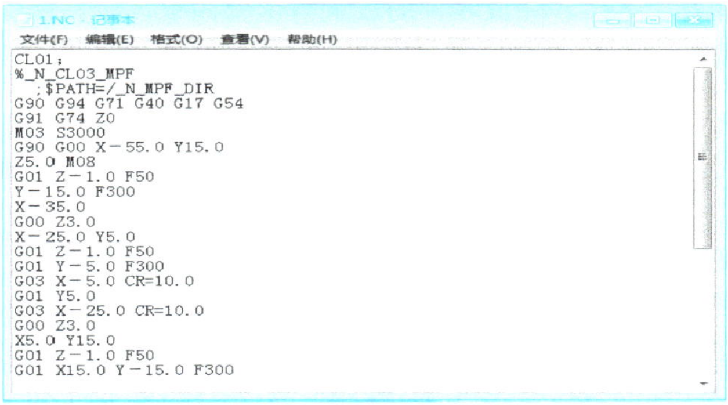

图 2-68 在记事本中输入程序界面

（2）新建加工项目

1）单击下拉菜单［文件（F）］/［新建项目（N）］，弹出“是否保存当前修改的项目”对话框，单击【否】，完成项目的新建。

2）接通机床电源，执行机床回参考点操作。

（3）导入加工程序并检查刀具运行轨迹 仿真加工过程中的加工程序，除采用传输方式输入外，也可采用 MDI 面板输入。可根据具体情况来选择程序的输入方式。先利用记事本或写字板方式编辑好加工程序并保存为文本格式文件，文本文件的头两行必须是如下的内容：

%＿N＿复制进入数控系统之后的文件名 MPF

；$PATH=/＿N＿MPF＿DIR

1）在系统面板上按下“”按钮，进入程序管理界面。

2）按下屏幕右侧软键“读 入”。

3）在菜单栏中单击“机床/DNC 传送”按钮，系统弹出图 2-69 所示的对话框；选择事先编辑好的程序，此程序将被自动复制进入数控系统。

4）执行刀具运行轨迹检查，结果如图 2-70 所示。

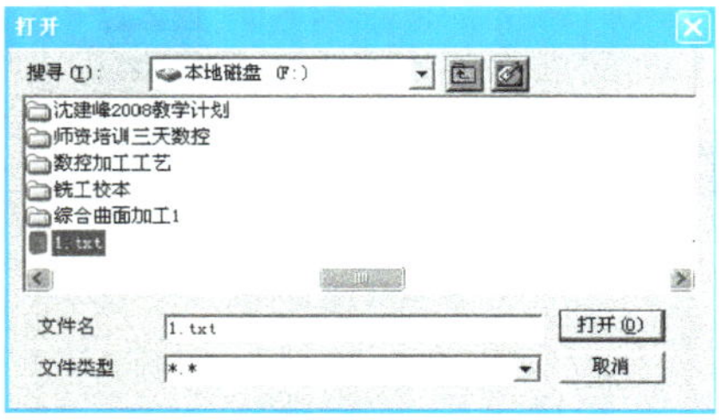

图 2-69 数控程序的传输

图 2-70 运行轨迹

2. 仿真加工准备

1）单击工具栏图标“”，选择 SIEMENS 802D 系统的数控铣床。

2）单击工具栏图标“”，关闭机床外壳的显示。

3）单击工具栏图标“”，设置毛坯为 130mm×50mm×10mm 的长方体。

4）单击工具栏图标“”，选择“平口钳”作为装夹用的夹具。

5）单击工具栏图标“”，完成零件的放置与位置调整。

6）单击工具栏图标“”，选择 R2mm 的球头铣刀作为加工刀具。

3. 对刀操作

加工该工件时，以工件上表面的对称中心作为编程原点。其对刀过程如下。

（1）手动对刀

1）单击下拉菜单［机床］/［基准工具...］，弹出图 2-71 所示的“基准工具”对话框，单击【确定】，这时基准工具装入主轴。

2）单击操作面板中的按钮“”进入“手动”方式，选择不同的手动轴选择按钮，移动刀具使其移动至图 2-72 所示工件附近。在刀具移动过程中，单击视图按钮“”，变换不同的视角。另外，在手动过程中，可旋转进给速度倍率旋钮对进给倍率进行调节。

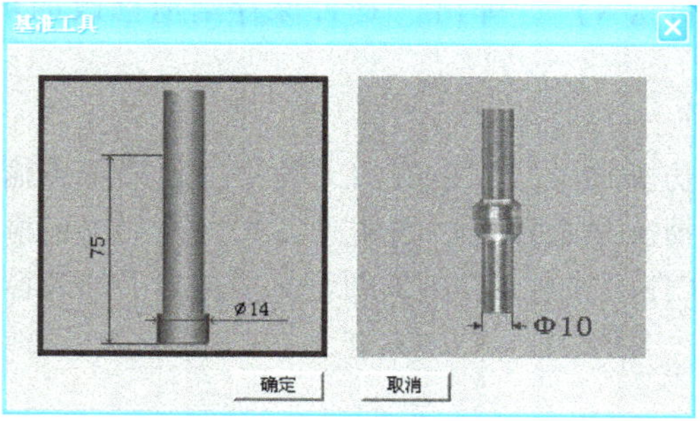

图 2-71 “基准工具”对话框

图 2-72 基准工具接近工件

3）单击下拉菜单［塞尺检查］/［1mm］，将刀具移动接近工件附近，此时在机床显示区显示效果如图 2-73 所示，并出现提示信息“塞尺检查的结果：太松”。

注意 要以操作真实机床的要求进行仿真操作，不能因为是计算机模拟而降低操作要求。

4）选择“手轮”按钮，选择相应的轴和增量倍率（旋钮如图 2-74 所示），单击手摇脉冲发生器，使基准工具接近工件并出现提示信息“塞尺检查结果：合适”，记下屏幕显示中的机械坐标系 X 值，记为 X_1（假设 $X_1=-462.000\text{mm}$）。

图 2-73 塞尺对刀窗口

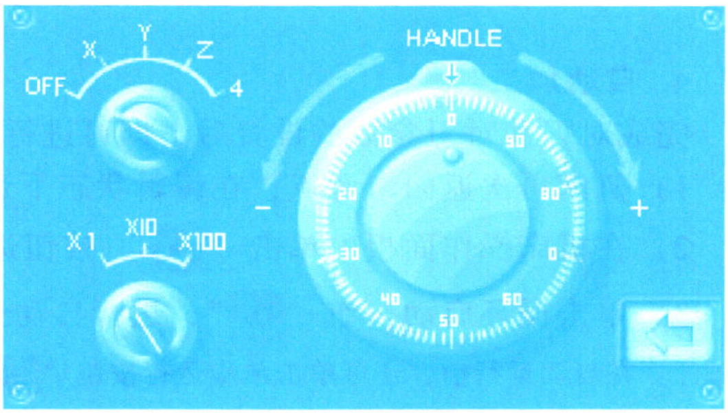

图 2-74 手摇脉冲发生器

5）单击下拉菜单［塞尺检查］/［收回塞尺］，旋转“方式选择”旋钮选择“手动”，按下“+Z”按钮将 Z 轴抬起，再按下“-X”按钮，将基准工具移至工件另一侧，重复上述操作，如图 2-75 所示，记下此时的机械坐标 X_2（假设 $X_2=-538.000\text{mm}$）。

6）计算工件中心机械坐标系 X 坐标，记为 X，则 $X=(X_1+X_2)/2=-500.000\text{mm}$。

7）用同样的方法得到机械坐标系 Y 坐标，记为 Y，$Y=-415.000\text{mm}$。

8）旋转“方式选择”旋钮选择“手动”，移动刀具至工件的正上方。单击下拉菜单［机床］/［拆除工具］，拆下基准工具。

9）单击下拉菜单［机床］/［选择刀具］，重新选择 $R2\text{mm}$ 的球头铣刀作为当前刀具。

10）单击下拉菜单［塞尺检查］/［1mm］，将刀具采用手动方式移动至工件上表面附近，再使用手摇方式移动刀具接近工件并出现提示信息“塞尺检查的结果：合适”，如图 2-76 所示。记下 CRT 屏幕中的机械坐标系 Z 值，记为 Z_1（假设 $X_1=-307.000\text{mm}$）。

11）计算工件上表面处的机械坐标系 Z 值，$Z=Z_1-1=-308.000\text{mm}$。

（2）设定工件坐标系

1）单击机床 MDI 按键“Off Para”，再按下 CRT 屏幕下方的软键［零点偏移］，CRT 屏幕显示图 2-77 所示的工件坐标系设定窗口。

2）单击光标移动键“← ↓ → ↑”，将光标移动至 G54 所对应的位置，将前面记录的 X、Y、Z 坐标值输入对应位置。例如，将光标移至 G54 坐标系的 X 坐标后，采用 MDI 方式输入“-500.0”后再单击“”键，即可完成 X 坐标的输入。

图 2-75 工件另一侧塞尺对刀窗口

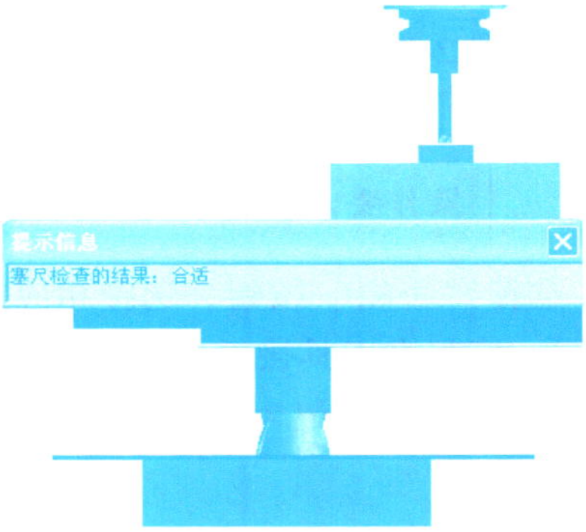

图 2-76 Z 向对刀窗口

4. 自动加工

完成对刀和对刀参数的设置后，即可进行自动加工操作，其操作步骤如下。

1）机床再次返回参考点，在编辑状态下选择要自动运行的程序。

2）在机床操作面板中单击“”按钮进入“自动”模式。

3）单击循环启动按钮“”，进行自动运行加工，自动加工过程如图 2-78 所示。

注：在自动运行前，还可单击单步运行按钮“”，执行单步运行操作。

4）加工完成后保存加工项目。

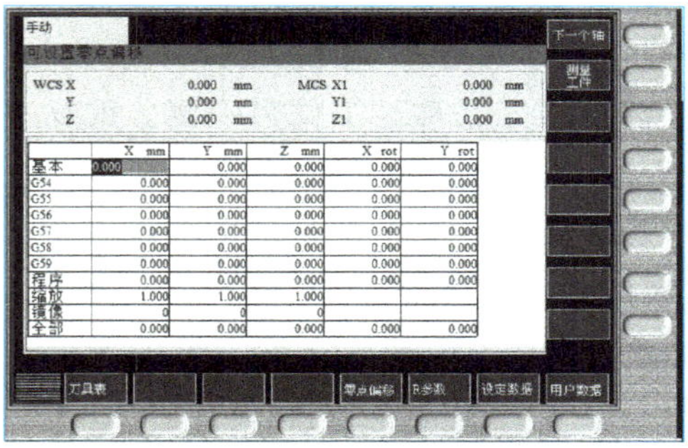

图 2-77 工件坐标系设定窗口

图 2-78 自动加工过程

任务评价

本任务的任务评价表见表 2-13。

表 2-13 仿真加工任务评价表

项目与权重	序号	技术要求	配分	评分标准	检测记录	得分
加工操作（70%）	1	软件操作正确	10	不正确扣 2 分/次		
	2	程序传输正确	10	不正确扣 2 分/次		
	3	仿真加工操作正确	20	不正确扣 2 分/次		
	4	零件加工正确	20	不正确全扣		
	5	机床操作正确	10	不正确扣 2 分/次		

（续）

项目与权重	序号	技术要求	配分	评分标准	检测记录	得分
程序与加工工艺（20%）	6	程序格式规范	5	不正确扣 2 分/次		
	7	程序正确、完整	5	不正确扣 2 分/次		
	8	工艺参数合理	10	不正确扣 2 分/次		
安全文明生产（10%）	9	计算机操作规范	5	不正确扣 2 分/次		
	10	文明生产	5	不正确扣 2 分/次		

知识拓展

数控加工过程中的程序传输

程序输入时，既可采用手工方式输入加工程序，也可采用程序传输方式输入加工程序。采用传输方式输入加工程序时，须将程序文件在“写字板”或“记事本”中输入和编辑加工程序，并保存为“＊.txt”文本格式，再用计算机选择合适的传输软件进行传输。本书以“RCS”软件为例来说明程序的传输过程。

（1）串口线路的连接　在计算机与数控铣床的 CNC 之间进行程序传输，采用的是网线连接。

（2）计算机 IP 地址设置

1）单击计算机桌面右下角的本地连接图标“”进入“本地连接状态”界面，如图 2-79 所示。

2）单击“本地连接状态”界面中的【属性】进入“本地连接属性”界面，如图 2-80 所示。

3）双击“☑ Internet 协议 (TCP/IP)”进入“IP 协议属性”界面，如图 2-81 所示。

4）选择“◉ 自动获得 IP 地址(O)”选项，单击【确定】按钮，将 IP 地址改为自动获得的方式。

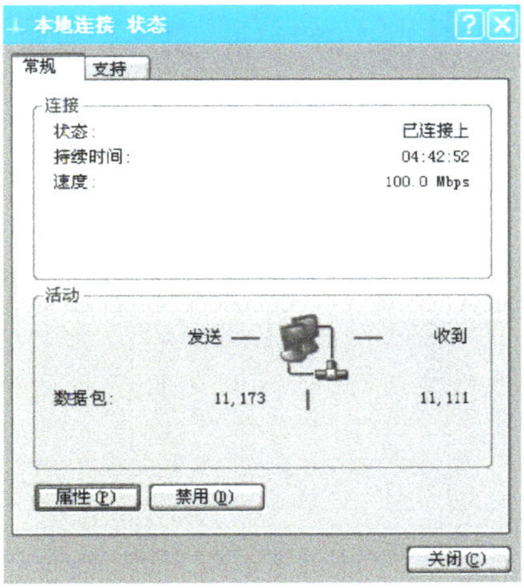

图 2-79　“本地连接状态”界面

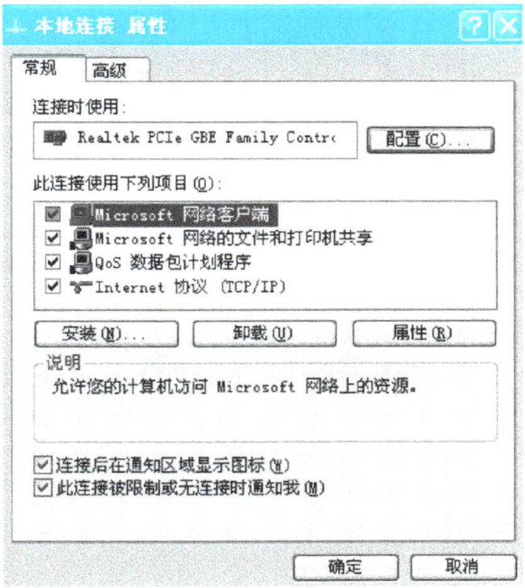

图 2-80　“本地连接属性”界面

（3）DNC 传输软件参数的设置

1）双击图标“ rcs_commander RCS Commander SIEMENS AG”打开文件中的“RCS”软件，弹出“RCS”软件操作界面，如图 2-82 所示。

2）输入密码“sunrise”，单击【确定】进入连接界面，如图 2-83 所示。

3）单击【连接】，弹出登录界面，如图 2-84 所示。

4）将用户改成“制造商”，输入密码“SUNRISE”（大写），单击【正常】进入“RCS”传输界面，如图 2-85 所示。

5）打开图 2-85 左侧 NC 数据下的“MPF 文件夹”，将程序直接拖到 MPF 文件夹中。

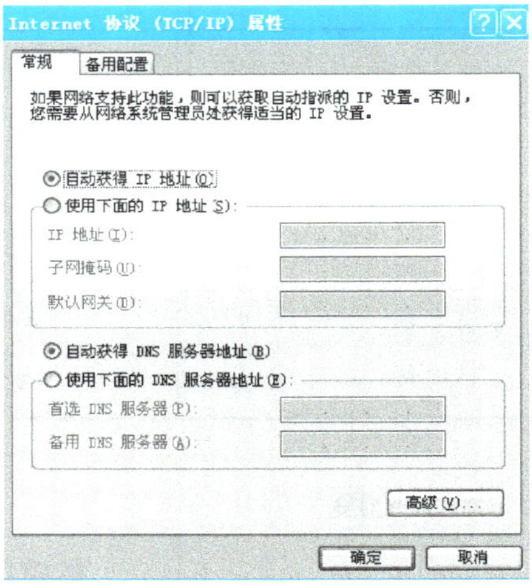

图 2-81 “IP 协议属性”界面

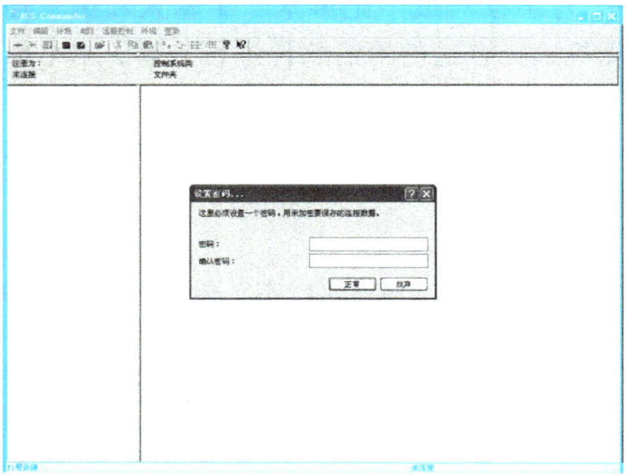

图 2-82 “RCS”软件操作界面

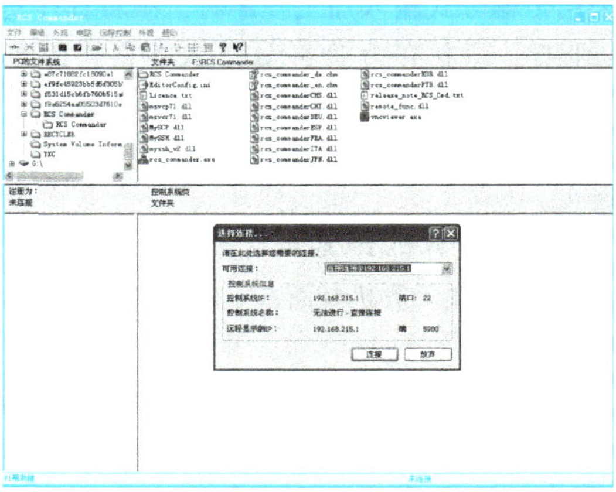

图 2-83 连接界面

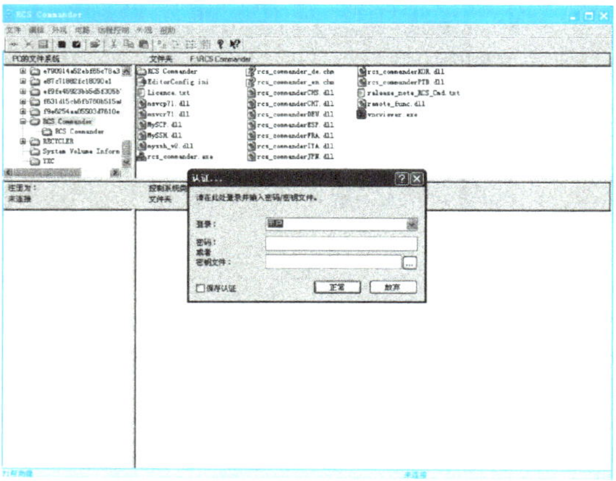

图 2-84 登录界面

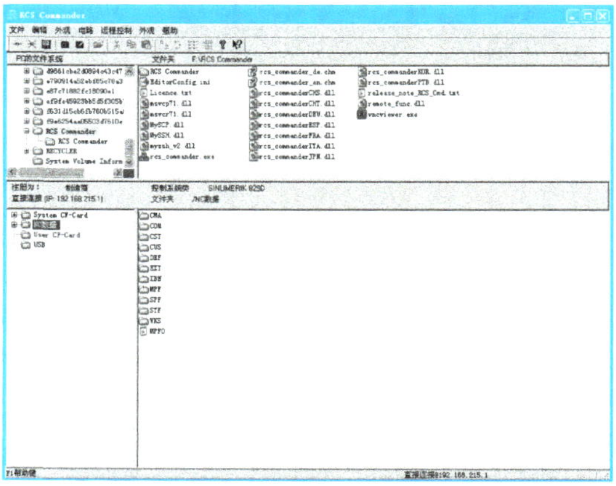

图 2-85 “RCS”传输界面

思考与练习

一、填空题

1. 数控编程时，数字单位以米制为例分为两种：一种是以______为单位，另一种是以____________为单位。

2. SIEMEN S802D 系统采用准备功能字“________”来进行公、英制的切换。

3. 在圆弧插补中采用“CR=”指定圆心时，当圆心角______________时，“CR=”采用正值表示；当圆心角______________时，“CR=”采用负值表示。

4. 暂停指令“G04　X2.0”，表示暂停时间为__；主轴顺时针方向旋转指令为____；切削液启动指令为____；子程序调用指令为____。

5. 指令“G00　X__　Y__　Z__；”中“X__　Y__　Z__”指在编程坐标系中的___。

6. 常用的数控刀具材料有____、____、涂层硬质合金、陶瓷、立方氮化硼、金刚石。

7. 铣削用量包括________、________、铣削背吃刀量及________等。

8. 切削液的主要作用有______、______、______和______。

9. 目前常用于数控教学的仿真软件主要有________、________、________等。

10. 用直径为 60mm 的硬质合金盘铣刀以 180m/min 的铣削速度进行铣削，主轴转速应取______r/min 较为合适。

11. 用直径为 12mm 的硬质合金立铣刀以 2500r/min 的转速进行铣削加工，则其刀具切削的线速度为______m/min。

二、是非题（判断正误并在括号内填 T 或 F）

1. 指令 G01、G02、G03、G04 均属于模态指令。（　）

2. 虽然有很多 G01 指令后没有写 F 指令，但在 G01 程序段中必须含有 F 指令。（　）

3. 通过输入不同的零点偏移数值，可以设定 G54~G59 共计 6 个不同的工件坐标系。（　）

4. 高速钢是指加了较多的钨、钼、铬、钒等合金元素的高合金工具钢。（　）

5. 硬质合金刀具的抗弯强度和冲击韧性较好。（　）

6. 高速钢适用于高速切削。（　）

7. 合理选择铣削用量，对提高生产率，改善表面质量和加工精度，都有着密切的关系。（　）

8. 执行 G01 指令的刀具轨迹肯定是一条连接起点和终点的直线轨迹。（　）

9. 指令“G02　X__　Y__　CR=__；”不能用于编写整圆的插补程序。（　）

10. 圆弧编程中的 *I*、*J*、*K* 值和 *CR* 值均有正负值之分。（　）

三、选择题（请在下列选项中选择一个正确答案并填在括号内）

1. 下面不适合在数控机床加工的工件是（　）。

A. 生产周期短　　B. 加工精度高

C. 加工余量不稳定，生产批量大　　D. 轮廓形状复杂

2. 指令“G90 G01 X-30.0 F100;”表示刀具在 *X* 方向移动（　）。

A. 30mm　　B. 至绝对坐标 *X*-30.0 处

C. −30mm　　D. 至相对坐标 X−30.0 处

3. 切削刀具通过（　　）与数控机床主轴连接。

A. 刀柄　　B. 拉钉

C. 夹头　　D. 中间模块

4. 下列牌号中，不属于高速钢的是（　　）。

A. W18Cr4V　　B. W18Cr4VCo5

C. W6Mo5Cr4V2　　D. YG8

5. 下列特性中，硬质合金不具有的特性是（　　）。

A. 高硬度　　B. 抗弯强度好

C. 高耐磨性　　D. 高耐热性

6. 指令"G03　G02　G01　G00　X100.0 …;"中，实际有效的 G 指令是（　　）。

A. G00　　B. G03

C. G02　　D. G01

7. SIEMENS 系统中选择米制、增量尺寸进行编程，使用的 G 指令为（　　）。

A. G70　G90　　B. G71　G90

C. G70　G91　　D. G71　G91

8. 利用高速钢立铣刀铣削钢件时，切削速度可选择（　　）m/min。

A. 20~40　　B. 6~12

C. 80~250　　D. 45~90

9. 球头铣刀的球头半径通常（　　）所加工曲面的曲率半径。

A. 大于　　B. 小于

C. 等于　　D. 不一定

10. 下列因素中，对切削加工后的表面粗糙度影响最小的参数是（　　）。

A. 切削速度 v　　B. 切削深度 a_p

C. 进给量 f　　D. 切削液

11. 铣刀在一次进给中所切掉的工件表层的厚度称为（　　）。

A. 铣削宽度　　B. 铣削深度

C. 进给量　　D. 切削量

12. 下列刀具材料中，不适合高速切削的刀具材料是（　　）。

A. 高速钢　　B. 硬质合金

C. 涂层硬质合金　　D. 陶瓷

13. 下列指令中，无须用户指定速度的指令是（　　）。

A. G00　　B. G01

C. G02　　D. G03

四、简述与编程题

1. 简要说明数控加工的内容。

2. 简要说明 G00 指令与 G01 指令的区别。

3. 分别用 I、J 方式和 CR 方式的圆弧编程方法编写图 2-86 中点 A 到点 B 的 4 段程序段，填入表 2-14。

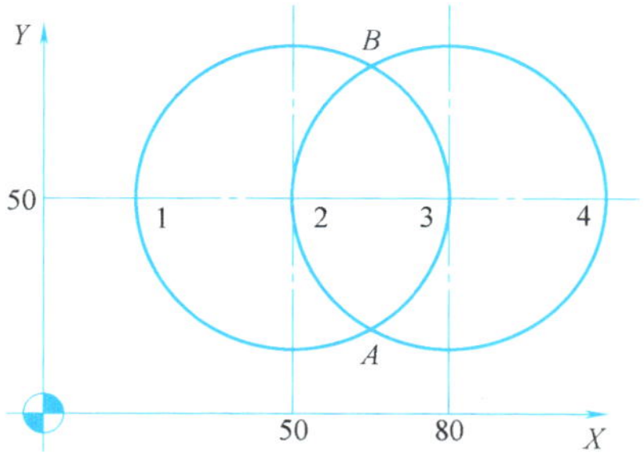

图 2-86　练习图一

表 2-14　程序

程序段	编程方式	程　　序
AB_1	R 方式	
	I、J 方式	
AB_2	R 方式	
	I、J 方式	
AB_3	R 方式	
	I、J 方式	
AB_4	R 方式	
	I、J 方式	

4. 已知加工起点为坐标原点，X、Y 轴快进速度为 15m/min，程序如下。

```
O0001;
N10  G90  G01  X-30.0  Y-20.0  S500  F100  M03;
N20  G01  Y0;
N30  G02  X30.0  Y0  CR=30.0;
N40  X0  I-15.0  S200  F50;
N50  G91  G03  X-30.0  CR=15.0;
N60  G90  G00  Y-20.;
N70  G00  X0  Y0  M05;
M02;
```

(1) 分析程序，并完成表 2-15。

表 2-15　程序分析

程序段号	起点坐标 (X,Y)	终点坐标 (X,Y)	圆弧半径 /mm	进给速度 /(mm/min)	主轴转速 /(r/min)
N10					
N20					
N30					

（续）

程序段号	起点坐标（X,Y）	终点坐标（X,Y）	圆弧半径/mm	进给速度/(mm/min)	主轴转速/(r/min)
N50					
N60					

（2）画出刀具中心在 *XY* 平面上的运动轨迹。

5. 试简要说明对刀操作的过程。

6. 试简要说明数控加工过程中的程序传输步骤。

五、操作题

1. 用 ϕ6mm 球头铣刀刻出图 2-87 所示图形，图形深度为 2mm，试编写其加工程序并在数控铣床上进行加工。

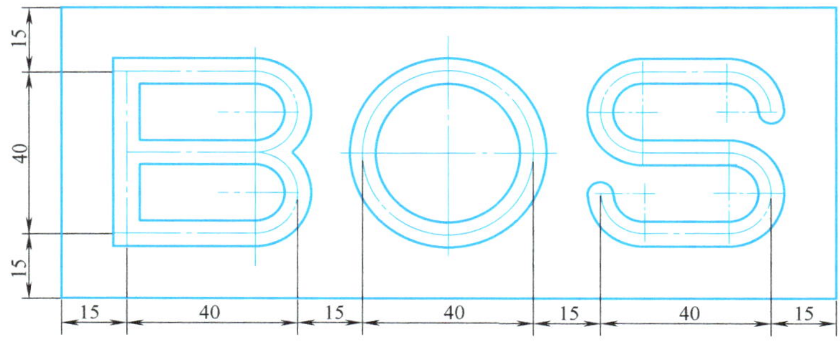

图 2-87 练习图二

2. 用 ϕ4mm 球头铣刀刻出图 2-88 所示图形，图形深度为 2mm，试编写其加工程序并在数控铣床上进行加工。

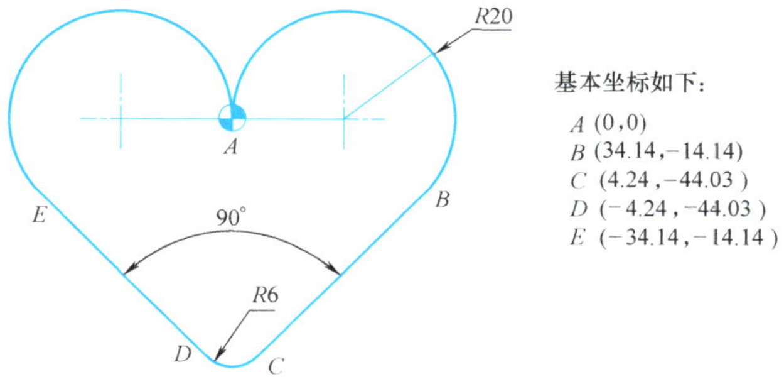

图 2-88 练习图三

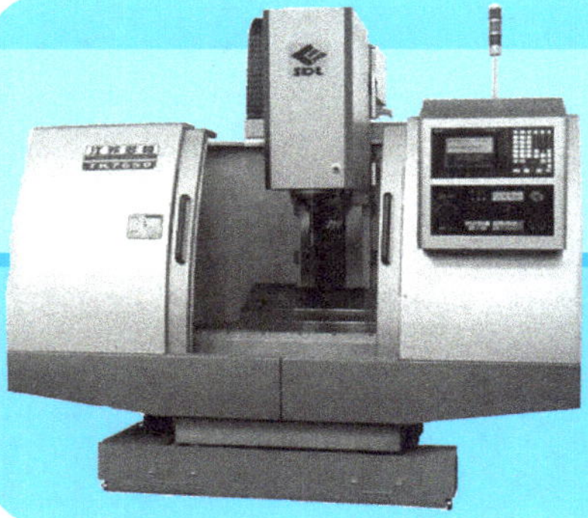

项目三

铣削轮廓类零件

任务一 外轮廓铣削

知识目标

- 了解刀具补偿功能。
- 掌握刀具半径补偿指令。
- 了解轮廓加工路线的确定方法。
- 了解顺铣和逆铣的基本概念和加工特点。

技能目标

- 掌握外轮廓的加工方法。
- 掌握刀具半径补偿的编程方法。

素养目标

- 具有安全文明生产和环境保护意识。
- 具有自主学习的意识和能力。

任务描述

加工图 3-1 所示工件，毛坯为 80mm×80mm×26mm 的硬铝，试编写其数控铣床加工程序并进行加工。

知识链接

1. 刀具补偿功能

（1）刀位点的概念　在数控编程过程中，为了编程人员编程方便，通常将数控刀具假想成一个点，该点称为刀位点或刀尖点。因此，刀位点既是用于表示刀具特征的点，也是对刀和加工的基准点。数控铣床常用刀具的刀位点如图 3-2 所示。车刀与镗刀的刀位点通常指刀具的刀尖；钻头的刀位点通常指钻尖；立铣刀、面铣刀和铰刀的刀位点指刀具底面的中心；而球头铣刀的刀位点指球头顶部中心。

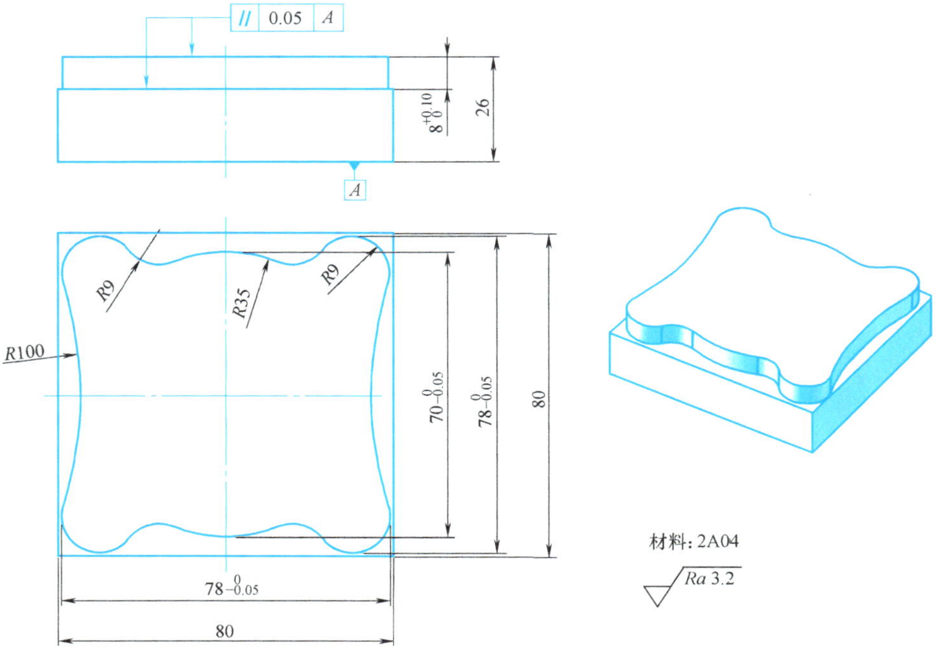

图 3-1 外轮廓铣削实例

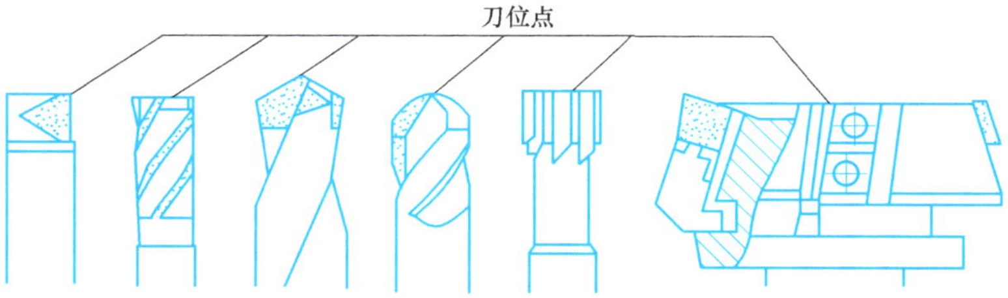

图 3-2 数控铣床常用刀具的刀位点

数控铣床常用刀具的刀位点

（2）刀具补偿功能的概念　数控编程过程中，一般不考虑刀具的长度与半径，只考虑刀位点与编程轨迹重合。但在实际加工过程中，由于刀具半径与刀具长度各不相同，在加工中势必造成很大的加工误差。因此，实际加工时必须通过刀具补偿指令，使数控机床根据实际使用的刀具尺寸，自动调整各坐标轴的移动量，确保实际加工轮廓和编程轨迹完全一致。数控机床的这种根据实际刀具尺寸，自动改变坐标轴位置，使实际加工轮廓和编程轨迹完全一致的功能，称为刀具补偿功能。

数控铣床的刀具补偿功能分为刀具半径补偿功能和刀具长度补偿功能两种。

2. 刀具半径补偿

（1）刀具半径补偿定义　在编制轮廓切削加工程序的场合，一般以工件的轮廓尺寸作为刀具轨迹进行编程，而实际的刀具运动轨迹则与工件轮廓有一定偏移量（即刀具半径），如图 3-3 所示。数控系统的这种编程功能称为刀具半径补偿功能。

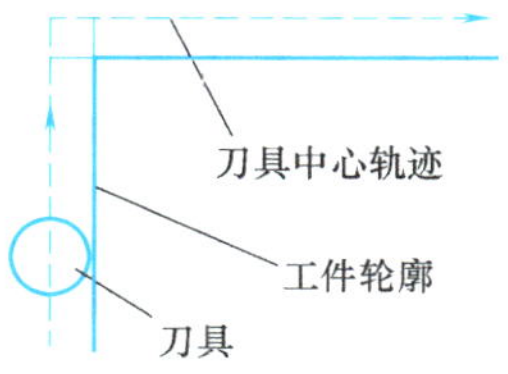

图 3-3　刀具半径补偿功能

通过运用刀具补偿功能来编程，可以实现简化编程的目的。

（2）刀具半径补偿指令

1）指令格式。

G41　G01　X＿　Y＿　F＿　D＿；（刀具半径左补偿）

G42　G01　X＿　Y＿　F＿　D＿；（刀具半径右补偿）

G40；　　　　　　　　　　　　（取消刀具半径补偿）

G41 为刀具半径左补偿。

G42 为刀具半径右补偿。

G40 为取消刀具半径补偿。

D＿用于存放刀具半径补偿值的存储器号。

2）指令说明。

G41 与 G42 的判断方法是：处在补偿平面外另一根的正方向，沿刀具的移动方向看，当刀具处在切削轮廓左侧时，称为刀具半径左补偿；当刀具处在切削轮廓的右侧时，称为刀具半径右补偿，如图 3-4 所示。

地址 D 所对应的偏置存储器中存入的偏置值通常指刀具半径值。和刀具长度补偿一样，刀具号与刀具偏置存储器号可以相同，也可以不同，一般情况下，为防止出错，最好采用相同的刀具号与刀具偏置存储器号。

G41、G42 为模态指令，可以在程序中保持连续有效。G41、G42 的撤销可以使用 G40 进行。

（3）刀具半径补偿过程　刀具半径补偿的过程如图 3-5 所示，共分三步，即刀补的建立、刀补的进行和刀补的取消。

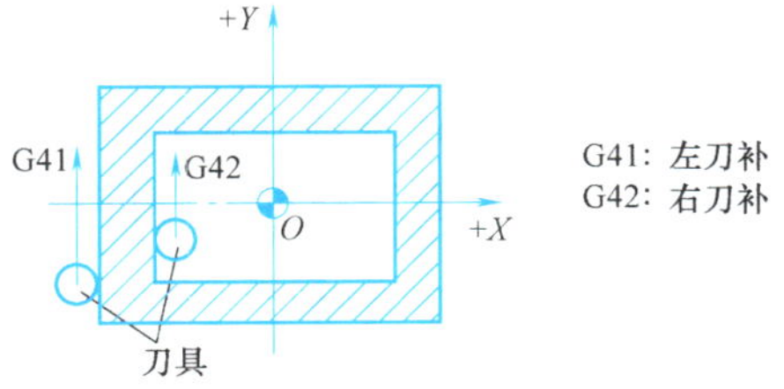

图 3-4　刀具半径补偿偏置方向的判别

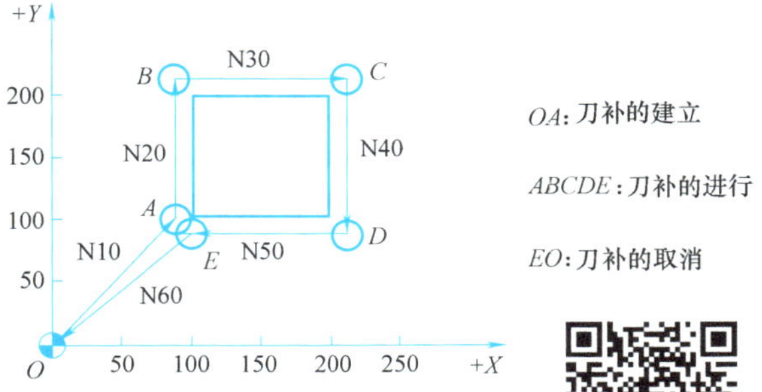

图 3-5　刀具半径补偿过程

刀具半径补偿过程

程序如下：

O0010；

……

N05　T1D1；

N10　G41　G01　X100.0　Y100.0　F100；　　刀补的建立

```
N20  Y200.0  F100;         ⎫
N30  X200.0;               ⎪
N40  Y100.0 ;              ⎬刀补的进行
N50  X100.0 ;              ⎭
N60  G40  G00  X0  Y0;      刀补的取消
……
```

1）刀补的建立。刀补的建立指刀具从起点接近工件时，刀具中心从与编程轨迹重合过渡到与编程轨迹偏离一个偏置量的过程。该过程的实现必须有 G00 或 G01 指令才有效。

刀具补偿过程通过 N10 程序段建立。当执行 N10 程序段时，机床刀具的坐标位置由以下方法确定：将包含 G41 语句的下边两个程序段（N20、N30）预读，连接在补偿平面内最近两移动语句的终点坐标（图 3-5 中的 *AB* 连线），其连线的垂直方向为偏置方向，根据 G41 或 G42 来确定偏向哪一边，偏置的大小由偏置号 D1 地址中的数值决定。经补偿后，刀具中心位于如图 3-5 中 *A* 点处，即坐标点［(100-刀具半径)，100］处。

2）刀补的进行。在 G41 或 G42 程序段后，程序进入补偿模式，此时刀具中心与编程轨迹始终相距一个偏置量，直到刀补取消。

在补偿模式下，数控系统要预读两段程序，找出当前程序段刀位点轨迹与下一个程序段刀位点轨迹的交点，以确保机床把下一个工件轮廓向外补偿一个偏置量，如图 3-5 中的 *B* 点、*C* 点等。

3）刀补的取消。刀具离开工件，刀具中心轨迹过渡到与编程轨迹重合的过程称为刀补取消，如图 3-5 中的 *EO* 程序段。

刀补的取消用 G40 或 D00 来执行，要特别注意的是，G40 必须与 G41 或 G42 成对使用。

（4）刀具半径补偿注意事项　在刀具半径补偿过程中要注意以下几个方面的问题。

1）半径补偿模式的建立与取消程序段只能在 G00 或 G01 移动指令模式下才有效。当然，现在有部分系统也支持 G02、G03 模式，但为防止出现差错，在半径补偿建立与取消程序段最好不使用 G02、G03 指令。

2）为保证刀补建立与刀补取消时刀具与工件的安全，通常采用 G01 运动方式来建立或取消刀补。如果采用 G00 运动方式来建立或取消刀补，则要采取先建立刀补再下刀和先退刀再取消刀补的编程加工方法。

3）为了便于计算坐标，采用切线切入方式或法线切入方式来建立或取消刀补。对于不便于沿工件轮廓线方向切向或法向切入切出时，可根据情况增加一个圆弧辅助程序段。

4）为了防止在半径补偿建立与取消过程中刀具产生过切现象（图 3-6a 中的 *OM* 和图 3-6b 中的 *AM*），刀具半径补偿建立与取消程序段的起始位置与终点位置最好与补偿方向在同一侧（图 3-6a 中的 *OA* 和图 3-6b 中的 *AN*）。

5）在刀具补偿模式下，一般不允许存在连续两段以上的非补偿平面内移动指令，否则刀具也会出现过切等危险动作。

非补偿平面移动指令通常指：只有 G、M、S、F、T 代码的程序段（如 G90、M05 等）；

建立刀补
进刀

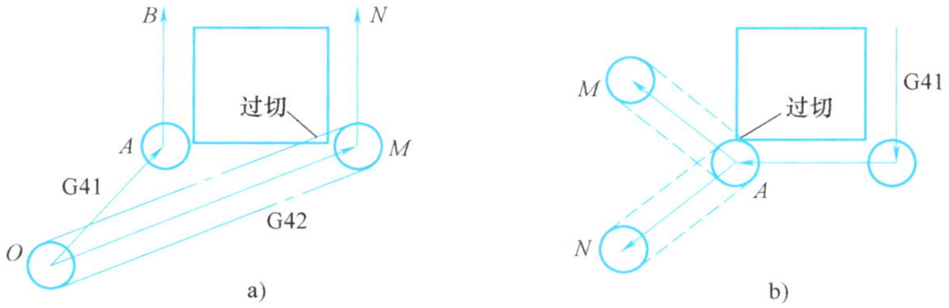

取消刀补
退刀

图 3-6　刀补建立与取消时的起始与终点位置
a）建立刀补进刀　b）取消刀补退刀

程序暂停程序段（如“G04　X10.0”等）；G17（G18、G19）平面内的 $Z(Y、X)$ 轴移动指令等。

（5）刀具半径补偿的应用　刀具半径补偿功能除了使编程人员直接按轮廓编程，简化了编程工作外，在实际加工中还有许多其他方面的应用。如图 3-7 所示，编程时按实际轮廓 $ABCD$ 编程，在粗加工中时，将偏置量设为 $D=R+\Delta$，其中 R 为刀具的半径，Δ 为精加工余量，这样在粗加工完成后，形成的工件轮廓的加工尺寸要比实际轮廓 $ABCD$ 每边都大 Δ。在精加工时，将偏置量设为 $D=R$，这样，零件加工完成后，即得到实际加工轮廓 $ABCD$。同理，当工件加工后，如果测量尺寸比图样要求尺寸大，也可用同样的办法进行修整解决。

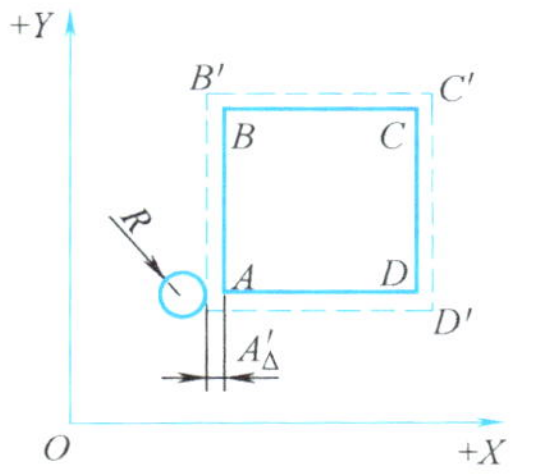

图 3-7　采用刀具半径补偿保留精加工余量

注意　不管是内轮廓，还是外轮廓，采用刀具半径补偿方法留精加工余量时，刀量半径补偿参数中设定的值应为［刀具半径+精加工余量（单边）］。

3. 轮廓铣削加工路线的确定

（1）加工路线的确定原则　在数控加工中，刀具刀位点相对于零件运动的轨迹称为加工路线。加工路线的确定与工件的加工精度和表面粗糙度值直接相关，其确定原则如下。

1）加工路线应保证被加工零件的精度和表面质量，且效率较高。

2）使数值计算简便，以减少编程工作量。

3）应使加工路线最短，这样既可减少程序段，又可减少空刀时间。

4）加工路线还应根据工件的加工余量和机床、刀具的刚度等具体情况确定。

（2）切入、切出方法的选择　采用立铣刀侧刃铣削轮廓类零件时，为减少接刀痕迹，保证零件表面质量，铣刀的切入和切出点应选在零件轮廓曲线的延长线上（如图 3-8 所示的 $A \rightarrow B \rightarrow C \rightarrow D \rightarrow E \rightarrow F$），而不应沿法向直接切入零件，以避免加工表面产生刀痕，保证零件轮廓光滑。如果不能沿轮廓延长线上切入与切出，则可采用圆弧过渡方式切入与切出。

铣削内轮廓表面时，如果切入和切出轨迹无法外延，切入与切出应尽量采用圆弧过渡（图 3-9）。当无法实现时，铣刀可沿零件轮廓的法线方向切入和切出，但须将其切入、切出点选在零件轮廓两几何元素的交点处。

（3）凹槽切削方法的选择　凹槽的切削方法有三种，即行切法（图 3-10a）、环切法（图 3-10b）和先行切后环切法（图 3-10c）。三种方案中，图 3-10a 所示的方案最差，图

3-10c 所示的方案最好。

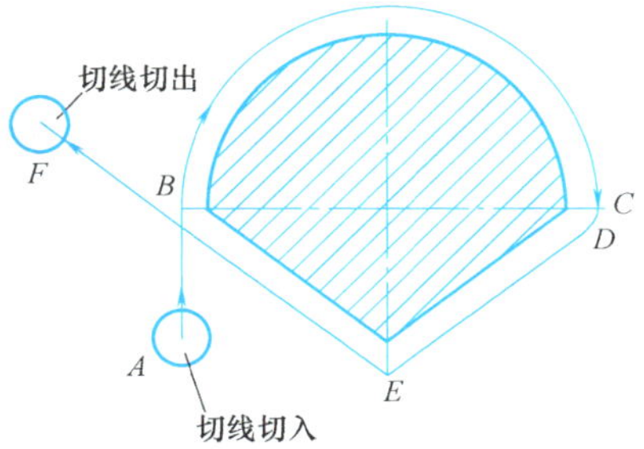

图 3-8 外轮廓切线切入切出

外轮廓切线切入切出

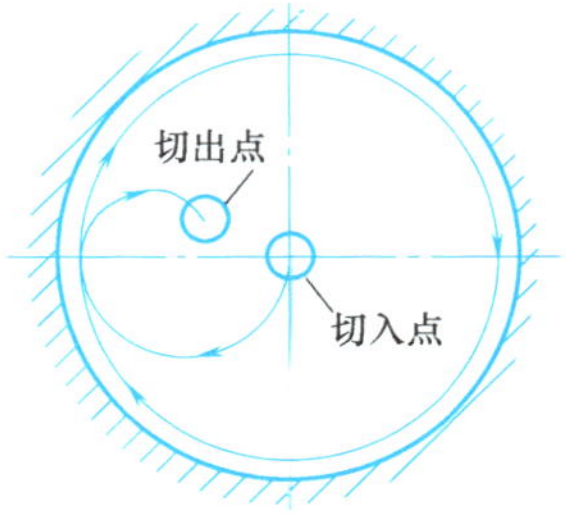

图 3-9 内轮廓切线切入切出

内轮廓切线切入切出

凹槽切削方法（行切法）

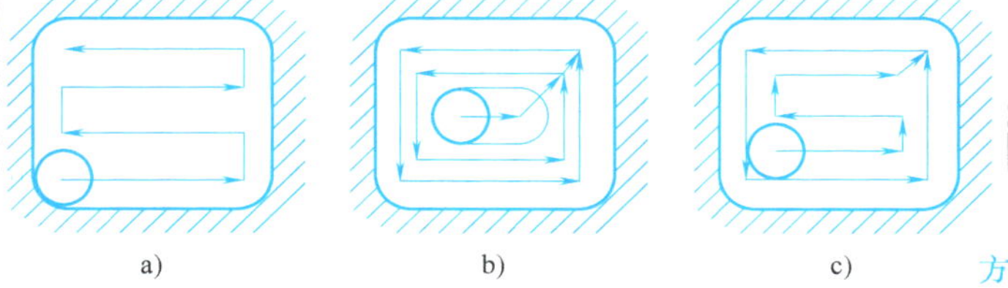

图 3-10 凹槽切削方法

凹槽切削方法（环切法）

凹槽切削方法（先行切后环切法）

(4) 轮廓铣削加工应避免刀具的进给停顿 在轮廓加工过程中，在工件、刀具、夹具、机床系统弹性变形平衡的状态下，进给停顿时，切削力减小，会改变系统的平衡状态，刀具会在进给停顿处的零件表面留下刀痕，因此在轮廓加工中应避免进给停顿。

任务实施

1. 加工准备

本任务选用的机床为 TK7650 型 SIEMENS 802D 系统数控铣床。选择直径为 ϕ16mm 的高速钢立铣刀进行加工。切削用量推荐值如下：切削速度 $n=1500 \sim 2000$r/min；进给速度取 $v_f=100 \sim 300$mm/min；背吃刀量的取值等于台阶高度，取 $a_p=8$mm。

2. 设计加工路线

加工本任务工件时，采用刀具半径补偿功能进行编程。粗、精加工采用同一个程序，粗加工时通过刀具半径补偿功能保留 0.2mm 的精加工余量。编程时，采用延长线上切入的方式，其刀具刀位点的轨迹如图 3-11 所示，局部基点坐标如图所示。

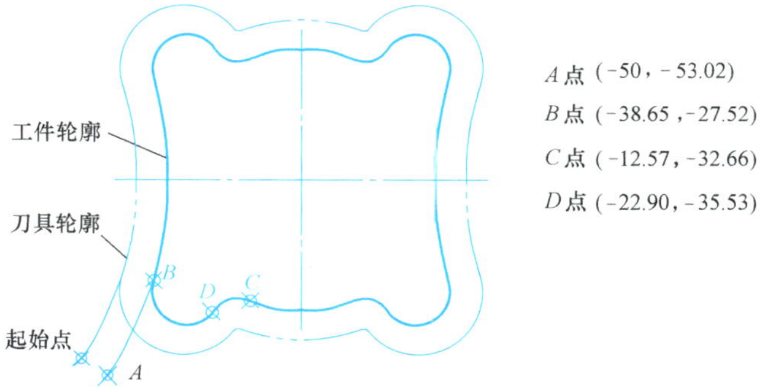

图 3-11 采用刀具半径补偿后的刀具轨迹

3. 编制加工程序

本任务工件的数控铣床加工程序见表 3-1。

4. 刀具半径补偿参数的设定

(1) 设定刀具半径补偿值

1) 在“JOG”模式下，选择水平软键［刀具表］，出现图 3-12 所示的窗口。

2) 利用［INPUT］键，在图 3-13 所示处输入偏置值。

3) 如果刀具使用一段时间后，产生了磨耗，则可将磨耗值输入在磨损半径设定的参数下。

表 3-1　外轮廓铣削实例参考程序

刀具	ϕ16mm 立铣刀	
程序段号	加工程序	程序说明
	BB31. MPF;	程序号
N10	G90　G94　G71　G40　G17　G54;	程序初始化
N20	G74　Z0;	*Z* 向回参考点
N25	T1D1;	1 号刀具 1 号刀沿
N30	M03　S2000;	主轴正转，切削液开
N40	G00　X-60.0　Y-60.0　M08;	刀具在 *XY* 平面中快速定位
N50	Z20.0;	刀具 *Z* 向快速定位
N60	G01　Z-8.0　F300;	*Z* 向下刀至加工高度
N70	G41　G01　X-50.0　Y-53.02;	轮廓延长线上建立刀具半径补偿
N80	G03　X-38.65　Y27.52　CR=100;	加工外形轮廓
N90	G02　X-22.90　Y35.53　CR=9.0;	
N100	G03　X-12.57　Y32.66　CR=9.0;	
N110	G02　X12.57　CR=35.0;	
N120	G03　X22.90　Y35.53　CR=9.0;	
N130	G02　X38.65　Y27.52　CR=9.0;	
N140	G03　Y-27.52　CR=100.0;	
N150	G02　X22.90　Y-35.53　CR=9.0;	
N160	G03　X12.57　Y-32.66　CR=9.0;	
N170	G02　X-12.57　CR=35.0;	
N180	G03　X-22.90　Y-35.53　CR=9.0;	
N190	G02　X-38.65　Y-27.52　CR=9.0;	
N200	G40　G01　X-60.0　Y-50.0;	取消刀具半径补偿
N210	G00　Z100.0　M09;	程序结束部分
N220	M05;	
N230	M02;	

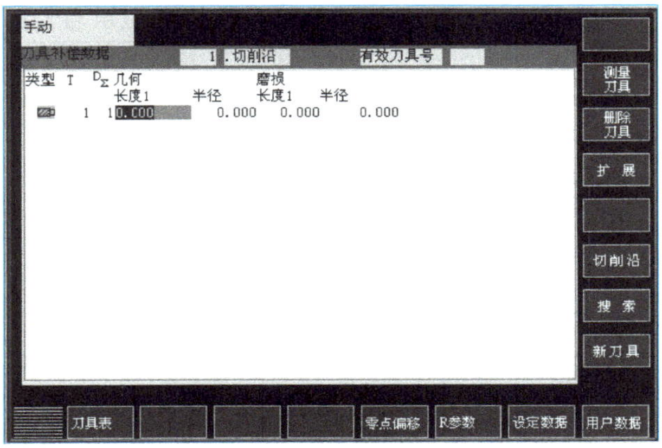

图 3-12　新刀具参数设定窗口（一）

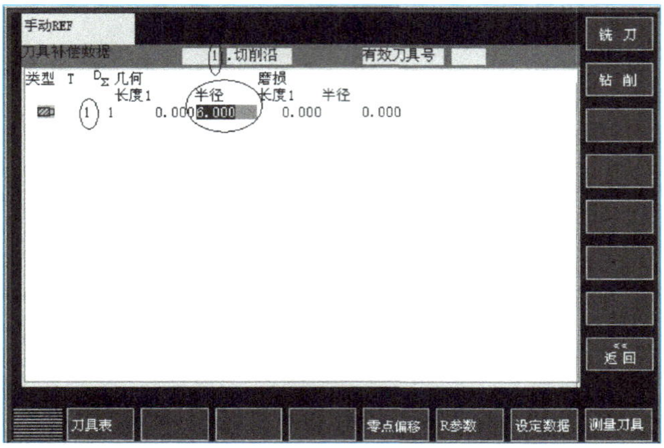

图 3-13 新刀具参数设定窗口（二）

提示 输入刀具半径补偿值时，一定要注意其值的输入位置与程序中调用的存储器号要一致。

（2）同一刀具设定多个刀沿号 若要为 1 号铣刀建立多个切削沿，则可在 2-67 所示窗口下，将光标位于 1 号刀具任一补偿值设定处，按下垂直软键［切削沿］，在新出现的窗口中按下垂直软键［新刀沿］，即完成了 1 号铣刀 2 号切削沿的建立；然后每按下一次垂直软键［新刀沿］，系统会为当前的刀具新增一个刀沿，每把刀最多可有 9 个刀沿。若当前光标位于 2 号刀具，则新创建的都是 2 号刀具的刀沿。按下［<<D］键可选择下一级较低的刀沿号，按下［>>D］键可选择上一级较高的刀沿号。按下［复位刀沿］键，则系统将光标指定刀具的当前刀沿号中设置的参数清零。

任务评价

本任务的任务评价表见表 3-2。

表 3-2 外轮廓铣削任务评价表

项目与权重	序号	技术要求	配分	评分标准	检测记录	得分
加工操作（60%）	1	$70_{-0.05}^{0}$mm	10	超差 0.01 扣 2 分		
	2	$78_{-0.05}^{0}$mm	10×2	超差 0.01 扣 2 分		
	3	平行度公差 0.05mm	10	超差 0.01 扣 2 分		
	4	圆弧正确，光滑过渡	10	不正确扣 2 分/处		
	5	表面质量好	10	超差扣 2 分/处		
程序与加工工艺（15%）	6	程序格式规范	5	不规范扣 2 分/处		
	7	工艺合理	5	不合理扣 2 分/处		
	8	程序参数合理	5	不合理扣 2 分/处		
机床操作（15%）	9	对刀及坐标系的设定	5	不正确扣 2 分/次		
	10	机床面板操作正确	5	不正确扣 2 分/次		
	11	意外情况处理合理	5	不合理扣 2 分/处		
安全文明生产（10%）	12	安全操作	5	不规范全扣		
	13	机床整理	5			

知识拓展

顺铣与逆铣

（1）顺铣和逆铣的定义　根据刀具的旋转方向和工件的进给方向之间的相互关系，数控铣削方式分为顺铣和逆铣两种。

如图 3-14a 所示，顺铣是指刀具的切削速度方向与工件的移动方向相同的一种铣削方式。如图 3-14b 所示，逆铣是指刀具的切削速度方向与工件的移动方向相反的一种铣削方式。

顺铣

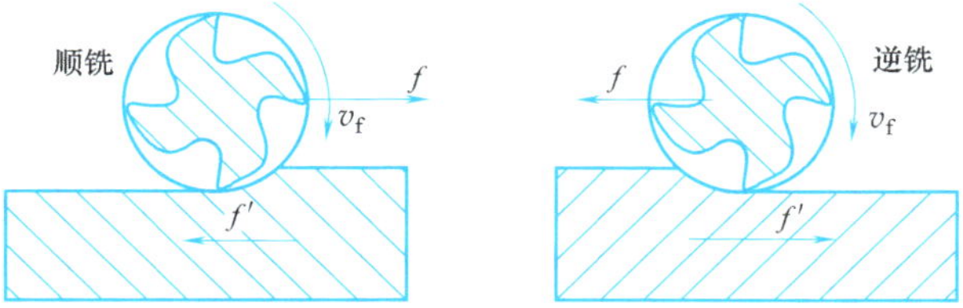

a)　　b)

逆铣

图 3-14　顺铣与逆铣

a）顺铣　b）逆铣

（2）顺铣和逆铣对切削力的影响　铣削加工过程中，刀具对工件的作用力如图 3-15 所示。逆铣时，作用于工件上的垂直切削分力始终向上，有将工件抬起的趋势，易引起振动，影响工件的夹紧，这种情况在铣削薄壁和刚度差的工件时表现得尤为突出。顺铣时，作用于工件上的垂直切削分力始终压下工件，这对工件的夹紧有利。

铣床工作台的移动是由丝杠螺母传动的，丝杠螺母间有螺纹间隙。顺铣时，工件受到的纵向分力与进给运动方向相同，而一般主运动的速度大于进给速度，因此纵向分力有使接触的螺纹传动面分离的趋势，当铣刀切到材料上的硬点或因切削厚度变化等原因，引起纵向分力增大，超过工作台进给摩擦阻力时，原来是螺纹副推动的运动形式变成了由铣刀带动工作台窜动的运动形式，引起进给量突然增加。这种窜动现象不但会引起“扎刀”，损坏加工表面，严重时还会使刀齿折断，或使工件夹具移位，甚至损坏机床。逆铣时，工件受到的纵向分力与进给运动方向相反，丝杠与螺母的传动工作面始终接触，由螺纹副推动工作台运动，使工作台运动比较平稳。

（3）顺铣和逆铣对刀具弹性变形的影响　如图 3-15 所示，采用立铣刀顺铣切削工件轮廓时，工件对刀具的反作用力指向刀具方向，刀具的弹性变形使刀具产生“让刀”（即欠切）现象。采用立铣刀逆铣切削工件轮廓时，工件对刀具的反作用力指向轮廓内部，刀具的弹性变形使刀具产生“啃刀”（即过切）现象。当刀具直径越小、刀杆伸得越长时，“让刀”和“啃刀”现象越明显。

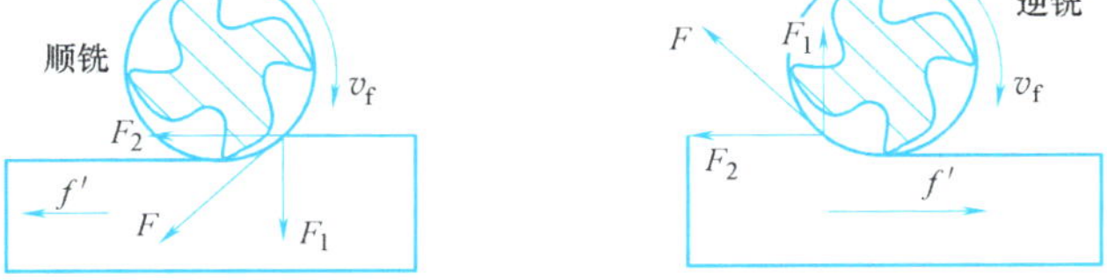

a)　　b)

图 3-15　刀具对工件的作用力

针对这种现象，粗加工采用顺铣时，可少留精加工余量。粗加工采用逆铣时，需多留精加工余量，以防“过切”而产生工件报废。

（4）顺铣和逆铣对刀具磨损的影响　顺铣的垂直铣削分力将工件压向工作台，刀齿与已加工面滑行、摩擦力小，对减小刀齿磨损、减轻加工硬化现象和减小表面粗糙度值均有利。另外，顺铣时，刀齿的切削厚度从最大到零，使刀齿切入工件时的冲击力较大，尤其工件待加工表面是毛坯或者有硬皮时，会使刀具体产生较大的振动。但顺铣时刀齿在工件上走过的路程比逆铣短，平均切削厚度大。因此，在相同的切削条件下，采用逆铣时，刀具易磨损，消耗的切削功率要多些。

逆铣时，每个刀齿的切削厚度由零增至最大。但切削刃并非绝对锋利，铣刀切削刃处总有圆弧存在，刀齿不能立刻切入工件，而是在已加工表面上挤压滑行，使该表面的硬化现象加重，影响了表面质量，也使刀齿的磨损加剧。

（5）顺铣和逆铣的选择　采用顺铣时，首先要求机床具有间隙消除机构，能可靠地消除工作台进给丝杆与螺母间的间隙，以防止铣削过程中产生振动。如果工作台是由液压驱动则最为理想。其次，要求工件毛坯表面没有硬皮，工艺系统要有足够的刚性。如果以上条件能够满足时，应尽量采用顺铣，特别是对难加工材料的铣削，采用顺铣可以减少切削变形，降低切削力和切削功率。

零件粗加工时，通常采用逆铣的切削加工方式。因为逆铣时，刀具从已加工表面切入，不会崩刃，且机床的传动间隙不会引起振动和爬行。精加工时，为防止“过切”现象，通常采用顺铣的加工方式。在数控铣床或加工中心上进行铣削加工时，由于数控机床普遍具有消隙机构，传动机构的反向间隙较小，而且数控机床大多用于零件精加工。因此，数控铣削时通常采用顺铣的加工方式（即轮廓加工时采用刀具半径左补偿功能进行编程）。

在数控机床上进行轮廓铣削加工时，判断顺铣还是逆铣加工较为简便的方法是：不管是内轮廓还是外轮廓加工，采用刀具半径左补偿编程铣削的加工方式为顺铣，而采用刀具半径右补偿编程铣削的加工方式为逆铣。当采用盘铣刀加工平面轮廓时，当刀具的切削宽度大于50%的刀具直径时，切削过程既存在顺铣，又存在逆铣。

任务二　内轮廓铣削

知识目标

- 掌握刀具长度补偿功能指令。
- 掌握内轮廓铣削过程中的 Z 向进退刀方法。
- 了解机外对刀的方法及设备。

技能目标

- 掌握内轮廓的加工方法。
- 掌握内轮廓铣削的编程方法。

素养目标

- 具有质量掌控的意识。

➡ 具有团队意识。

任务描述

加工图 3-16 所示工件，毛坯为 80mm×80mm×26mm 的硬铝，试编写其数控铣床加工程序并进行加工。

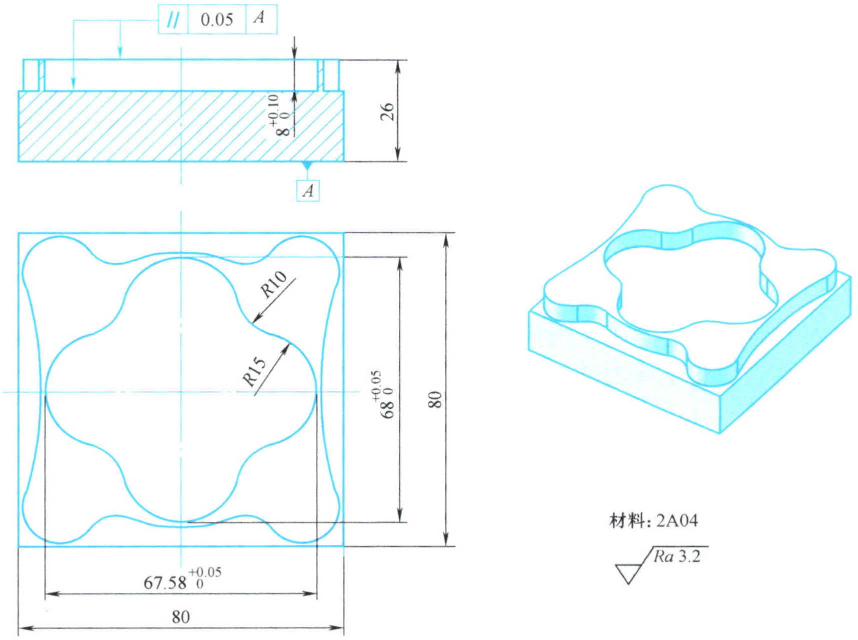

图 3-16　内轮廓铣削实例

知识链接

1. 刀具长度补偿指令

（1）长度补偿指令　刀具长度补偿指令是用来补偿假定的刀具长度与实际的刀具长度之间差值的指令。SIEMENS 系统直接用指令“T__　D__;”来指定刀具的长度补偿。

在图 3-13 所示的窗口中，在对应的“长度 1”中设置相应刀具的长度偏置参数。执行指令“T__　D__;”时，系统会根据对应的“长度偏置参数”值来计算刀具在 Z 方向的实际移动量。

（2）刀具长度补偿的应用　对于立式加工中心，刀具长度补偿常被辅助用于工件坐标系零点偏置的设定，即用 G54 设定工件坐标系时，仅在 X、Y 方向偏置坐标原点的位置，而 Z 方向不偏置，Z 方向刀位点与工件坐标系 $Z0$ 平面之间的差值全部通过刀具长度补偿值来解决。

>> 提示　采用以上方法加工时，显示的 Z 坐标始终为机床坐标系中的 Z 坐标，而非工件坐标系中的 Z 坐标，也就无法直观了解刀具当前的加工深度。

如图 3-17 所示，假设用一标准刀具进行对刀，该刀具的长度等于机床坐标系原点与工件坐标原点之间的距离值。对刀后采用 G54 设定工件坐标系，则 Z 向偏置值设定为“0”。

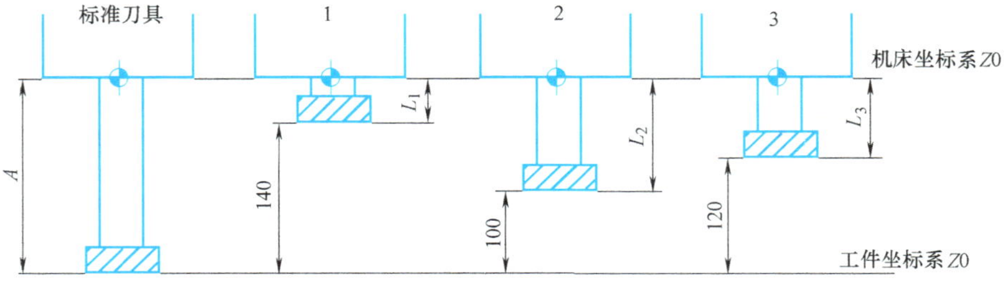

图 3-17 刀具长度补偿的应用

1 号刀具对刀时，将刀具的刀位点移动到工件坐标系的 Z0 处，则刀具 Z 向移动量为“-140”，机床坐标系中显示的 Z 坐标值也为“-140”，将此时机床坐标系中的 Z 坐标值直接输入 T1D1 的“长度 1”中。这样，1 号刀具相对应的长度偏置值为“-140.0”。采用同样方法，设定在“T2D1”的长度偏置值为“-100.0”；设定在“T3D1”的长度偏置值为“-120.0”。

（3）机外对刀后的设定方法　当采用机外对刀时，通常选择其中的一把刀具作为标准刀具，如图 3-17 所示，将 1 号刀具作为标准刀具，则以 1 号刀具对刀后在“G54”存储器中设定的 Z 坐标值为“-140.0”。设定在刀具长度偏置存储器中的值依次为：T1D1＝0；T2D1＝40；T3D1＝20。

2. 加工内轮廓时的 Z 向进刀方式

与加工外轮廓相比，内轮廓加工过程中的主要问题是如何进行 Z 向切深进刀。通常所选择的刀具种类不同，其进刀方式也各不相同。在数控加工中，常用的内轮廓加工 Z 向进刀方式主要有以下几种。

（1）垂直切深进刀　如图 3-18a 所示，采用垂直切深进刀时，须选择切削刃过中心的键铣刀或钻铣刀进行加工，而不能采用立铣刀进行加工（中心处没有切削刃）。另外，由于采用这种进刀方式切削时，刀具中心的切削线速度为零。因此，即使选用键铣刀进行加工，也应选择较低的切削进给速度（通常为 XY 平面内切削进给速度的一半）。

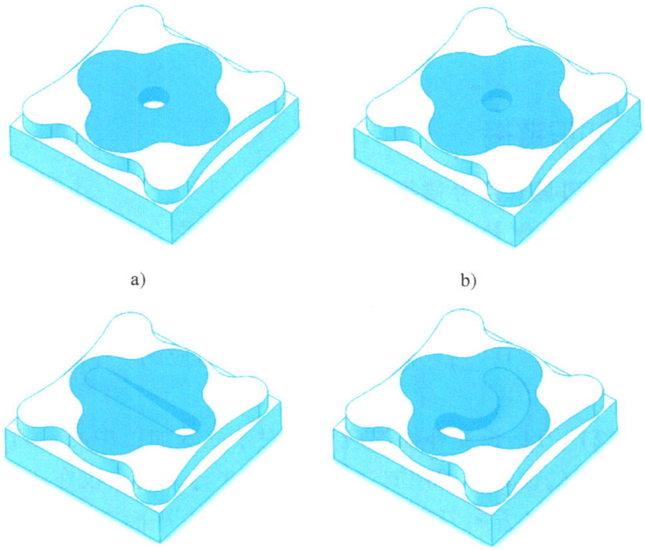

a)　b)　c)　d)

图 3-18 内型腔的 Z 向进刀方式

a）垂直切深进刀　b）钻工艺孔进刀
c）斜直线进刀　d）螺旋线进刀

（2）在工艺孔中进刀　在内轮廓加工过程中，有时需用立铣刀来加工内型腔，以保证刀具的强度。由于立铣刀无法进行 Z 向垂直切深进给，此时可选用直径稍小的钻头先加工出工艺孔（图

3-18b)，再以立铣刀进行 Z 向垂直切深进给。

(3) 三轴联动斜线进刀　采用立铣刀加工内轮廓时，也可直接用立铣刀采用三轴联动斜直线方式进刀（图 3-18c)，从而避免刀具中心部分参加切削。但这种进刀方式无法实现 Z 向进给与轮廓加工的平滑过渡，容易产生加工痕迹。这种进刀方式的指令如下：

G01　X-20.0　Y0　Z0;　　　(定位至起刀点)

X20.0　Z-8.0;　　　(斜直线进刀)

(4) 三轴联动螺旋线进刀　采用三轴联动的另一种进刀方式是螺旋线进刀方式（图 3-18d)。这种进刀方式容易实现 Z 向进刀与轮廓加工的自然平滑过渡，不会产生加工过程中的刀具接痕。因此，在手工编程和自动编程的内轮廓铣削中广泛使用这种进刀方式。这种进刀方式的刀具轨迹如图 3-19 所示，其指令格式如下：

图 3-19　螺旋线进刀的刀具轨迹

G02/G03　X__　Y__　Z__　CR=__;　　　(非整圆加工的螺旋线指令)

G02/G03　X__　Y__　Z__　I__　J__　K__;　　　(整圆加工的螺旋线指令)

X__　Y__　Z__：螺旋线的终点坐标。

CR：螺旋线的半径。

I__　J__　K__：螺旋线起点到圆心矢量值。

比较 4 种进刀方式，最方便实用是螺旋线方式进刀，这种进刀方式常被自动编程采用。

任务实施

1. 加工准备

本任务选用的机床为 TK7650 型 SIEMENS 802D 系统数控铣床。加工本任务工件时，既可选择图 3-20 所示的键铣刀进行加工，也可选择立铣刀进行加工。两种不同类型的刀具其 Z 向进刀方式各不相同，键铣刀可沿 Z 向垂直进刀，而立铣刀需采用螺旋线进刀。本例选用直径为 ϕ16mm 的高速钢立铣刀进行加工，加工过程中的切削用量推荐值如下：切削速度 n = 1500~2000r/min；进给速度取 v_f = 300mm/min，背吃刀量的取值等于型腔高度，取 a_p = 8mm。

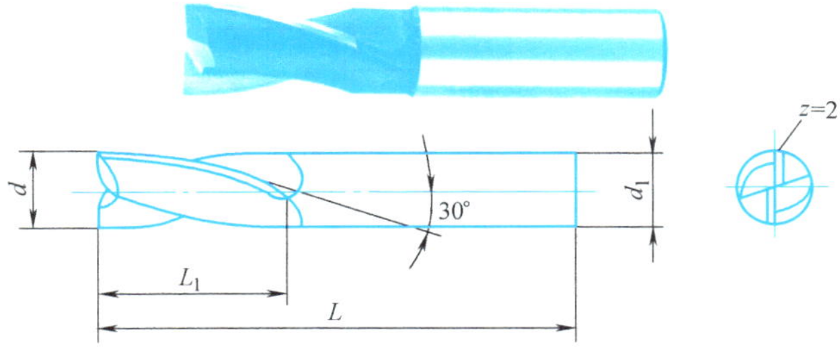

图 3-20　键铣刀

2. 设计加工路线

加工本任务工件时，Z 向采用螺旋线方式进刀，进刀的加工指令如下：

G00 X24.0 Y0 Z20.0；

G01 Z0 F300；

G03 Z-8.0 I-12.0；

（螺旋线方式进刀）

G01 X0； （去除局部余量）

在 *XY* 平面内采用刀具半径左补偿方式进行编程。采用延长线上切入的方式，其刀具刀位点的轨迹如图 3-21 所示，局部基点坐标如图所示。

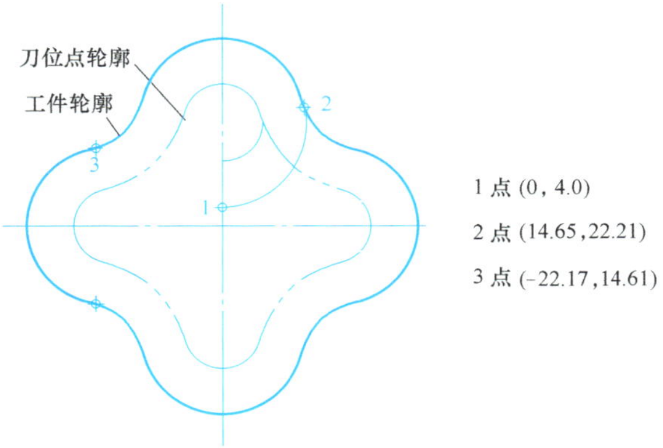

图 3-21 采用刀具半径补偿后的刀具轨迹

3. 编制加工程序

本任务工件的数控铣床加工程序见表 3-3。

表 3-3 内轮廓铣削实例参考程序

刀具	ϕ16mm 键铣刀	
程序段号	加工程序	程序说明
	AA42.MPF；	程序号
N10	G90 G94 G71 G40 G17 G54；	程序初始化
N20	G74 Z0；	*Z* 向回参考点
N30	T1D1 M03 S2000；	主轴正转，切削液开
N40	G00 X-24.0 Y0 Z20.0 M08；	刀具快速定位
N50	G01 Z0 F200；	刀具移动到工件上表面
N60	G03 Z-8.0 I12.0；	螺旋线下刀
N70	G01 X0；	去除中间局部余量
N80	G41 G01 X0 Y4.0 D01 F300；	圆弧延长线上建立刀补
N90	G03 X-14.65 Y22.21 CR=-15.0；	加工内型腔
N100	G02 X-22.17 Y14.61 CR=10.0；	
N110	G03 Y-14.61 CR=15.0；	
N120	G02 X-14.65 Y-22.21 CR=10.0；	
N130	G03 X14.65 CR=15.0；	
N140	G02 X22.17 Y-14.61 CR=10.0；	
N150	G03 Y-14.61 CR=15.0；	
N160	G02 X14.65 Y22.21 CR=10.0；	
N170	G40 G01 X0 Y0；	取消刀具半径补偿
N180	G00 Z100.0 M09；	程序结束部分
N190	M05；	
N200	M02；	

任务评价

本任务的任务评价表见表 3-4。

表 3-4 内轮廓铣削任务评价表

项目与权重	序号	技 术 要 求	配分	评 分 标 准	检测记录	得分
加工操作（64%）	1	$68^{+0.05}_{0}$ mm	8×2	超差 0.01mm 扣 2 分		
	2	$67.58^{+0.05}_{0}$ mm	8×2	超差 0.01mm 扣 2 分		

（续）

项目与权重	序号	技术要求	配分	评分标准	检测记录	得分
加工操作（64%）	3	$8^{+0.10}_{0}$mm	8	超差 0.01mm 扣 2 分		
	4	平行度公差 0.05mm	8	超差 0.01mm 扣 2 分		
	5	圆弧正确，光滑过渡	8	不正确扣 2 分/处		
	6	表面质量好	8	超差扣 2 分/处		
程序与加工工艺（15%）	7	程序格式规范	5	不规范扣 2 分/处		
	8	工艺合理	5	不合理扣 2 分/处		
	9	程序参数合理	5	不合理扣 2 分/处		
机床操作（15%）	10	对刀及坐标系设定	5	不正确扣 2 分/次		
	11	机床面板操作正确	5	不正确扣 2 分/次		
	12	意外情况处理合理	5	不合理扣 2 分/处		
安全文明生产（6%）	13	安全操作	6	不规范全扣		
	14	机床整理				

知识拓展

数控铣削刀具的机外预调

刀具在刀柄上装夹好以后，需要精确测量出每把刀具的轴向和径向尺寸，这些参数是编制加工程序时进行刀具半径和长度补偿的重要依据。机外预调是指在机床外利用刀具预调仪来测量刀具的长度、直径，以及刀具的形状和角度等。加工中心常采用机外对刀仪实现对刀。机外预调结合机内对刀（在机床上用其中最长或最短的一把刀具进行 Z 向对刀）确定工件坐标系，这种方法对刀精度和效率高，便于工艺文件的编写及生产组织。此外，当加工中因刀具损坏需要更换新刀具时，用机外对刀仪可以测出新刀具的主要参数值，以便掌握与原刀具的偏差，然后通过修改补偿量确保后续的正常加工。

常见的对刀仪有机械式、光学式和数字显示式等类型。图 3-22 所示是几种不同型号的光学式对刀仪，它们的组成基本相同，主要包含刀柄定位机构、测头与测量机构、测量数据处理装置等几个部分。

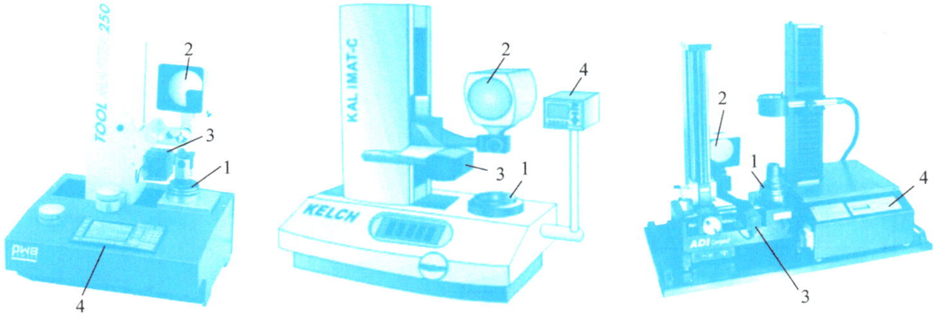

图 3-22 对刀仪基本结构

1—刀柄夹持轴 2—显示屏幕 3—光源发射器 4—控制面板

使用对刀仪进行刀具测量时，首先应使用随机自带的标准的校验棒来校准对刀仪，然后才能对刀具进行测量。

任务三 子程序加工实例

知识目标

- 了解子程序的基本概念。
- 掌握子程序编程指令。
- 了解数控机床/加工中心的刀具系统。
- 了解数控加工中心的刀库。

技能目标

- 掌握分层切削的编程与加工方法。
- 掌握相同轮廓的编程与加工方法。

素养目标

- 具备分析和解决实训过程中突发事件的能力。
- 具有质量掌控的意识。

任务描述

加工图 3-23 所示工件，毛坯为 80mm×80mm×24mm 的钢件，试编写其数控铣床加工程序并进行加工。

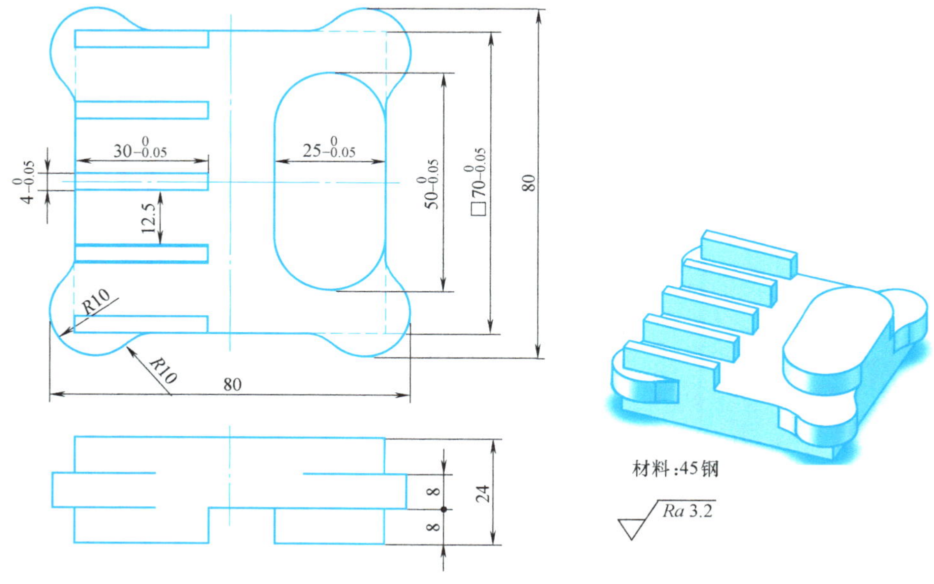

图 3-23 子程序加工实例

知识链接

1. 子程序

（1）子程序的定义 机床的加工程序可以分为主程序和子程序两种。所谓主程序是一个完整的零件加工程序，或是零件加工程序的主体部分。它和被加工零件或加工要求一一对应，不同的零件或不同的加工要求，都有唯一的主程序。

在编制加工程序过程中，有时会遇到一组程序段在一个程序中多次出现，或者在几个程序中都要使用该段程序。这个典型的加工程序可以做成固定程序，并单独加以命名，这组程序段就称为子程序。

提示 子程序一般都不可以作为独立的加工程序使用，它只能通过调用，实现加工中的局部动作。子程序执行结束后，能自动返回到调用的程序中。

（2）子程序的命名规则 在 SIEMENS 系统中，文件名可以由字母或“字母+数字”组成。文件扩展名有两种，即“.MPF”和“.SPF”。其中“.MPF”表示主程序，如“AA123.MPF”；“.SPF”表示子程序，如“L123.SPF”。文件名命名规则如下。

以字母、数字或下划线来命名文件名，字符间不能有分隔符，且最多不能超过 8 个字符。另外，程序名开始的两个符号必须是字母，如“SHENG123”“AA12”等。该命名规则同时适用于主程序和子程序文件名的命名，如省略其后缀，则默认为“.MPF”。

以地址“L”加数字来命名程序名，L 后的值可以有 7 位，且 L 后的每个零都有具体意义，不能省略，如 L123 不同于 L00123。该命名规则也同时适用主程序和子程序文件名的命名，如省略其后缀，则默认为“.SPF”。

（3）子程序的格式与调用 在 SIEMENS 系统中，子程序除程序后缀名和程序结束指令与主程序略有不同外，在内容和结构上与主程序并无本质区别。

子程序的结束标记通常使用辅助功能指令 M17 表示。在 SIEMENS 数控系统（如：802D/C/S、810D、840D）中，子程序的结束标记除可采用 M17 外，还可以使用 M02、RET 等指令进行表示。子程序的格式如下：

L456;　　　　（子程序名）

……

RET;　　　　（子程序结束并返回主程序）

RET 要求单独占用一程序段。

使用 RET 指令结束子程序并返回主程序时，不会中断 G64 连续路径运行方式；而用 M02 指令时，则会中断 G64 连续运行方式，并进入停止状态。

子程序的调用格式如下所示：

L×××× P×××；或×××× P×××；

例 1　N10　L785　P2;

例 2　SS11　P5;

其中，L 为给定子程序名，P 为指定循环次数。例 1 表示调用子程序“L785”两次，例 2 表示调用子程序“SS11”5 次。

子程序的执行过程如下：

```
AA456. MPF;
N10 ……;                      L0100. SPF;
N20   L0100;                  ……
N30 ……;                      M17;
……
……                                   AA85;
N60   AA85   P2;                     ……
……                                   M17;
N100   M02;
```

（4）子程序的嵌套　当主程序调用子程序时，该子程序被认为是一级子程序。在 SIEMENS 802C/S/D 系统中，子程序可有四级程序界面，即三级嵌套，如图 3-24 所示。

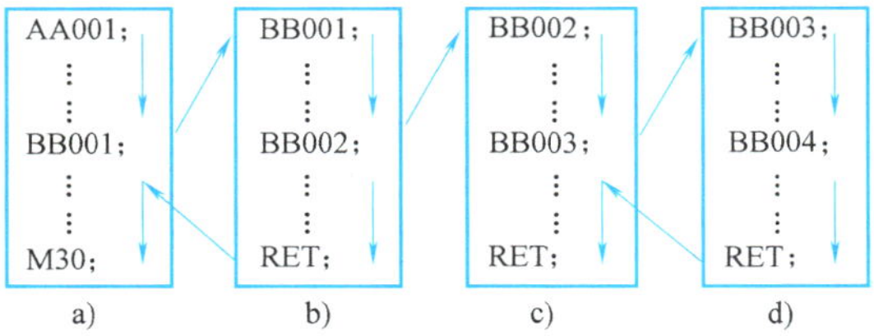

图 3-24　子程序的嵌套

a）主程序　b）一级嵌套　c）二级嵌套　d）三级嵌套

（5）子程序的应用

例 3　加工图 3-25 所示 6 个相同外形轮廓，试采用子程序编程方式编写其数控铣床加工程序。

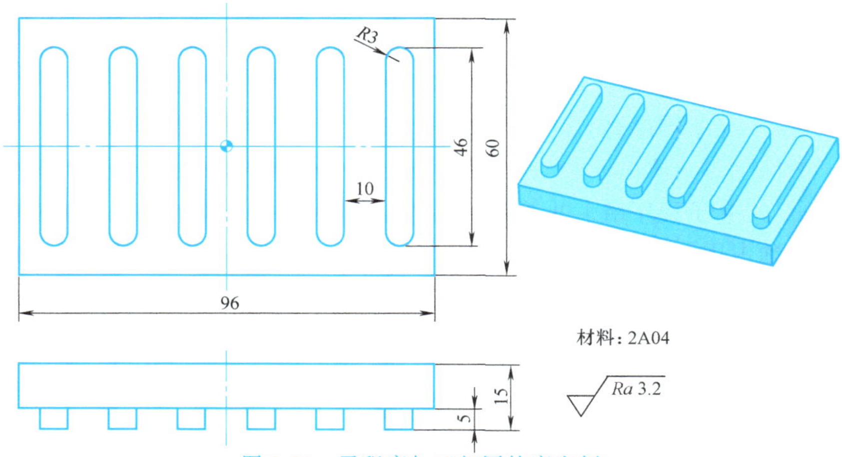

子程序加工相同轮廓实例

图 3-25　子程序加工相同轮廓实例

编程分析：本例工件的轮廓形状由多个相同轮廓组成，对于这类零件，可采用子程序方式编写单个轮廓的加工程序，再采用子程序调用方式进行编程。其加工程序如下：

AA38. MPF;　　　　　　　　　　　　（主程序）

```
G90  G94  G71  G40  G17  G54;
G74  Z0;
M03  S800;
T1D1;
G00  X-48.0  Y-40.0  M08;
  Z10.0;
G01  Z-5.0  F100;
L38  P6;                          (调用子程序 6 次)
G90  G00  Z50.0  M09;
M05;
M02;
L38.SPF;                          (子程序)
G91  G41  G01  X5.0;              (在子程序中编写刀具半径补偿)
  Y60.0;
G02  X6.0  CR=3.0;
G01  Y-40.0;
G02  X-6.0  CR=3.0;
G40  G01  X-5.0  Y-20.0;          (刀具半径补偿不能被分支)
G01  X16.0;                       (移动到下一个轮廓起点)
RET;
```

例 4　加工图 3-26 所示零件，试采用子程序编程方式编写其数控铣床加工程序。

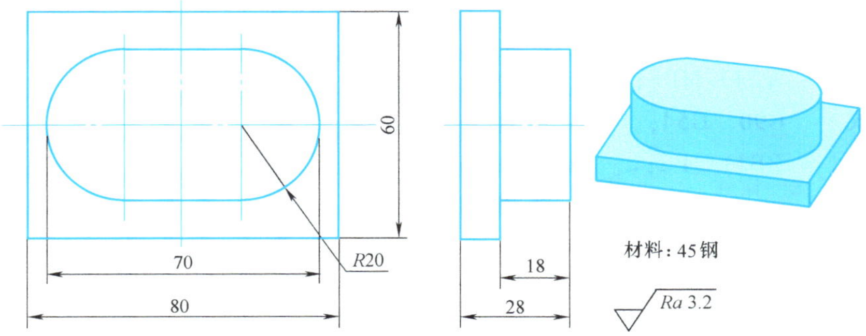

子程序分层切削实例

图 3-26　子程序分层切削实例

编程分析：加工本例工件时，由于加工深度较大，无法进行一次性切削，对于这类零件，可通过子程序调用方式来实现分层切削的目的。

```
AA39.MPF;                         (主程序)
G90  G94  G71  G40  G17  G54;
G74  Z0;
M03  S800;
T1D1;
G00  X-50.0  Y40.0  M08;
  Z10.0;
```

```
G01 Z0   F100;
L39  P3;                              (调用子程序 3 次)
G90   G00   Z50.0   M09;
M05;
M02;
L39.SPF;                              (子程序)
G91   G01   Z-6.0;                    (Z 向增量切深 6mm)
G90   G41   G01   Y20.0;              (轮廓延长线上建立刀具半径补偿)
  X15.0;
G02   Y-20.0   CR=20.0;
G01   X-15.0;
G02   Y20.0   CR=20.0;
G40   G01   X-50.0   Y40.0;           (取消刀具半径补偿)
RET;
```

提示 子程序除了以上两种用途外，还可实现程序的优化。在加工中心的程序中，往往包含有许多独立的工序，为了优化加工顺序，通常将每一个独立的工序编写成一个子程序，主程序只有换刀和调用子程序的命令，从而实现优化程序的目的。

（6）使用子程序的注意事项

1）注意主、子程序间的指令模式的变换。

例 4 中，子程序的起始行用了 G91 模式，从而避免了重复执行子程序过程中刀具在同一深度进行加工。但需要注意及时进行 G90 与 G91 模式的变换。

```
              AA11.MPF;          BB11.SPF;  ┐
G90 模式      G90   G54;         G91……;     │
              BB11   P2;         ……         ├  G91 模式
G91 模式      ……;                RET;       ┘
G90 模式      G90……;
              M30;
```

2）在半径补偿模式中的程序不能被分支。程序示例如下。

```
AA11.MPF;              BB11.SPF;
G91……;                 ……
G41……;                 RET;
BB11;
G40……;
M30;
```

在以上程序中，刀具半径补偿模式在主程序及子程序中被分支执行，在编程过程中应尽量避免编写这种形式的程序。在有些系统中如出现此种刀具半径补偿被分支执行的程序，在程序执行过程中还可能出现系统报警。正确的书写格式如下：

```
AA11.MPF;                        BB11.SPF;
```

```
G91……;                          G41……;
……                               ……
BB11 P2;                         G40……;
M30;                             RET;
```

2. 数控铣床/加工中心刀具系统

（1）加工中心刀具系统简介　加工中心的刀具系统组成如图 3-27 所示，它是刀具与加工中心的连接部分，由工作头（即刀具）、刀柄、拉钉、中间模块等组成，起到固定刀具及传递动力的作用。

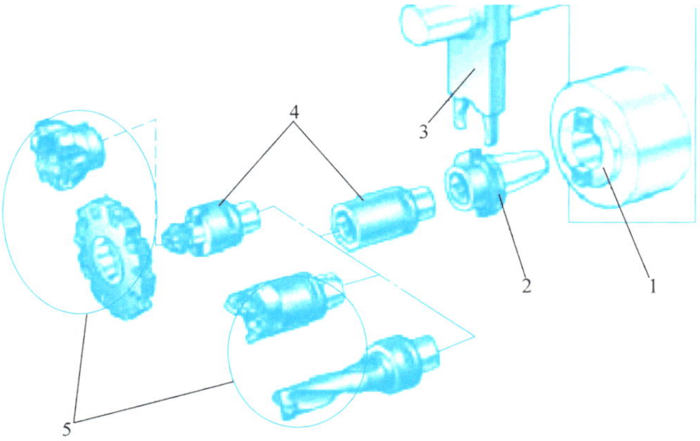

图 3-27　加工中心的刀具系统组成

1—主轴　2—刀柄　3—换刀机械手　4—中间模块　5—工作头

（2）刀柄　加工中心刀柄可分为整体式与模块式两类。根据刀柄柄部形式及所采用国家标准的不同，我国常用的刀柄形式如图 3-28 所示，主要有 BT（日本 MAS 标准）系列、JT（GB 与 ISO 标准，带机械手夹持槽）和 ST（ISO 或 GB 标准，不带机械手夹持槽）系列、CAT（美国 ANSI 标准）系列、DIN（德国标准）几种系列，这几种系列的刀柄除局部槽的形状不同外，其余结构基本相同。根据锥柄大端直径的不同，刀柄又分成 40、45、50（个别的还有 30 和 35）等几种不同的锥度号，如 BT/JT/ST50 和 BT/JT/ST40 分别代表锥柄大端直径为 69.85mm 和 44.45mm 的 7∶24 锥柄。

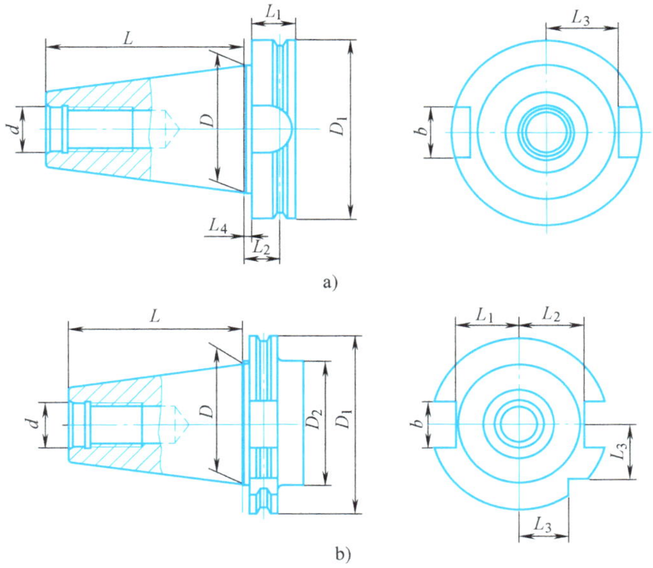

图 3-28　我国常用的数控铣床/加工中心刀柄系列

a）BT 系列刀柄　b）JT 系列刀柄

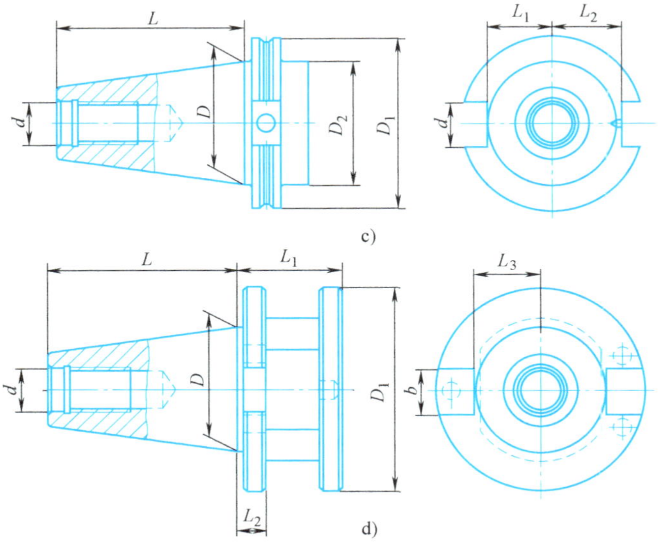

图 3-28 我国常用的数控铣床/加工中心刀柄系列（续）

c）CAT 系列刀柄 d）DIN 系列刀柄

（3）弹簧夹头 加工刀具通过弹簧夹头与数控刀柄连接。弹簧夹头有两种，即 ER 弹簧夹头和 KM 弹簧夹头。其中，ER 弹簧夹头的夹紧力较小，适用于切削力较小的场合；KM 弹簧夹头的夹紧力较大，适用于强力铣削。采用这两种弹簧夹头的刀柄也各不相同，用于夹持 ER 弹簧夹头的刀柄（图 3-29a）通常简称为弹簧刀柄，而用于夹持 KM 弹簧夹头的刀柄（图 3-29b）通常简称为强力刀柄。

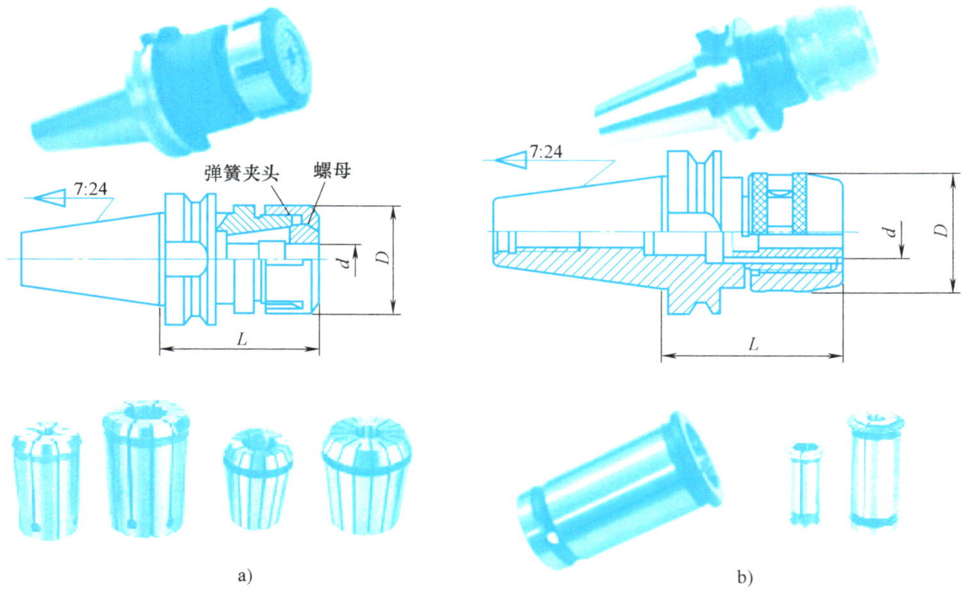

图 3-29 弹簧夹头及其相应刀柄

a）ER 弹簧夹头及刀柄 b）KM 弹簧夹头及刀柄

（4）拉钉　如图 3-30 所示，拉钉位于刀柄的尾部，用于主轴中拉紧刀柄。虽然各种系列刀柄的拉钉均已标准化，但由于各种系列刀柄的标准不同，造成各种系列刀柄的拉钉也各不相同，且相互间不能交换使用。

图 3-30　拉钉实物图

（5）中间模块　中间模块是刀柄和刀具之间的中间连接装置，通过中间模块的使用，提高了刀柄的通用性能。例如，镗刀、丝锥与莫氏钻头和刀柄的连接就经常使用中间模块，图 3-31 所示为部分中间模块的实物图。

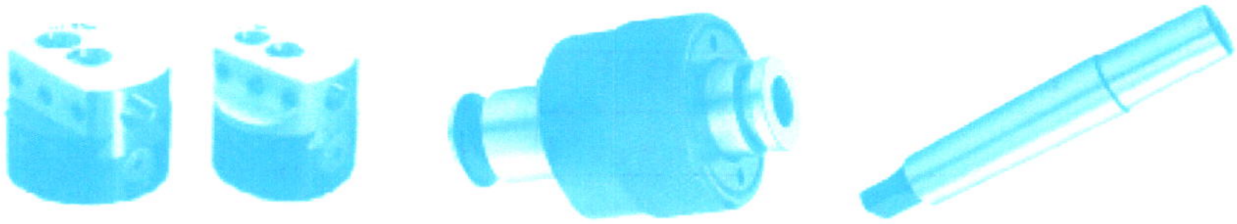

a)　b)　c)

图 3-31　中间模块

a）精镗刀中间模块　b）攻螺纹夹套　c）钻夹头接柄

任务实施

1. 加工准备

本任务选用的机床为 TK7650 型 SIEMENS 802D 系统数控铣床。选用直径为 ϕ12mm 的高速钢立铣刀进行加工，加工过程中的切削用量推荐值如下：切削速度 $n=800$r/min；进给速度取 $v_f=100$mm/min，背吃刀量取 $a_p=8$mm。

2. 设计加工路线

加工本任务工件时，采用子程序方式进行编程。外轮廓铣削时，由于总切深量较大，采用子程序分层切削的方式进行编程与加工，每次切深量为 8mm。对于相同的轮廓，同样采用子程序进行编程与加工，编程过程中采用增量坐标进行编程。局部基点坐标如图 3-32 所示。

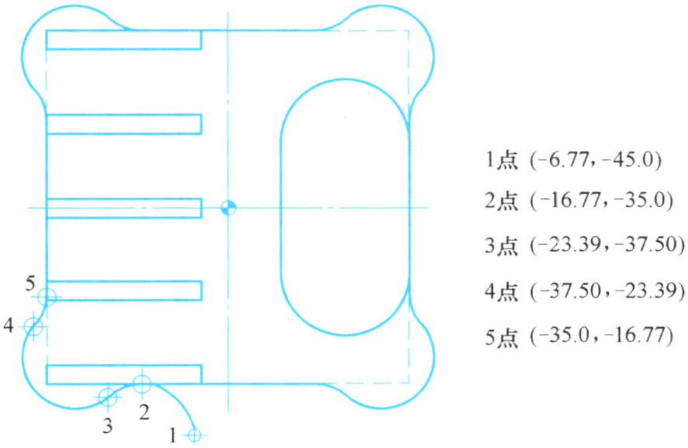

图 3-32　局部基点坐标

3. 编制加工程序

本任务工件的数控铣床加工程序

见表 3-5。

表 3-5 子程序加工实例参考程序

刀具	ϕ12mm 立铣刀	
程序段号	加工程序	程序说明
	AA33. MPF;	程序号
N10	G90 G94 G71 G40 G17 G54;	程序初始化
N20	G74 Z0;	Z 向回参考点
N30	T1D1 M03 S800;	主轴正转，切削液开
N40	G00 X-20. 0 Y-50. 0 Z20. 0 M08;	刀具快速定位
N50	G01 Z0 F100;	刀具移动到工件上表面
N60	BB431 P2;	调用子程序加工外形轮廓
N70	G00 Z5. 0;	刀具定位
N80	X-50. 0 Y-45. 0;	
N90	G01 Z-8. 0;	
N100	BB432 P5;	调用子程序加工 5 个相同轮廓
N110	G90 G00 Z5. 0;	刀具定位
N120	X50. 0 Y0;	
N130	G01 Z-8. 0;	
N140	BB433;	调用子程序加工右侧凸台
N150	G00 Z100. 0 M09;	程序结束部分
N160	M05;	
N170	M30;	
	BB431. SPF;	加工外形轮廓子程序
N10	G91 G01 Z-8. 1;	Z 向增量进给
N20	G90 G41 G01 X-6. 77 Y-45. 0;	建立刀具补偿
N30	G03 X-23. 39 Y-37. 50 CR=10. 0;	加工外形轮廓
N40	G02 X-37. 50 Y-23. 39 CR=10. 0;	
N50	G03 X-35. 0 Y-16. 77 CR=10. 0;	
N60	G01 Y16. 77;	
N70	G03 X-37. 50 Y23. 39 CR=10. 0;	
N80	G02 X-23. 39 Y37. 50 CR=10. 0;	
N90	G03 X-16. 77 Y35. 0 CR=10. 0;	
N100	G01 X16. 77;	
N110	G03 X23. 39 Y37. 50 CR=10. 0;	
N120	G02 X37. 50 Y23. 39 CR=10. 0;	
N130	G03 X35. 0 Y16. 77 CR=10. 0;	
N140	G01 Y-16. 77;	
N150	G03 X37. 50 Y-23. 39 CR=10. 0;	

（续）

刀具	ϕ12mm 立铣刀	
程序段号	加工程序	程序说明
N160	G02 X23.39 Y-37.50 CR=10.0;	加工外形轮廓
N170	G03 X16.77 Y-35.0 CR=10.0;	
N180	G01 X-16.77;	
N190	G40 G01 X-20.0 Y-50.0;	刀具补偿取消
N200	RET;	返回主程序
	BB432.SPF;	加工相同轮廓的子程序
N10	G91 G41 G01 X15.0;	增量方式编程
N20	Y4.0;	
N30	X30.0;	
N40	Y-4.0;	
N50	X-35.0;	
N60	G40 G01 X-10.0 Y-10.0;	
N70	Y16.5;	刀具定位至下一轮廓起始点
N80	RET;	返回主程序
	BB433.SPF;	右侧凸台加工子程序
N10	G41 G01 X35.0 Y15.0 D01;	延长线上建立刀具补偿
N20	Y-12.5;	加工圆凸台
N30	G02 X10.0 CR=12.5;	
N40	Y12.5;	
N50	G02 X35.0 CR=12.5;	
N60	G40 G01 X50.0 Y0;	取消刀具补偿
N70	RET;	返回主程序

任务评价

本任务的任务评价表见表 3-6。

表 3-6 子程序加工任务评价表

项目与权重	序号	技术要求	配分	评分标准	检测记录	得分
加工操作（70%）	1	$4_{-0.05}^{0}$mm	8	超差 0.01mm 扣 2 分		
	2	$30_{-0.05}^{0}$mm	8	超差 0.01mm 扣 2 分		
	3	$25_{-0.05}^{0}$mm	8	超差 0.01mm 扣 2 分		
	4	$50_{-0.05}^{0}$mm	8	超差 0.01mm 扣 2 分		
	5	$70_{-0.05}^{0}$mm	8×2	超差 0.01mm 扣 2 分		
	6	圆弧正确	2	超差 0.01mm 扣 1 分		
	7	*Ra*3.2μm	8	每错一处扣 2 分		
	8	圆弧连接光滑过渡	4	每错一处扣 2 分		
	9	一般尺寸	8	每错一处扣 2 分		

（续）

项目与权重	序号	技 术 要 求	配分	评 分 标 准	检测记录	得分
程序与加工工艺（20%）	10	程序格式规范、正确	10	不规范扣 2 分/处		
	11	刀具参数选择正确	5	不规范扣 2 分/处		
	12	加工工艺合理	5	不合理扣 2 分/处		
机床操作（10%）	13	对刀操作正确	5	不规范扣 2 分/次		
	14	机床操作不出错	5	不规范扣 2 分/次		
安全文明生产	15	安全操作	倒扣	出错倒扣 5~20 分		
	16	机床维护与保养				

知识拓展

加工中心的刀库

在加工中心上使用的刀库主要有两种，一种是图 3-33 所示的盘式刀库，另一种是图 3-34 所示的链式刀库。

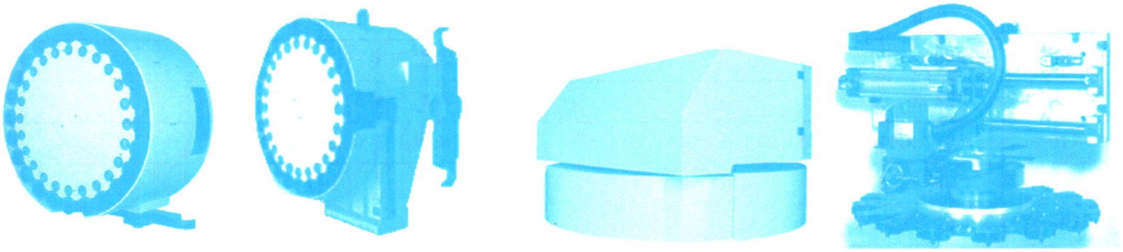

a)　　b)

图 3-33　盘式刀库

a）圆盘式刀库　b）斗笠式圆盘刀库

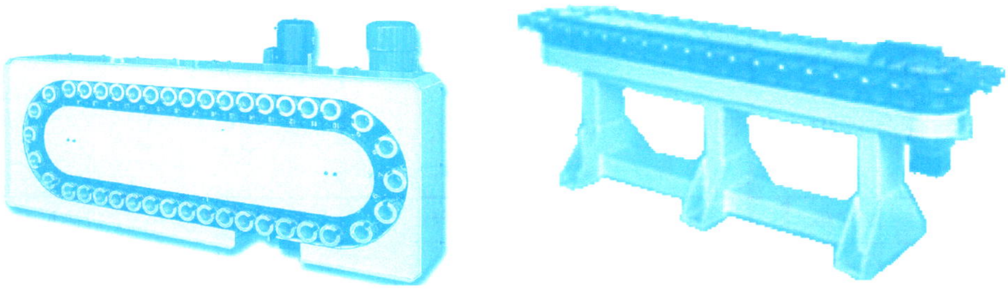

图 3-34　链式刀库

盘式刀库的装刀容量相对较小，一般可存放 1~24 把刀具，主要适用于小型加工中心；链式刀库装刀容量大，一般可存放 1~100 把刀具，主要适用于大、中型加工中心。

精加工余量的选择

精加工余量是指精加工过程中所切去的金属层厚度。通常情况下，精加工余量由精加工一次切削完成。

确定精加工余量的方法主要有经验估算法、查表修正法和分析计算法三种方式。对于单件加工的零件，通常采用经验估算法或查表修正法来确定精加工余量。采用这两种方法确定的精加工余量的推荐值见表 3-7，其中轮廓指单边余量，孔指双边余量。

表 3-7　精加工余量的推荐值　（单位：mm）

加工方法	刀具材料	精加工余量	加工方法	刀具材料	精加工余量
轮廓铣削	高速钢	0.2～1	铰孔	高速钢	0.1～0.2
	硬质合金	0.3～2		硬质合金	0.2～0.4
扩孔	高速钢	0.5～1	镗孔	高速钢	0.1～0.5
	硬质合金	1～2		硬质合金	0.3～1.0

说明：选择精加工余量时，应注意以下几个问题。

1）余量最小原则，在保证加工精度和加工质量的前提下，余量越小越好。较小的加工余量可缩短加工时间、减少材料消耗及降低加工成本。

2）余量充分原则，防止因余量不足而造成加工废品的产生。

3）余量中应包含热处理引起的变形。

4）大零件取大余量。零件越大，切削力及内应力引起的加工变形就越大。

任务四　轮廓铣削综合实例

知识目标

- 掌握加工中心自动换刀指令。
- 了解内、外轮廓的常用测量用量具。
- 掌握零件加工精度和加工表面质量下降的原因。

技能目标

- 掌握综合轮廓的数控编程与加工方法。
- 掌握自动换刀的编程与操作方法。

素养目标

- 具备分析和解决实训过程中突发事件的能力。
- 具有质量掌控的意识。

任务描述

加工图 3-35 所示工件，毛坯为 80mm×80mm×18mm 的硬铝，试编写其数控铣床加工程序并进行加工。

知识链接

1. 加工中心的自动换刀指令

在零件的加工过程中，有时需要用到几种不同的刀具来加工同一种零件，这时，如果为

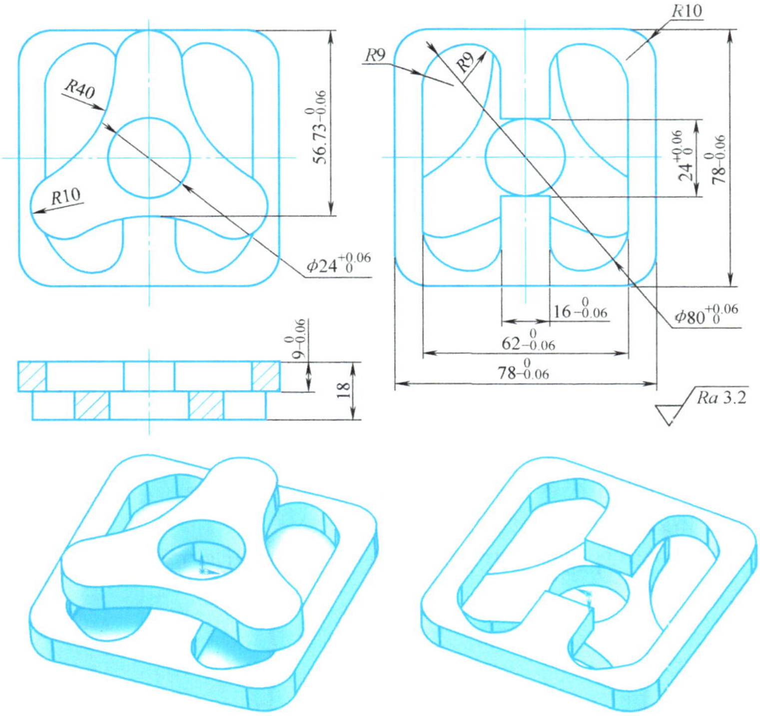

图 3-35 轮廓铣削综合实例

单件生产或较少批量（通常指少于 10 件）生产，则采用手动换刀较为合适；如果为批量较大的生产，则采用加工中心自动换刀的方式较为合适。对于换刀方式的选择，链式刀库和圆盘式刀库一般采用机械手换刀，而斗笠式圆盘刀库一般采用不带机械手的换刀方式。

自动换刀的刀具编号计数原理有两种，一种是以刀库上的编号（即固定地址选刀）来确定刀具编号，不带机械手的换刀装置通常采取这种编号方式。另一种是以刀柄编号来确定刀具编号，带机械手的换刀装置通常采取这种编号方式。换刀后，不管刀具位于刀库中的哪个位置，数控系统对刀柄编号的记忆是永久的，关机后再开机，刀库不用“回零”即可恢复关机前的状态。如果“回零”，则必须重新确定刀具的刀柄编号。

通常情况下，不同数控系统的加工中心，其换刀程序各不相同。但换刀的动作却基本相同，通常分为刀具的选择和刀具的交换两个基本动作。

（1）刀具的选择　刀具的选择是将刀库上某个刀位的刀具转到换刀的位置，为下次换刀做好准备。其指令格式为：

T __；

如：“T01；”“T13；”等。

刀具选择指令可在任意程序段内执行，有时，为了节省换刀时间，通常在加工过程中就同时执行 T 指令。如以下程序所示：

G01　X100.0　Y100.0　F100　T12；

执行该程序段时，主轴刀具在执行 G01 进给的同时，刀库中的刀具也转到换刀位置。

（2）刀具换刀前的准备

在执行换刀指令前，通常要做好以下几项换刀准备工作。

1）主轴回到换刀点。立式加工中心的换刀点在 *XY* 方向上是任意的。在 *Z* 方向上，由于刀库的 *Z* 向高度是固定的，所以其 *Z* 向换刀点位置也是固定的，该换刀点通常位于靠近 *Z* 向机床原点的位置。为了在换刀前接近该换刀点，通常采用以下指令来实现。

G75　Z0;　　　　　（返回 *Z* 向固定点）

G53　G00　Z0;　　（返回机床坐标系 *Z* 向原点）

2）主轴准停。在进行换刀前，必须实现主轴准停，以使主轴上的两个凸起对准刀柄的两个卡槽。SIEMENS 系统主轴准停通常通过 SPOS 指令来实现。具体指令格式如下：

SPOS=__;

如："SPOS=180;" 表示将主轴准停在 180°的位置。

3）切削液关闭。换刀前通常需用 M09 指令关闭切削液。

（3）刀具的交换　刀具的交换是指刀库中正位于换刀位置的刀具与主轴上的刀具进行自动换刀的过程。其指令格式为：

M06;　　（FANUC 系统刀具交换指令）

LL6;　　（SIEMENS 系统刀具交换指令）

M06 和 LL 6 指令中不仅包括了刀具交换的过程，还包含了刀具换刀前的所有准备动作，即返回换刀点、切削液关闭、主轴准停。

图 3-36　带机械手的换刀机构

（4）加工中心常用换刀程序　带机械手的换刀机构如图 3-36 所示，其换刀程序格式如下所示：

T××　L06;

该指令格式中，T 指令在前，表示选择刀具。L06 指令在后，表示通过机械手执行主轴中刀具与刀库中刀具的交换。

例……

G40　G01　X20.0　Y30.0;　　（*XY* 平面内取消刀具补偿）

G53　G00　Z0;　　　　　　　（刀具返回机床坐标系 *Z* 向原点）

T05　L06;　　　　　　　　　（选择 5 号刀具，主轴准停，切削液关，刀具交换）

M03　S600　G54;　　　　　　（开启主轴转速，选择工件坐标系）

……

在执行该程序时，刀具先在 *XY* 平面内取消刀具补偿；再执行返回 *Z* 向机床原点命令；主轴准停并 *Z* 向移动至换刀点；刀库转位寻刀，将 5 号刀转到换刀位置；执行 M06 指令进行换刀。换刀结束后，如需进行下一次加工，则需开启机床转速。

2. 轮廓加工表面质量与加工精度分析

轮廓铣削精度主要包括尺寸精度、几何精度及表面粗糙度值。轮廓铣削加工过程中产生精度降低的原因是多方面的，在实际加工过程中，造成尺寸精度降低的常见原因见表 3-8，造成几何精度降低的常见原因见表 3-9，造成表面粗糙度值增大的常见原因见表 3-10。

表 3-8 数控铣尺寸精度降低的常见原因

影响因素	序号	产生原因
装夹与找正	1	工件装夹不牢固，加工过程中产生松动与振动
	2	工件找正不正确
刀具	3	刀具尺寸不正确或产生磨损
	4	对刀不正确，工件的位置尺寸产生误差
	5	刀具刚性差，刀具加工过程中产生振动
加工	6	切削深度过大，导致刀具发生弹性变形，加工面呈锥形
	7	刀具补偿参数设置不正确
	8	精加工余量选择过大或过小
	9	切削用量选择不当，导致切削力、切削热过大，从而产生热变形和内应力
工艺系统	10	机床原理误差
	11	机床几何误差
	12	工件定位不正确或夹具与定位元件制造误差

表 3-9 数控铣削几何精度降低的常见原因

影响因素	序号	产生原因
装夹与找正	1	工件装夹不牢固，加工过程中产生松动与振动
	2	夹紧力过大，产生弹性变形，切削完成后变形恢复
	3	工件找正不正确，造成加工面与基准面不平行或不垂直
刀具	4	刀具刚性差，刀具加工过程中产生振动
	5	对刀不正确，产生位置精度误差
加工	6	切削深度过大，导致刀具发生弹性变形，加工面呈锥形
	7	切削用量选择不当，导致切削力过大，产生工件变形
工艺系统	8	夹具装夹、找正不正确（如本任务中钳口找正不正确）
	9	机床几何误差
	10	工件定位不正确或夹具与定位元件存在制造误差

表 3-10 表面粗糙度值增大的常见原因

影响因素	序号	产生原因
装夹与找正	1	工件装夹不牢固，加工过程中产生振动
刀具	2	刀具磨损后没有及时修磨
	3	刀具刚性差，加工过程中产生振动
	4	主偏角、副偏角及刀尖圆弧半径选择不当
加工	5	进给量选择过大，残留面积高度增高
	6	切削速度选择不合理，产生积屑瘤
	7	背吃刀量（精加工余量）选择过大或过小
	8	Z 向分层切深后没有进行精加工，留有接刀痕迹
	9	切削液选择不当或使用不当
	10	加工过程中刀具停顿
加工工艺	11	工件材料热处理不当或热处理工艺安排不合理
	12	采用不适当的进给路线，精加工采用逆铣

轮廓加工过程中，工艺系统所产生的精度降低可通过对机床和夹具的调整来解决。刀具、加工工艺及加工零件对加工精度的影响是由于操作者对刀具角度参数、切削用量、加工工艺等加工要素选择不当造成的。对于操作者来说，提高数控机床的操作技能和零件工艺分析能力是提高加工质量的关键。

任务实施

1. 加工准备

本任务选用的机床为 TK7650 型 SIEMENS 8020 系统数控铣床。选用直径为 ϕ16mm 的高速钢立铣刀进行加工，加工过程中的切削用量推荐值如下：主轴转速 $n=1500\text{r/min}$；进给速度取 $v_f=300\text{mm/min}$，背吃刀量取 $a_p=9\text{mm}$。

2. 设计加工路线

加工本任务工件时，外形轮廓采用延长线上切入与切出，内轮廓 Z 向采用螺旋线方式进刀，在加工 ϕ24mm 内孔时，直接加工成通孔，以备内型腔加工过程中的垂直进刀。加工过程中使用的局部基点坐标如图 3-37 所示。

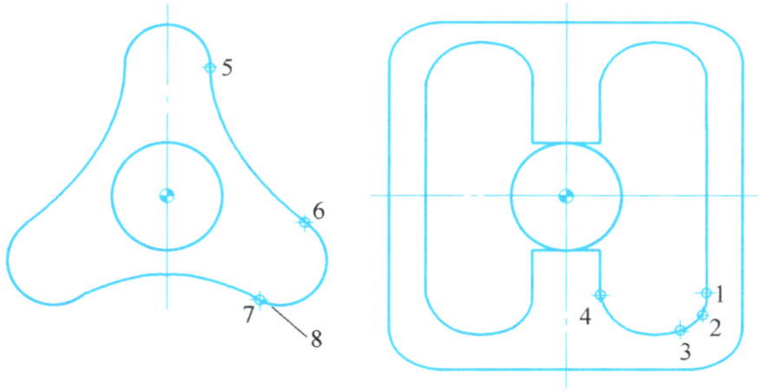

图 3-37　局部基点坐标

3. 编制加工程序

本任务工件的数控铣床加工程序见表 3-11。

表 3-11　内轮廓铣削实例参考程序

刀具	ϕ16mm 立铣刀加工正面轮廓	
程序段号	加工程序	程序说明
	AA34. MPF;	程序号
N10	G90　G94　G71　G40　G17　G54;	程序初始化
N20	G74　Z0;	Z 向回参考点
N30	T101　M03　S1500;	主轴正转
N40	G00　X0　Y0　Z20. 0　M08;	刀具快速定位，切削液开
N50	G01　Z0　F300;	刀具移动到工件上表面
N60	G41　G01　X12. 0　Y0;	建立刀具半径补偿
N70	G03　Z-8. 0　I-12. 0;	螺旋线下刀，加工中间 ϕ24mm 内孔
N80	G03　Z-16. 1　I-12. 0;	
N90	G03　I-12. 0;	
N100	G40　G01　X0　Y0;	取消刀具半径补偿
N110	G01　Z-8. 0;	刀具重新定位
N120	G41　G01　X15. 0　Y12. 0;	圆弧延长线上建立刀具半径补偿

（续）

刀具	ϕ16mm 立铣刀加工正面轮廓	
程序段号	加工程序	程序说明
N130	G01 X-8.0;	加工内型腔
N140	Y25.92;	
N150	G03 X-21.94 Y33.45 CR=9.0;	
N160	G03 X-28.39 Y28.18 CR=40.0;	
N170	G03 X-31.0 Y21.84 CR=9.0;	
N180	G01 Y-21.84;	
N190	G03 X-28.39 Y-28.18 CR=9.0;	
N200	G03 X-21.94 Y-33.45 CR=40.0;	
N210	G03 X-8.0 Y-25.92 CR=9.0;	
N220	G01 Y-12.0	
N230	X8.0;	
N240	Y-25.92;	
N250	G03 X21.94 Y-33.45 CR=9.0;	
N260	G03 X28.39 Y-28.18 CR=40.0;	
N270	G03 X31.0 Y-21.84 CR=9.0;	
N280	G01 Y21.84;	
N290	G03 X28.39 Y28.18 CR=9.0;	
N300	G03 X21.94 Y33.45 CR=40.0;	
N310	G03 X8.0 Y25.92 CR=9.0;	
N320	G01 Y-12.0;	
N330	G40 G01 X20.0 Y0;	取消刀具半径补偿
N340	G00 Z5.0;	刀具重新定位
N350	……	加工 78mm×78mm 外形轮廓，程序略
N360	G00 Z100.0 M09;	程序结束部分
N370	M05;	
N380	M02;	
刀具	ϕ16mm 立铣刀加工反面轮廓	
程序段号	加工程序	程序说明
	BB35.MPF;	程序号
N10	G90 G94 G71 G40 G17 G54;	程序初始化
N20	G74 Z0;	*Z* 向回参考点
N30	T1D1 M03 S1500;	主轴正转
N40	G00 X0 Y-50.0 Z20.0 M08;	刀具快速定位，切削液开
N50	G01 Z-8.0 F300;	刀具移动到工件上表面
N60	G41 G01 X30.0 Y-31.28;	建立刀具半径补偿

（续）

刀具	ϕ16mm 立铣刀加工反面轮廓	
程序段号	加工程序	程序说明
N70	G03　X-20.09　Y-23.15　CR=40.0；	加工外轮廓
N80	G02　X-30.09　Y-5.83　CR=10.0；	
N90	G03　X-10.0　Y28.97　CR=40.0；	
N100	G02　X10.0　CR=10.0；	
N110	G03　X30.09　Y-5.83　CR=40.0；	
N120	G02　X20.09　Y-23.15　CR=10.0；	
N130	G40　G01　X0　Y-50.0；	取消刀具半径补偿
N140	G00　Z100.0　M09；	程序结束部分
N150	M05；	
N160	M02；	

任务评价

本任务的任务评价表见表 3-12。

表 3-12　轮廓铣削综合实例任务评价表

项目与权重	序号	技术要求	配分	评分标准	检测记录	得分
加工操作（70%）	1	$\phi24^{+0.06}_{0}$mm	5	超差 0.01mm 扣 2 分		
	2	$\phi80^{+0.06}_{0}$mm	5	超差 0.01mm 扣 2 分		
	3	$56.73^{0}_{-0.06}$mm	5×3	超差 0.01mm 扣 2 分		
	4	$9^{0}_{-0.06}$mm	5	超差 0.01mm 扣 2 分		
	5	$62^{0}_{-0.06}$mm	5	超差 0.01mm 扣 2 分		
	6	$16^{0}_{-0.06}$mm	5	超差 0.01mm 扣 2 分		
	7	$78^{0}_{-0.06}$mm	5×2	超差 0.01mm 扣 2 分		
	8	$24^{+0.06}_{0}$mm	5	超差 0.01mm 扣 2 分		
	9	$Ra3.2\mu m$	5	每错一处扣 2 分		
	10	圆弧连接光滑过渡	5	每错一处扣 2 分		
	11	一般尺寸	5	每错一处扣 2 分		
程序与加工工艺（20%）	12	程序格式规范、正确	5	不规范扣 2 分/处		
	13	刀具参数选择正确	10	不规范扣 2 分/处		
	14	加工工艺合理	5	不合理扣 2 分/处		
机床操作（10%）	15	对刀操作正确	5	不规范扣 2 分/次		
	16	机床操作不出错	5	不规范扣 2 分/次		
安全文明生产	17	安全操作	倒扣	出错倒扣 5~20 分		
	18	机床维护与保养				

知识拓展

内、外轮廓测量用量具

外形轮廓类零件常用的测量量具主要有游标卡尺（图 3-38a）、千分尺（图 3-38b）、游标万能角度尺（图 3-38c）、直角尺（图 3-38d）、半径样板（图 3-38e）、百分表（图 3-38f）等。

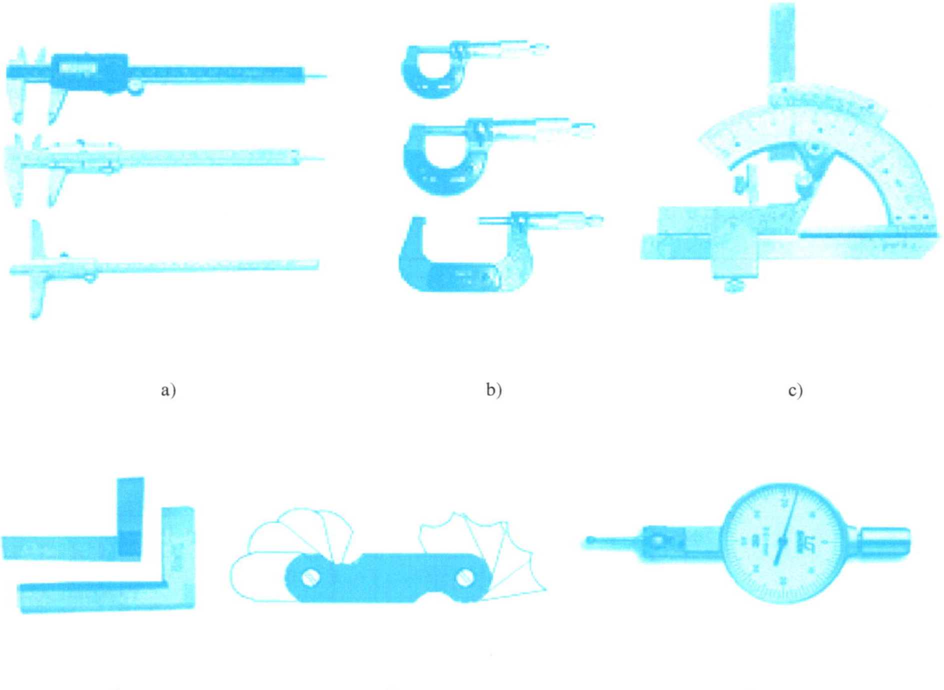

a) b) c)

d) e) f)

图 3-38 外形轮廓测量常用量具

游标卡尺测量工件时，对工人的技巧要求较高，测量时，卡尺夹持工件的松紧程度对测量结果影响较大。因此，其实际测量时的测量精度不是很高。游标卡尺的测量范围有 0~125mm、0~150mm、0~200mm、0~300mm 等多种。

千分尺的分度值通常为 0.01mm，测量灵敏度要比游标卡尺高，而且测量时也易控制其夹持工件的松紧程度。因此，千分尺主要用于较高精度的轮廓尺寸的测量。千分尺在 500mm 范围内每 25mm 一档，如 0~25mm、25~50mm 等。

游标万能角度尺和直角尺主要用于各种角度和垂直度的测量，通常采用透光检查法进行测量。游标万能角度尺的测量范围是 0°~320°。

半径样板主要用于各种圆弧的测量，采用透光检查法进行测量。常用的规格有 $R7$~$R14.5$mm、$R15$~$R25$mm 等，每隔 0.5mm 为一档。

百分表借助于磁性表座进行同轴度、跳动度、平行度等几何公差的测量。

刀口角尺主要用于平面度和垂直度的测量，采用透光检查法进行测量。

思考与练习

一、填空题

1. 数控铣床的刀具补偿功能分成____________和____________两种。

2. 面铣刀的刀位点指__________，球头铣刀的刀位点指____________。

3. 刀具半径补偿的过程分为三步，即__________、__________和__________。

4. 常用轮廓铣削刀具主要有________、________、________、________和________等。

5. 主程序用________或________表示主程序结束，而子程序则用________表示子程序结束。

6. "AA12　P2;"表示调用______次名为______的子程序，"L6030;"表示调用____次子程序名为____的子程序。

7. 机床夹具按其通用化程度可分为__________、____________、__________等几种类型。

8. 顺铣是指刀具的切削速度方向与工件的移动方向____，采用刀具半径左补偿方式加工内、外轮廓时，其切削方式为______。

9. 加工平面外轮廓时，一般选择从____方向切入，沿____方向切出。加工平面内轮廓，可____________来实现沿轮廓线的切向切入和切出。

10. 自动换刀动作主要包括________、换刀前的准备动作和__________几个部分。

11. 数控铣床、加工中心刀柄系统由三部分组成，即______、______和______。

12. "G04　X2.0;"表示______________。

二、是非题（判断正误并在括号内填 T 或 F）

1. 在建立刀具半径补偿时，程序段的起始位置最好与补偿方向在异侧。（　　）

2. 面铣刀的端面切削刃为主切削刃。（　　）

3. 直径较小的立铣刀一般做成直柄形式，直径较大的立铣刀刀柄一般做成莫氏锥柄形式。（　　）

4. 在精加工时，选用的切削液应以冷却作用为主。（　　）

5. 键槽铣刀重磨时，只需刃磨端面切削刃，因此重磨后铣刀直径不变。（　　）

6. 平口钳、分度头属于专用夹具。（　　）

7. ER 弹簧夹头的夹紧力较小，适用于切削力较小的场合；KM 弹簧夹头的夹紧力较大，适用于强力铣削。（　　）

8. 游标万能角度尺的测量范围是 0°~320°。（　　）

9. 采用半径样板测量圆弧半径时，采用透光检查法进行测量。（　　）

10. 在保证加工精度和加工质量的前提下，余量越小越好。（　　）

三、选择题（请在下列选项中选择一个正确答案并填在括号内）

1. 用 ϕ10mm 铣刀按零件实际轮廓编写加工外轮廓程序，利用刀具半径补偿方式保留 0.2mm 的精加工余量，则设置在该刀具半径补偿存储器中的值为（　　）。

A. 10.2　　B. 9.8　　C. 5.2　　D. 4.8

2. 在刀片或刀齿与刀体的安装方式中，（　　）是当前最常用的一种夹紧方式。

A. 整体焊接式　　B. 机夹焊接式　　C. 可转位式　　D. 嵌套式

3. 在数控机床精加工曲面时，应用最为广泛的刀具是（　　）。

A. 圆锥形立铣刀　　B. 圆柱形球头立铣刀

C. 圆锥形球头立铣刀　　D. 鼓形铣刀

4. 千分尺的分度值通常为（　　）。

A. 0.1mm　　B. 0.001mm　　C. 0.01mm　　D. 0.005mm

5. 铣床上用的分度头和各种台虎钳均为（　　）夹具。

A. 专用　　B. 通用　　C. 组合　　D. 以上都可以

6. 下列 G 指令中（　　）指令为非模态指令。

A. G01　　B. G02　　C. G43　　D. G74

7. 采用高速钢进行轮廓铣削时，单边精加工余量选择（　　）较为合适。

A. 0.2~0.4mm　　B. 0.4~0.8mm　　C. 0.1~0.2mm　　D. 0.3~0.6mm

8. 在进行凹槽切削时，图 3-39 所示加工方式中图（　　）最合理。

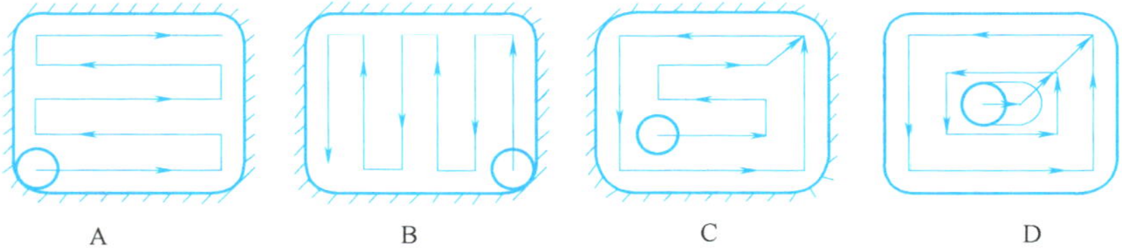

图 3-39　练习图一

9. G18 用以指定（　　）。

A. *XY* 平面　　B. *XZ* 平面　　C. *YZ* 平面　　D. *XYZ* 平面

10. 内轮廓精加工时，主轴正转，采用右刀补加工是（　　）铣。

A. 顺　　B. 逆

C. 由工件的进给方向确定顺、逆　　D. 不能确定顺、逆

四、简述与问答题

1. 轮廓加工过程中，影响零件加工尺寸精度的因素有哪些？

2. 轮廓加工过程中，影响零件加工表面粗糙度值的因素有哪些？

3. 简要说明加工内轮廓时的 *Z* 向进给方式及其特点。

五、操作题

1. 用 ϕ16mm 硬质合金立铣刀加工图 3-40 所示零件，试编写其数控铣床加工程序并进行加工。

2. 用 ϕ16mm 硬质合金立铣刀加工图 3-41 所示零件，试编写其数控铣床加工程序并进行加工。

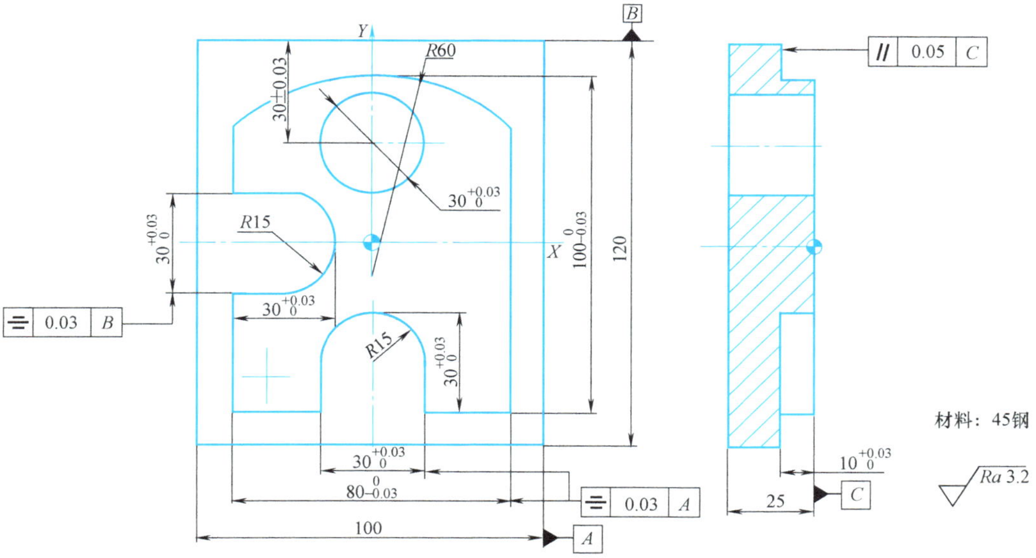

图 3-40　练习图二

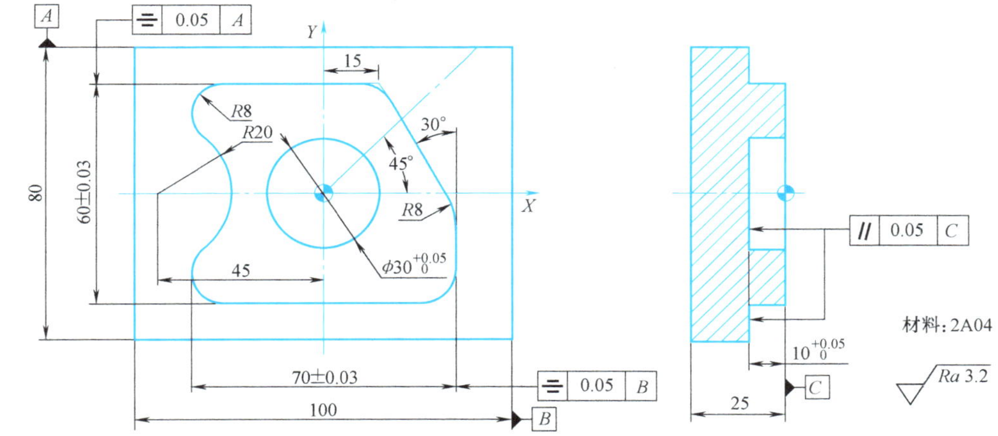

图 3-41　练习图三

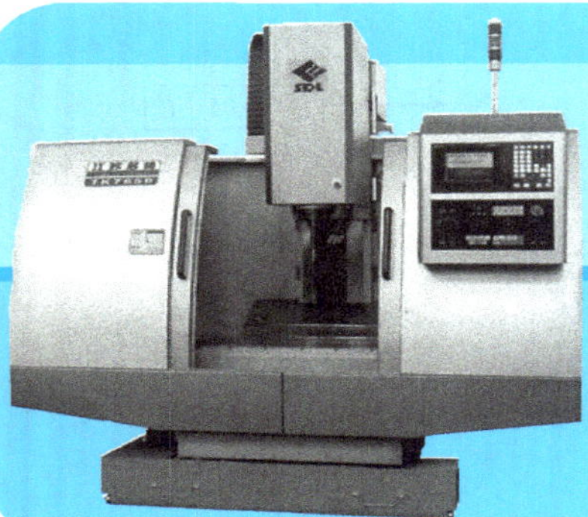

项目四

孔 加 工

任务一 钻孔、扩孔与锪孔

知识目标

- 掌握数控加工固定循环的基本概念与基本格式。
- 掌握钻孔与锪孔固定循环的指令格式。
- 掌握孔加工方法的选择。
- 掌握孔加工路线的确定方法。

技能目标

- 掌握孔加工的编程方法。
- 掌握数控铣床上钻孔、扩孔与锪孔的加工技能。

素养目标

- 具有自主学习的意识和能力。
- 具有质量掌控的意识。

任务描述

如图 4-1 所示工件，外形轮廓已铸造成形，试根据孔的加工要求选择合适的加工方法和加工刀具，编写孔加工的加工中心加工程序。

知识链接

1. 孔加工固定循环基本概念

在数控铣床与加工中心上进行孔加工时，通常采用系统配备的固定循环功能进行编程。通过对这些固定循环指令的使用，可以在一个程序段内完成某个孔加工的全部动作（孔加工进给、退刀、孔底暂停等），从而大大减少编程的工作量。SIEMENS 802D 系统加工中心的固定循环指令见表 4-1。

（1）孔加工固定循环动作　孔加工固定循环动作如图 4-2 所示，通常有 6 部分组成。

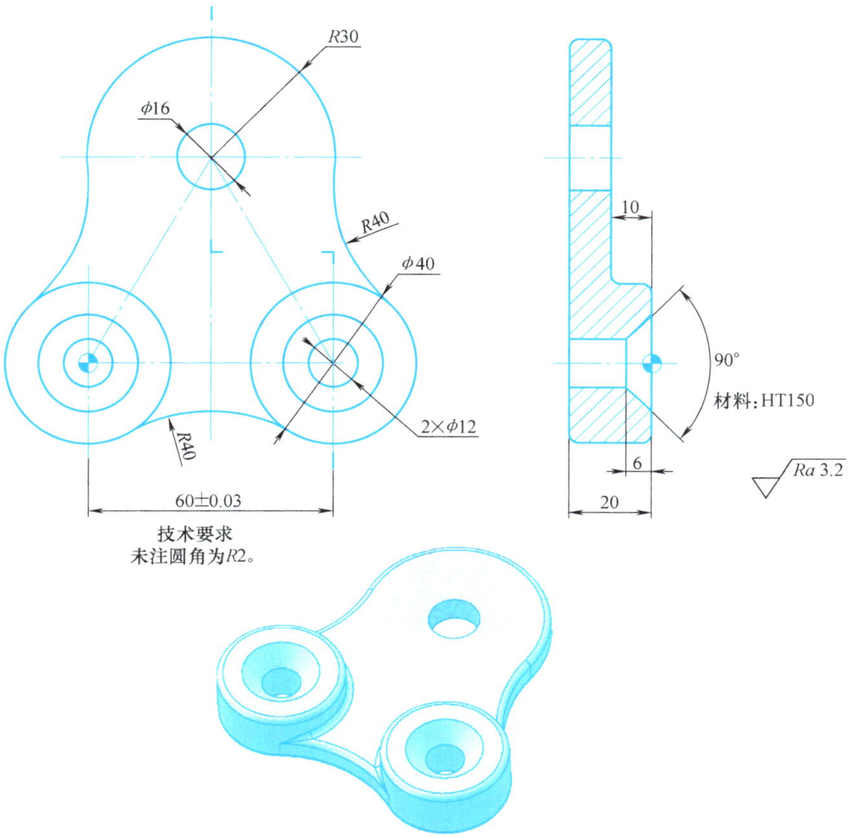

图 4-1 钻孔、扩孔、锪孔加工实例

1）动作 1（图 4-2 中 *AB* 段）：*XY*（G17）平面快速定位。

2）动作 2（*BC* 段）：*Z* 向快速进给到加工开始平面。

3）动作 3（*CZ* 段）：*Z* 轴切削进给，进行孔加工。

4）动作 4（*Z* 点）：孔底部的动作。

表 4-1 SIEMENS 802D 系统加工中心的固定循环指令

指令	加工动作（-*Z* 方向）	孔底部动作	退刀动作（+*Z* 方向）	用 途
CYCLE81	切削进给	—	快速进给	钻孔循环
CYCLE82	切削进给	暂停	快速进给	钻孔、锪孔循环
CYCLE83	间歇进给	—	快速进给	深孔加工循环
CYCLE84	攻螺纹进给	暂停、主轴反转	切削进给	刚性攻螺纹循环
CYCLE840	切削进给	暂停、主轴反转	切削进给	柔性攻螺纹循环
CYCLE85	切削进给	—	切削进给	镗孔循环
CYCLE86	切削进给	准停	快速进给	精镗孔循环
CYCLE87	切削进给	M00、M05	手动	镗孔循环
CYCLE88	切削进给	暂停、M00、M05	手动	镗孔循环
CYCLE89	切削进给	暂停	切削进给	镗孔循环

5）动作 5（*ZC* 段）：*Z* 轴退刀。

6）动作 6（*CB* 段）：*Z* 轴快速回到起始位置。

（2）固定循环的平面　固定循环的平面如图 4-3 所示，说明如下。

1）返回平面（RTP）。返回平面是为安全下刀而规定的一个平面。返回平面可以设定在任意一个安全高度上，当使用一把刀具加工多个孔时，刀具在返回平面内任意移动将不会与夹具、工件凸台等发生干涉。

2）加工开始平面（RFP+SDIS）。该平面类似于 FANUC 系统中的 *R* 参考平面，是刀具进刀时自快进转为工进的高度平面。该平面距工件表面的距离（安全距离 SDIS）主要考虑工件表面的尺寸变化，一般情况下取 2～5mm（图 4-3）。

3）参考平面（RFP）。参考平面是指孔深在 *Z* 轴方向工件表面的起始测量位置平面，该平面一般设在工件的上表面，参考平面等于加工开始平面减去安全距离。

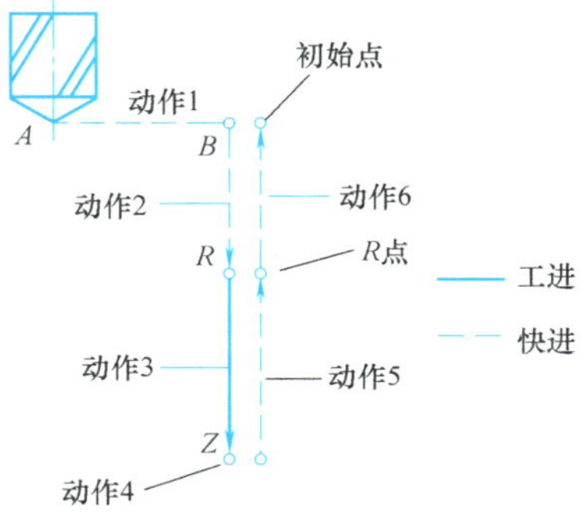

图 4-2　孔加工固定循环动作

孔加工固定循环动作

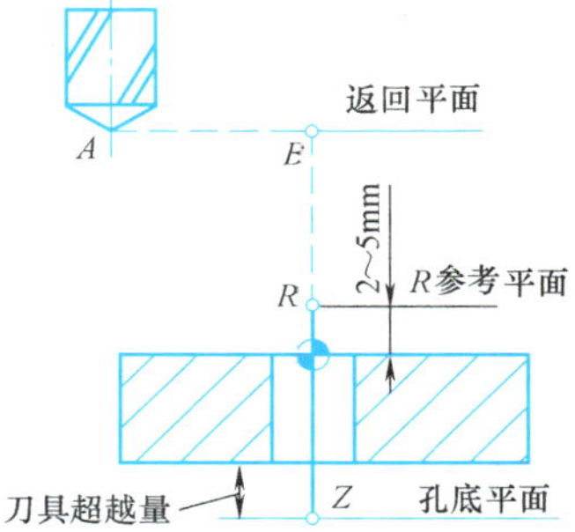

图 4-3　固定循环平面

固定循环平面

>> **注意**　SIEMENS 系统固定循环中的参考平面与 FANUC 系统固定循环中的 *R* 参考平面的区别。

4）孔底平面（DP 或 DPR）。加工不通孔时，孔底平面就是孔底的 *Z* 轴高度。而加工通孔时，除了要考虑孔底平面的位置外，还要考虑刀具的超越量（如图 4-3 中的 *Z* 点），以保证所有孔深都加工到尺寸。

（3）孔加工循环中参数的赋值

1）直接赋值。在编写孔加工固定循环时，参数直接用数字编写，如下：

例 1　CYCLE81（30.0，0，3.0，-30.0）；

　　　CYCLE81（30.0，0，3.0，，30.0）；

>> **提示**　固定循环中有些参数可以不书写，如上例中孔底平面的绝对值坐标，如果省略的参数并不位于最后，则虽然该值可省略，但该值处的“，”不能省略。

2）变量赋值。在编写孔加工固定循环时，先对变量赋值，然后在程序中直接调用变量。如下所示：

N10　RTP=30.0　RFP=0　SDIS=3.0　DP=-30.0　DPR=30.0；

……

N50　CYCLE81（RTP，RFP，SDIS，DP，DPR）；

3）通过系统信息提示编程。其操作过程如下。

① 在程序编辑页面，将光标置于需插入循环位置处，按下水平软键［钻削］，进入图 4-4 所示的选择钻削循环界面。

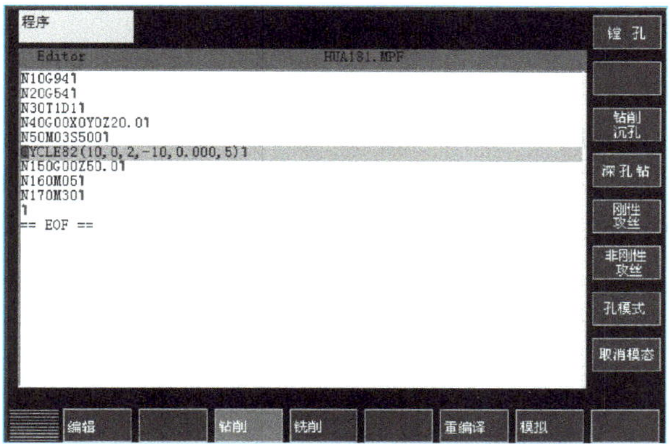

图 4-4　选择钻削循环界面

② 利用垂直软键选择相应的钻削循环。

③ 钻削循环选择完毕后，屏幕显示图 4-5 所示的循环参数填写界面，利用光标上下移动键和选择键来进行参数的填写与选择。

④ 还可以利用［模态调用］键、［中断］键、［确认］键、［取消模态］键进行相应的循环程序编辑。

⑤ 循环指令在程序中生成后，若需改变循环中的个别参数，可在当前状态直接改写，也可将光标移动到已生成的循环指令程序段，按下水平软键［重编译］，即可重新进入循环参数填写页面。

⑥ 参数修改完毕后，按下垂直软键［确认］，则系统会用新生成的循环指令替代原来的循环指令，并返回到程序编辑状态。

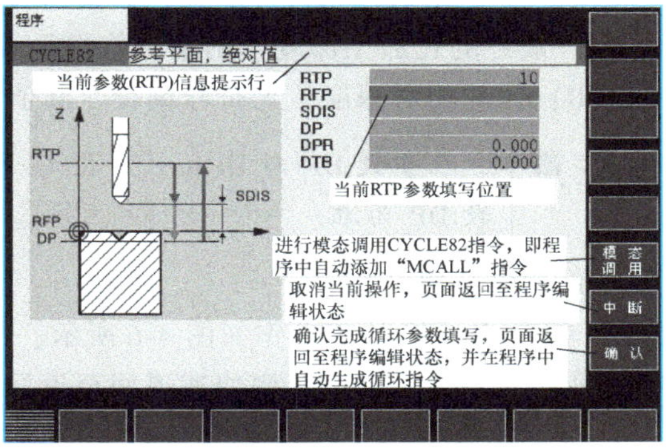

图 4-5　循环参数填写界面

（4）固定循环的调用

1）非模态调用。孔加工固定循环的非模态调用格式如下：

CYCLE81～89（RTP，RFP，SDIS，DP，DPR，…）；

例 2　N10　G00　X30　Y40；

　　　N20　CYCLE81（RTP，RFP，SDIS，DP，DPR）；　　（执行孔加工循环）

　　　N30　G00　X0　Y0；　　（执行定位）

采用这种格式时，该循环指令为非模态指令，只有在指定的程序段内才能执行循环动作。

2）模态调用。孔加工固定循环的模态调用格式如下：

MCALL　CYCLE81～89（RTP，RFP，SDIS，DP，DPR，…）；

MCALL；　　（取消模态调用）

例 3 N10 G00 X30 Y40；
N20 MCALL CYCLE81（RTP，RFP，SDIS，DP，DPR）；（执行孔加工循环）
N30 G00 X0 Y0；（执行定位及孔加工循环）
N40 MCALL；
N50 G00 X-30 Y-40；

采用这种格式后，只要不取消模态调用，则刀具每执行一次移动量，将执行一次固定循环调用，如上例中的 N30 程序段表示刀具移动到（0，0）位置后，将再执行一次固定循环，直至取消。

2. 钻孔循环 CYCLE81 与锪孔循环 CYCLE82

（1）指令格式

CYCLEG81（RTP，RFP，SDIS，DP，DPR）；

CYCLEG82（RTP，RFP，SDIS，DP，DPR，DTB）；

例 4 CYCLEG81（10.0，0，3.0，-30.0）；
CYCLEG82（10.0，0，3.0，30.0，2.0）；

RTP：返回平面，用绝对值进行编程。

RFP：参考平面，用绝对值进行编程。

SDIS：安全距离，无符号编程，其值为参考平面到加工开始平面的距离。

DP：最终的孔加工深度，用绝对值进行编程。

DPR：孔的相对深度，无符号编程，其值为最终孔加工深度与参考平面的距离。

注意 参数 DP 与 DPR 只用指定一个就可以，如果两个参数同时指定，则以参数 DP 为准。

（2）动作说明

1）CYCLE81 孔加工动作如图 4-6 所示，执行该循环时，刀具从加工开始平面切削进给执行到孔底，然后刀具从孔底快速退回至返回平面。

CYCLE81 指令动作图

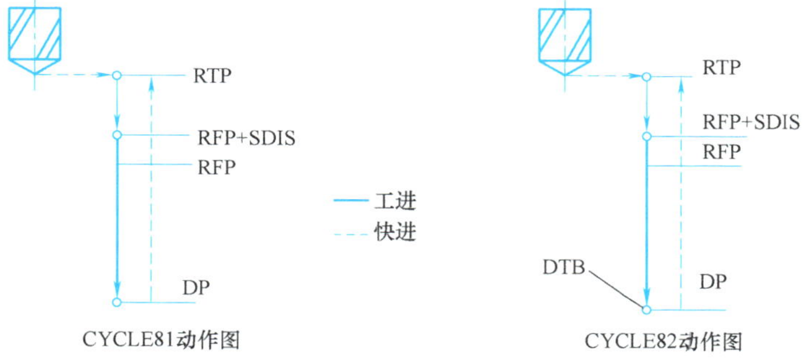

CYCLE82 指令动作图

图 4-6 CYCLE81 指令和 CYCLE82 指令动作图

2）CYCLE82 动作类似于 CYCLE81，只是在孔底增加了进给后的暂停动作，因此，在不通孔加工中提高了孔底的精度。该指令常用于锪孔或台阶孔的加工。

（3）编程实例

例 5　加工图 4-7 所示孔，试用 CYCLE81 和 CYCLE82 指令进行编程。

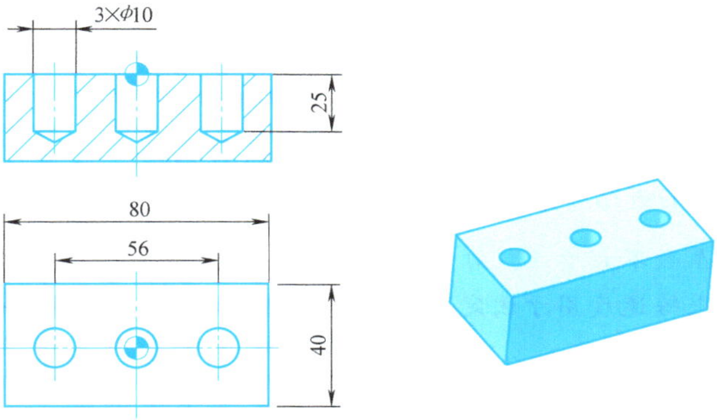

图 4-7　CYCLE81 和 CYCLE82 指令编程实例

```
AA401. MPF;
G90   G94   G40   G71   G54   F100;                (程序初始化)
G74   Z0;
T1D1;
G00   X-28   Y0;                                  (G17 平面快速定位)
      Z30   M08;                                  (Z 向定位至返回平面)
M03   S600;                                       (主轴正转，600r/min)
CYCLE81 (10.0, 0, 3.0, -27.887);                  (固定循环加工孔，注意孔深)
G00   X0   Y0;                                    (在返回平面快速定位)
CYCLE81 (10.0, 0, 3.0, -27.887);                  (加工第二个孔)
G00   X28   Y0;
CYCLE81 (10.0, 0, 3.0, -27.887);                  (加工第三个孔)
G74   Z0;
M05   M09;
M30;
```

上例工件如采用模态指令进行编程，则其局部加工程序如下：

```
……
MCALL   CYCLE81 (10.0, 0, 3.0, -27.887);          (固定循环模态调用)
G00   X-28   Y0;                                  (加工第一个孔)
      X0   Y0;                                    (加工第二个孔)
      X28   Y0;                                   (加工第三个孔)
MCALL;                                            (取消模态调用)
 ……
```

3. 深孔往复排屑钻削循环 CYCLE83

(1) 指令格式

CYCLE83 (RTP, RFP, SDIS, DP, DPR, FDEP, FDPR, DAM, DTB, DTS, FRF, VARI);

例 6　CYCLE83 (30, 0, 3, -30, , -5, 5, 2, 1, 1, 1, 0)

RTP，RFP，SDIS，DP，DPR，DTB 参数说明参照 CYCLE82。

FDEP：起始钻孔深度，用绝对值表示。

FDPR：相对于参考平面的起始孔深度，无符号。

DAM：相对于上次钻孔深度的 Z 向退回量，无符号。

DTS：起始点处用于排屑的停顿时间，VARI=1 时有效。

FRF：钻孔深度上的进给率系数。

提示 该系数不大于 1，由于在固定循环中没有指定进给速度，所以将前面程序中的进给速度用于固定循环，并通过该系数来调整进给速度的大小。

VARI：排屑与断屑类型的选择。

提示 VARI=0 为断屑，表示钻头在每次到达钻孔深度后返回 DAM 进行断屑；VARI =1 为排屑，表示钻头在每次到达钻孔深度后返回加工开始平面进行排屑。

（2）动作说明 CYCLE83 指令孔加工动作如图 4-8 所示，该循环指令通过 Z 轴方向的间歇进给来实现断屑与排屑的目的。刀具从加工开始平面 Z 向进给 FDPR 后暂停断屑，然后快速回退到加工开始平面；暂停排屑后再次快速进给到 Z 向距上次切削孔底平面 DAM 处，从该点处，快进变成工进，工进距离为（FDPR+DAM）。如此循环直到加工至孔深，刀具回退到返回平面完成孔的加工。此类孔加工方式多用于深孔加工。

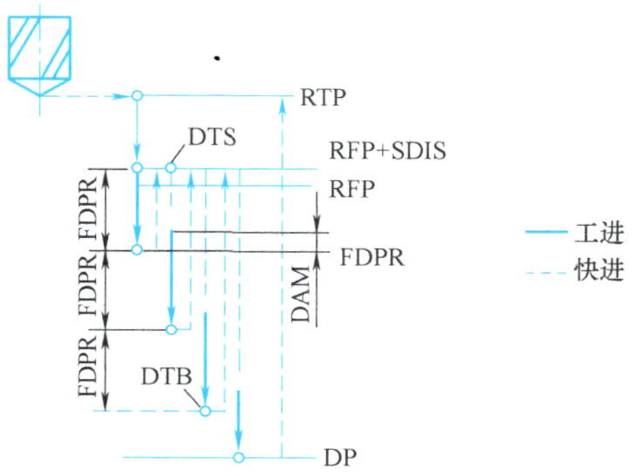

图 4-8 CYCLE83 指令动作图

CYCLE83 指令动作图

（3）编程实例

例 7 试用 CYCLE83 指令编写图 4-9 所示孔的加工程序。

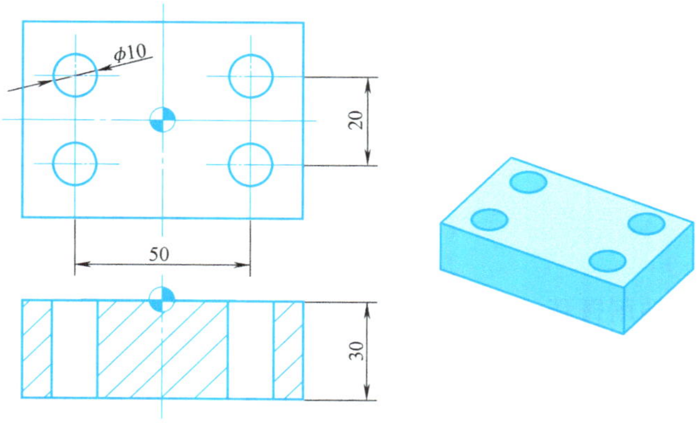

图 4-9 CYCLE83 指令编程实例

```
AA402. MPF;
G90  G94  G40  G71  G54  F100;          (程序初始化)
G74  Z0;
T1D1;
G00  X0  Y0;
     Z30  M08;                          (Z 向快速定位到初始平面)
M03  S600;
MCALL  CYCLE83 (10.0, 0, 3.0, -35.0,  , -5.0, 5.0, 2.0, 1.0, 1.0, 1.0, 0);
G00  X-25.0  Y-10.0;                    (加工第一个孔)
     X25.0;                             (加工第二个孔)
     Y10.0;                             (加工第三个孔)
     X-25.0;                            (加工第四个孔)
MCALL;                                  (取消模态循环)
G74  Z0;
M05  M09;
M02;
```

任务实施

1. 加工准备

本任务选用的机床为 TH7650 型 SIEMENS 802D 系统加工中心。选用的刀具如图 4-10 所

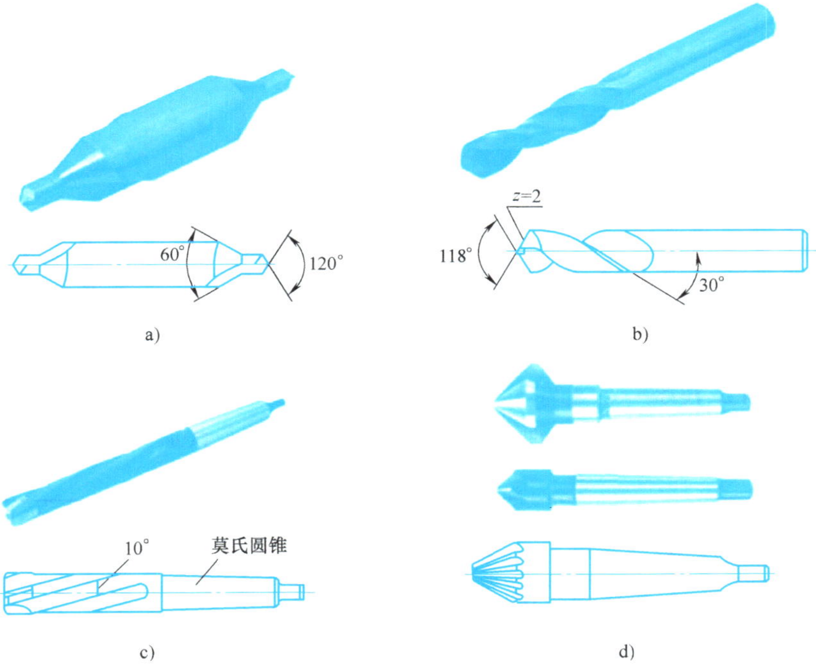

图 4-10　加工本任务工件选用的刀具

a）中心钻　b）标准麻花钻　c）扩孔钻　d）锪孔钻

示，主要有中心钻、标准麻花钻、扩孔钻和锪孔钻。对于这些刀具，加工中使用的切削用量见表 4-2。

表 4-2 刀具规格及其切削用量

加工内容	刀具规格	刀具材料	切削速度/(r/min)	进给量(速度)/(mm/min)	背吃刀量/mm
中心钻定位	A2.5 中心钻	高速钢	2000	30~50	$D/2$
钻三个孔	ϕ12mm 钻头	高速钢	800	50~100	$D/2$
扩孔	ϕ16mm 扩孔钻	高速钢	600	100~200	$(D_2-D_1)/2$
锪孔	锥柄锪钻	高速钢	300	50~100	

注：表中的 D 指刀具（钻头）直径。D_2 指扩孔直径，D_1 指钻孔（扩孔前的底孔）直径。

2. 确定加工方案

本任务工件孔加工的加工次序如图 4-11 所示。

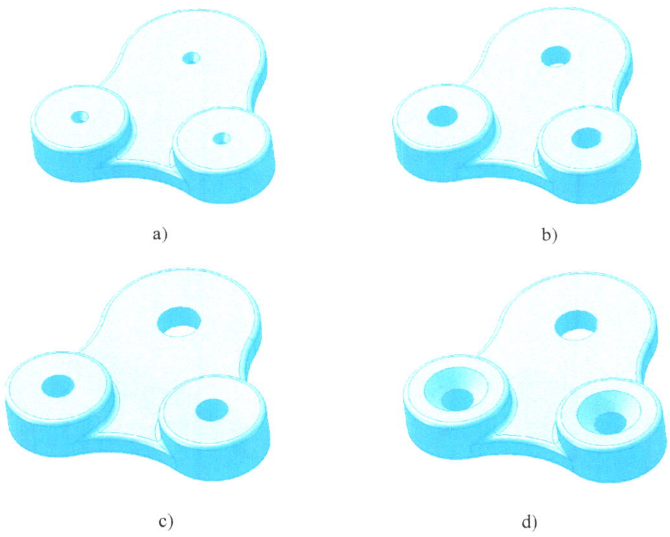

图 4-11 本任务工件孔加工的加工次序

a）中心钻定位 b）钻 ϕ12mm 孔 c）扩 ϕ16mm 孔 d）锪孔

3. 编制数控加工程序

本任务选择工件右下凸台上表面中心作为工件编程原点。其加工程序见表 4-3。

表 4-3 参考程序

程序段号	加工程序	程序说明
	AA422. MPF;	程序号
N10	G90 G94 G71 G17 G54;	程序开始部分
N20	G74 Z0;	
N30	T01 M06;	换中心钻
N40	T1D1;	

（续）

程序段号	加 工 程 序	程 序 说 明
N50	G00　Z30.0　M08；	刀具定位至初始平面
N60	S2000　M03；	采用较高的转速
N70	MCALL　CYCLE81(10.0,0,3.0,-7.5)；	中心孔定位
N80	G00　X0　Y0；	
N90	X60.0；	
N100	X30.0　Y51.96；	
N110	MCALL；	取消固定循环
N120	M09　M05；	
N130	G74　Z0；	换 ϕ12mm 钻头
N140	T02　M06；	
N150	T2D1；	
N160	G00　Z30.0　M08；	刀具定位，换转速
N170	S800　M03；	
N180	MCALL　CYCLE81(10.0,0,3.0,-25.0)；	钻孔加工三个孔
N190	G00　X0　Y0；	
N200	X60.0；	
N210	X30.0　Y51.96；	
N220	MCALL；	取消固定循环
N230	M09　M05；	换 ϕ16mm 扩孔钻
N240	G74　Z0；	
N250	T03　M06；	
N260	T3D1；	
N270	G00　X30.0　Y51.96　Z30.0　M08；	刀具定位，换转速
N280	S600　M03；	
N290	CYCLE81(10.0,0,3.0,-25.0)；	扩孔加工
N300	M09　M05；	取消固定循环
N310	G74　Z0；	换锪孔钻
N320	T04　M06；	
N330	T4D1；	
N340	G00　Z30.0　M08；	刀具定位，换转速
N350	S300　M03；	
N360	MCALL　CYCLEG82(10.0,0,3.0,-10.0,　,1.0)；	锪孔加工锥孔，在孔底暂停 1s
N370	G00　X0　Y0；	
N380	X60.0；	
N390	MCALL；	取消固定循环
N400	M09　M05；	程序结束
N410	G74　Z0；	
N420	M30；	

注：批量生产该零件时，采用自动换刀方式编程与加工；单件生产该零件时，则采用手动换刀方式编程与加工。

任务评价

本任务的任务评价表见表 4-4。

表 4-4 钻孔、扩孔、锪孔任务评价表

项目与权重	序号	技术要求	配分	评分标准	检测记录	得分
加工操作（40%）	1	尺寸精度	10	不合格扣 2 分/处		
	2	表面粗糙度值	10	不合格扣 2 分/处		
	3	形状精度	10	不合格扣 2 分/处		
	4	位置精度	10	不规范扣 2 分/处		
程序与加工工艺（30%）	5	固定循环格式规范	10	不规范扣 2 分/处		
	6	程序正确	10	不正确扣 2 分/处		
	7	加工路线合理	10	不合理扣 2 分/处		
机床操作（15%）	8	对刀正确	5	出错扣 2 分/次		
	9	机床操作规范	5	不规范全扣		
	10	刀具选择正确	5	不合理全扣		
安全文明生产（15%）	11	安全操作	10	不规范全扣		
	12	机床整理	5	不规范全扣		

知识拓展

1. 孔加工方法的选择

（1）孔加工方法的选用原则　孔加工方法的选择原则是保证加工表面的加工精度和表面质量要求。由于获得同一级精度及表面粗糙度值的加工方法有多种，因而在实际选择时，要结合零件的形状、尺寸、批量、毛坯材料及毛坯热处理等情况合理选用。此外，还应考虑生产率和经济性的要求，以及工厂的生产设备等实际情况。常用加工方法的经济加工精度及表面粗糙度值可查阅相关工艺手册。

（2）孔加工方法的选择　在数控铣床及加工中心上，常用于加工孔的方法有钻孔、扩孔、铰孔、粗/精镗孔及攻螺纹等。通常情况下，在数控铣床及加工中心上能较方便地加工出公差等级 IT9～IT7 的孔，对于这些孔的推荐加工方法见表 4-5。

表 4-5 孔的加工方法推荐选择表

孔的公差等级	有无预孔	孔尺寸/mm				
		0～12	12～20	20～30	30～60	60～80
IT9～IT11	无	钻—铰	钻—扩		钻—扩—镗（或铰）	
	有	粗扩—精扩；或粗镗—精镗（余量少可一次性扩孔或镗孔）				
IT8	无	钻—扩—铰	钻—扩—精镗（或铰）		钻—扩—粗镗—精镗	
	有	粗镗—半精镗—精镗（或精铰）				
IT7	无	钻—粗铰—精铰	钻—扩—粗铰—精铰；或钻—扩—粗镗—半精镗—精镗			
	有	粗镗—半精镗—精镗（如仍达不到精度还可进一步采用精细镗）				

说明如下：

① 在加工直径小于 30mm 且没有预孔的毛坯孔时，为了保证钻孔加工的定位精度，可选择在钻孔前先将孔口端面铣平或采用钻中心孔的加工方法。

② 对于表中的扩孔及粗镗加工，也可采用立铣刀铣孔的加工方法。

③ 在加工螺纹孔时，先加工出螺纹底孔，对于直径在 M6 以下的螺纹，通常不在加工中心上加工；对于直径为 M6～M20 的螺纹，通常采用攻螺纹的加工方法；而对于直径在 M20 以上的螺纹，可采用螺纹镗刀镗削加工。

2. 孔加工路线的选择

（1）孔加工导入量　孔加工导入量（图 4-12 中 ΔZ）是指在孔加工过程中，刀具自快进转为工进时，刀尖点位置与孔上表面之间的距离。

孔加工导入量的具体值由工件表面的尺寸变化量确定，一般情况下取 2～10mm。当孔上表面为已加工表面时，导入量取较小值（2～5mm）。

（2）孔加工超越量

1）加工不通孔时，超越量（图 4-12 中 $\Delta Z'$）大于或等于钻尖高度 $Z_p=(D/2)\cos\alpha\approx0.3D$。

2）通孔镗孔时，刀具超越量取 1～3mm。

3）通孔铰孔时，刀具超越量取 3～5mm。

4）钻孔加工通孔时，超越量等于 $Z_p+(1\sim3)$ mm。

（3）相互位置精度高的孔系的加工路线　对于位置精度要求较高的孔系加工，特别要注意孔的加工顺序的安排，避免将坐标轴的反向间隙带入，影响位置精度。

如图 4-13 所示孔系加工路线，如按 A→1→2→3→4→5→6→P 安排加工进给路线时，在加工 5、6 孔时，X 方向的反向间隙会使定位误差增加，而影响 5、6 孔与其他孔的位置精度。而采用 A→1→2→3→P→6→5→4 的走刀路线时，可避免反向间隙的引入，以提高 5、6 孔与其他孔的位置精度。

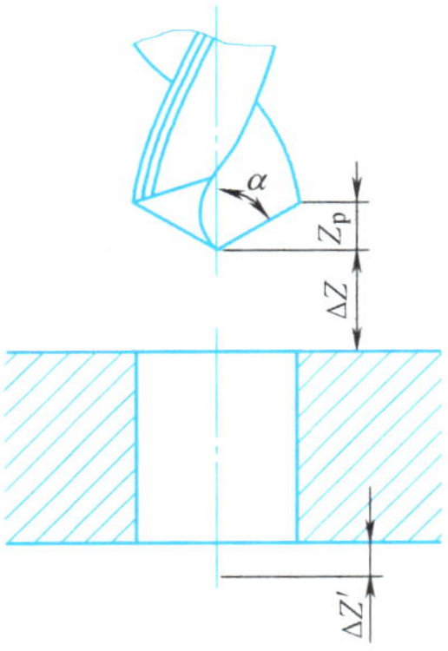

图 4-12　孔加工导入量与超越量

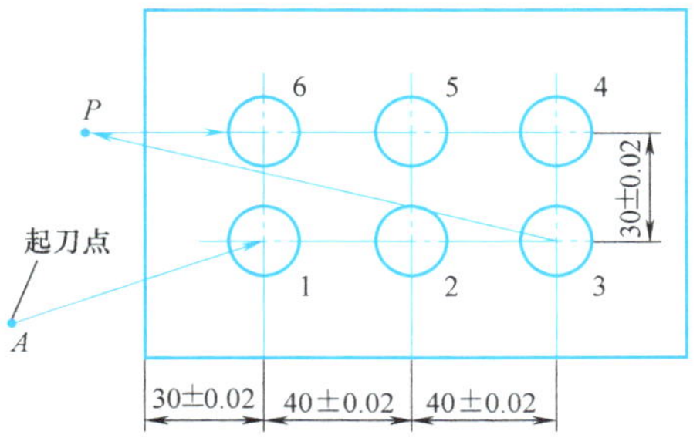

图 4-13　孔系加工路线

孔系加工路线 1

孔系加工路线 2

任务二　铰孔

知识目标

- 掌握铰孔指令。
- 了解镗孔加工指令。
- 了解产生孔加工误差的原因。
- 掌握孔的测量方法。

技能目标

- 掌握铰孔的编程方法。
- 掌握铰孔加工的操作方法。
- 了解镗孔加工的操作方法。

素养目标

- 具有团队意识。
- 具有质量掌控的意识。

任务描述

如图 4-14 所示工件，外形轮廓及上下表面已加工成形，试编写孔加工的数控铣床加工程序。

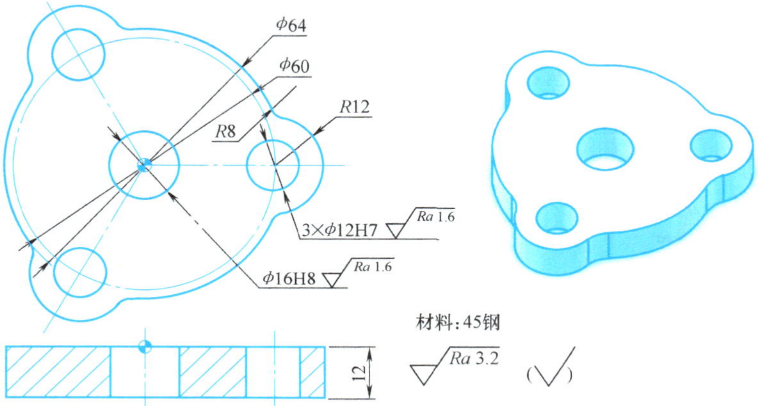

图 4-14 铰孔加工实例

知识链接

1. 铰孔循环（CYCLE85）

（1）指令格式

CYCLE85（RTP，RFP，SDIS，DP，DPR，DTB，FFR，RFF）；

例 1　CYCLE85（10，0，2，-30，，0，100，200）；

RTP、RFP、SDIS、DP，DPR、DTB 的设置与 CYCLE82 指令中的一样。

FFR：刀具切削进给时的进给速率。

RFF：刀具从最后加工深度退回加工开始平面时的进给速率。

（2）动作说明　该循环的孔加工动作如图 4-15 所示。当执行 CYCLE85 指令循环时，刀具以切削进给方式加工到孔底，然后以切削进给方式返回到加工开始平面，再以快速

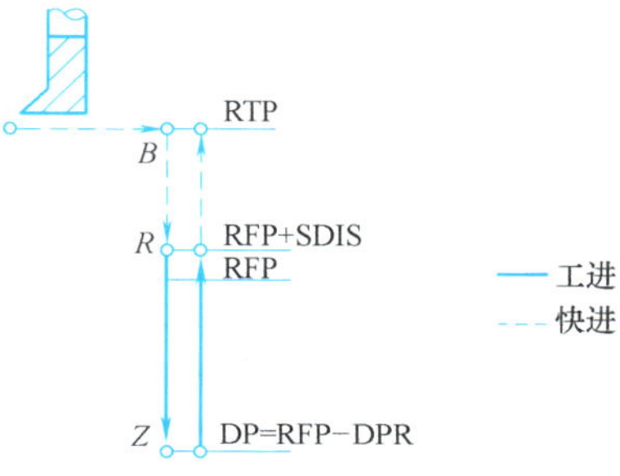

图 4-15 CYCLE85 指令动作图

CYCLE85 指令动作图

进给方式回到返回平面。因此该指令除可用于较精密的镗孔外，还可用于铰孔、扩孔的加工。

CYCLE89 指令动作与 CYCLE85 指令动作基本类似，不同的是 CYCLE89 指令动作在孔底增加了暂停，因此该指令常用于阶梯孔的加工。

（3）编程实例

例 2　精加工图 4-16 所示零件中的两个 ϕ8H7 孔（加工前底孔直径已加工至 ϕ7.8mm），试编写该零件的数控铣床加工程序。

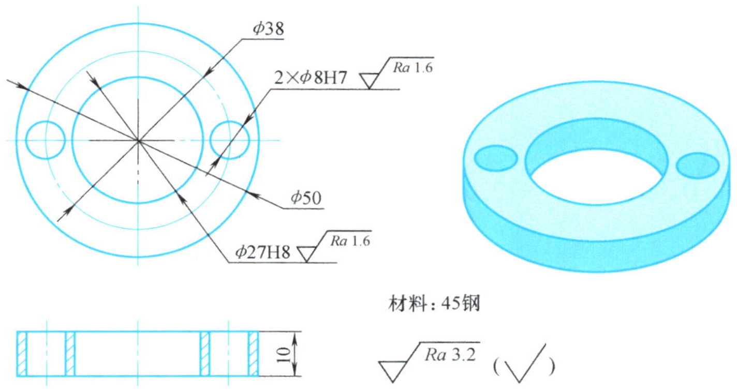

图 4-16　铰孔编程示例

```
AA404. MPF;
G90  G94  G40  G71  G54  F100;        （程序初始化）
G74  Z0;
T1D1;
G00  X-19.0  Y0;
Z30  M08;
M03  S200;
CYCLE85（30.0，0，5.0，-15.0，  ，0，100，200）;
G00  X19.0  Y0;
CYCLE85（30.0，0，5.0，-15.0，  ，0，100，200）;
G74  Z0;
M05  M09;
M02;
```

注：铰孔加工时，取较小的转速。

2. 粗镗孔循环（CYCLE89）

粗镗孔指令除了使用 CYCLE85 指令外，通常还使用 CYCLE89 指令，其指令格式与铰孔固定循环 CYCLE85 的指令格式相类似。

（1）指令格式

CYCLE89（RTP，RFP，SDIS，DP，DPR，DTB）;

例 3 CYCLE89（10，0，2，-30，，2）；

RTP、RFP、SDIS、DP、DPR、DTB 的设置与 CYCLE82 指令中的一样。

（2）动作说明 该循环的孔加工动作如图 4-17 所示。CYCLE89 指令动作与 CYCLE85 指令动作基本类似，不同的是 CYCLE89 指令动作在孔底增加了暂停，因此该指令常用于阶梯孔的加工。

（3）编程实例 试用粗镗孔指令编写图 4-16 所示 ϕ27mm 孔的数控铣床加工程序。

```
AA405. MPF;
……
G00  X0  Y0;
CYCLE89（30.0, 0, 5.0, -12.0, , 1,）;
……
```

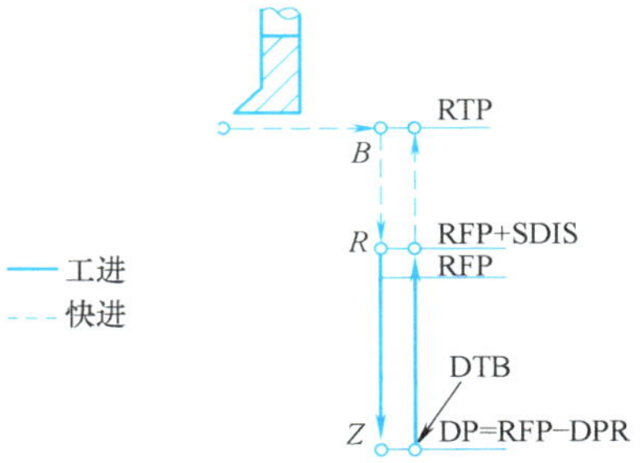

图 4-17 粗镗孔指令 CYCLE89 动作图

任务实施

1. 加工准备

本任务选用的机床为 TH7650 型 SIEMENS 802D 系统加工中心。所选用的精加工刀具如图 4-18 所示，这些刀具在加工中使用的切削用量见表 4-6。

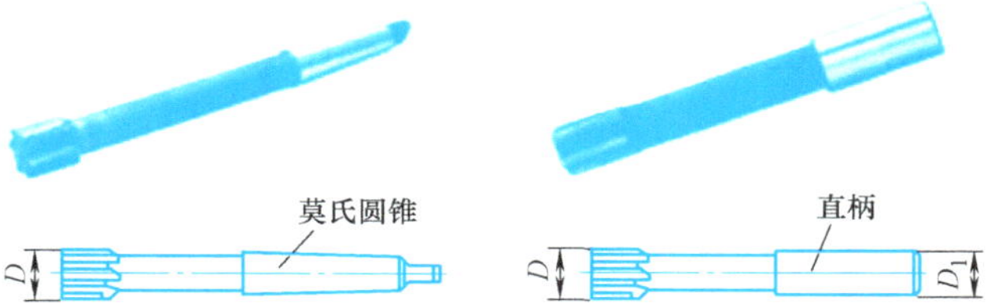

图 4-18 切削用刀具

表 4-6 切削用量推荐值

加工内容	刀具规格	刀具材料	切削速度 /(r/min)	进给量(速度) /(mm/min)	背吃刀量 /mm
中心钻定位	A2.5 中心钻	高速钢	2000	30~50	$D/2$
钻 4 个孔	ϕ11.8mm 钻头	高速钢	600	50~100	$D/2$
铰 3 个孔	ϕ12mm 铰刀	高速钢	200	50~100	0.1
扩孔	ϕ15.8mm 钻头	高速钢	500	50~100	2
铰孔	ϕ16mm 铰刀	高速钢	200	50~100	0.1

2. 编制数控加工程序

本任务工件以轮廓中心为编程原点，铰孔加工的加工程序见表 4-7。

表 4-7 参考程序

程序段号	加 工 程 序	程 序 说 明
	AA420. MPF;	程序号
N10	G90 G94 G71 G17 G54;	程序开始部分
N20	G74 Z0;	
N30	T01 M06;	换中心钻
N40	T1D1;	
N50	G00 Z30. 0 M08;	刀具定位至初始平面
N60	S2000 M03;	采用较高的转速
N70	MCALL CYCLE81(10. 0,0,3. 0,-5. 0);	中心孔定位
N80	G00 X0 Y0;	
N90	X30. 0;	
N100	X-15. 0 Y25. 98;	
N110	Y-25. 98;	
N120	MCALL;	取消固定循环
N130	M09 M05;	换 ϕ11. 8mm 钻头
N140	G74 Z0;	
N150	T02 M06;	
N160	T2D1;	
N170	G00 Z30. 0 M08;	刀具定位,换转速
N180	S600 M03;	
N190	MCALL CYCLE81(10. 0,0,3. 0,-18. 0);	钻加工 4 个孔
N200	G00 X0 Y0;	
N210	X30. 0;	
N220	X-15. 0 Y25. 98;	
N230	Y-25. 98;	
N240	MCALL;	取消固定循环
N250	M09 M05;	
N260	G74 Z0;	换 ϕ12mm 铰刀
N270	T03 M06;	
N280	T3D1;	
N290	G90 G43 G00 Z30. 0 H03;	刀具定位,换转速
N300	S200 M03 M08;	
N310	MCALL CYCLE85(30. 0,0,5. 0,-15. 0, ,0,100,200);	铰孔
N320	G00 X30. 0 Y0;	
N330	X-15. 0 Y25. 98;	
N340	Y-25. 98;	

（续）

程序段号	加 工 程 序	程 序 说 明
N350	MCALL；	取消固定循环
N360	M09　M05；	
N370	G74　Z0；	换 ϕ15.8mm 钻头
N380	T04　M06；	
N390	T4D1；	
N400	G00　X0　Y0　Z30.0　M08；	扩孔
N410	S500　M03；	
N420	CYCLE81(10.0,0,3.0,-18.0)；	
N430	M09　M05；	换精铰刀
N440	G74　Z0；	
N450	T04　L06；	
N460	T4D1；	
N470	G00　X0　Y0　Z30.0　M08；	刀具定位并换转速
N480	S200　M03；	
N490	CYCLE85(30.0,0,5.0,-15.0,　,0,100,200)；	精铰孔
N500	M09　M05；	取消固定循环
N510	G74　Z0；	程序结束
N520	M30；	

任务评价

本任务的任务评价表见表 4-8。

表 4-8　铰孔加工任务评价表

项目与权重	序号	技术要求	配分	评分标准	检测记录	得分
加工操作（60%）	1	ϕ12H7	5×3	不合格扣 5 分/处		
	2	Ra1.6μm	5×3	不合格扣 5 分/处		
	3	ϕ16H8	10	不合格全扣		
	4	Ra1.6μm	10	不合格全扣		
	5	位置精度	10	不正确扣 2 分/处		
程序与加工工艺（30%）	6	固定循环格式规范	5	不规范扣 2 分/处		
	7	程序正确	5	不正确扣 2 分/处		
	8	加工路线合理	5	不合理扣 2 分/处		
	9	加工工艺参数合理	5	不合理扣 2 分/处		
	10	孔测量方法合理	5	不合理扣 2 分/处		
	11	孔质量分析合理	5	不合理扣 2 分/处		
机床操作（10%）	12	机床操作规范	5	不规范全扣		
	13	刀具选择正确	5	不合理全扣		
安全文明生产	14	安全操作	倒扣	不规范倒扣 5~10 分		
	15	机床整理		不规范倒扣 5~10 分		

知识拓展

1. 孔的测量

(1) 孔径的测量　孔径尺寸精度要求较低时，可采用直尺、内卡钳或游标卡尺进行测量。当孔的精度要求较高时，可以用塞规、内径百分表、内径千分尺等量具测量。常用的测量方法如下：

1) 内卡钳测量。

当孔口试切削或位置狭小时，使用内卡钳更为方便灵活。当前使用的内卡钳已采用量表或数显方式来显示测量数据（图 4-19）。采用这种内卡钳可以测出公差等级 IT8～IT7 的孔。

2) 塞规测量。

塞规（图 4-20）是一种专用量具，一端为通端，另一端为止端。使用塞规检测孔径时，当通端能进入孔内而止端不能进入孔内，说明孔径合格，否则为不合格孔径。

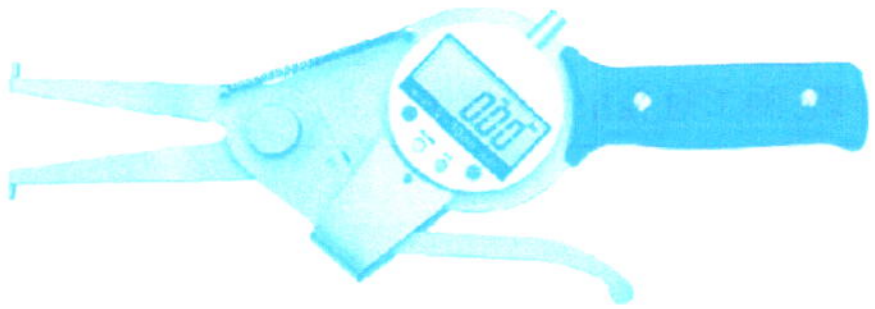

图 4-19　数显内卡钳

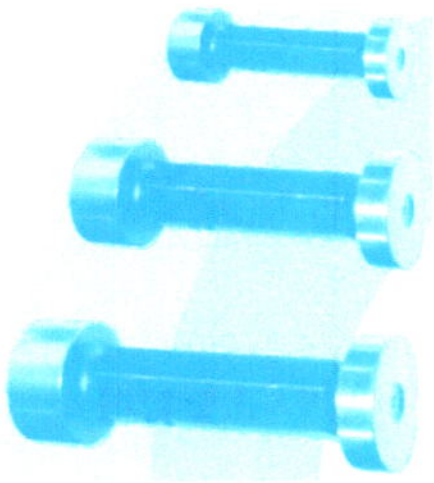

图 4-20　塞规

3) 内径百分表测量。

内径百分表（图 4-21）测量内孔时，测头在孔内摆动，读出直径方向的最大尺寸即为内孔尺寸。内径百分表适用于深度较大内孔的测量。

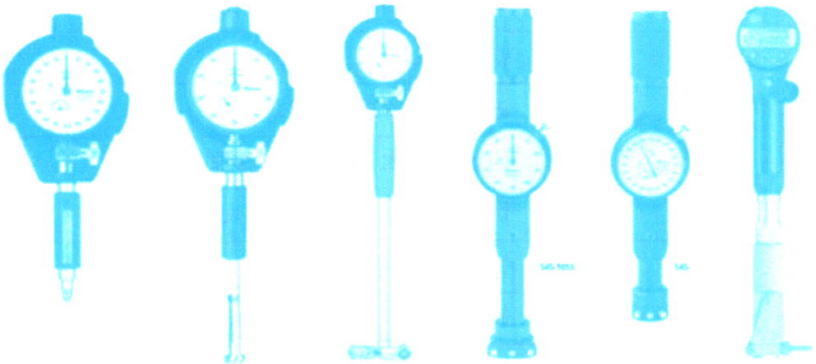

图 4-21　内径百分表

4) 内径千分尺测量。

内径千分尺（图 4-22）的测量方法和外径千分尺的测量方法相同，但其刻线方向和外径千分尺相反，其测量时的旋转方向也相反。内径千分尺不适合深度较大孔的测量。

(2) 孔距的测量　测量孔距通常使用游标卡尺。精度较高的孔距也可采用内、外径千分尺配合圆柱测量校验棒进行测量。

(3) 孔的其他精度测量　孔除了要进行孔径和孔距测量外，有时还要进行圆度、圆柱

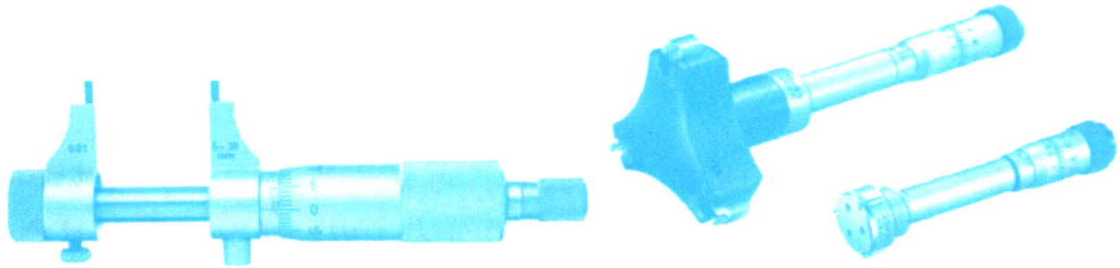

图 4-22 内径千分尺

度等形状精度的测量以及径向圆跳动、轴向圆跳动、端面与孔轴线的垂直度等位置精度的测量。

2. 钻孔与铰孔的精度及加工误差分析

钻孔与铰孔的精度及加工误差分析见表 4-9。

表 4-9 钻孔与铰孔的精度及加工误差分析

项目	出现问题	产生原因
钻孔	孔大于规定尺寸	钻头两切削刃不对称，长度不一致
		钻头本身的质量问题
		工件装夹不牢固，加工过程中工件松动或振动
	孔壁粗糙	钻头切削刃不锋利
		进给量过大
		切削液选用不当或供应不足
		加工过程中排屑不通畅
	孔歪斜	工件装夹后找正不正确，基准面与主轴不垂直
		进给量过大使钻头弯曲变形
	钻孔呈多边形或孔位偏移	对刀不正确
		钻头角度不对
		钻头两切削刃不对称，长度不一致
铰孔	孔径扩大	铰孔中心与底孔中心不一致
		进给量或铰削余量过大
		切削速度太高，铰刀热膨胀
		切削液选用不当或没加切削液
	孔径缩小	铰刀磨损或铰刀已钝
		铰铸铁时以煤油作为切削液
	孔呈多边形	铰削余量太大，铰刀振动
		铰孔前钻孔不圆
	表面质量差	铰孔余量太大或太小
		铰刀切削刃不锋利
		切削液选用不当或没加切削液
		切削速度过大，产生积屑瘤
		孔加工固定循环选择不合理，进、退刀方式不合理
		容屑槽内切屑堵塞

任务三 攻螺纹

知识目标

- 掌握攻螺纹加工指令。
- 了解铣螺纹加工指令。
- 了解螺纹加工的基本工艺。

技能目标

- 掌握攻螺纹的编程方法。
- 了解铣螺纹的编程与加工方法。
- 掌握螺纹的测量方法。

素养目标

- 具有自主学习的意识和能力。
- 具有团队意识。

任务描述

如图 4-23 所示工件，外形及其他轮廓已加工成形，试编写攻螺纹加工的数控铣床加工程序。

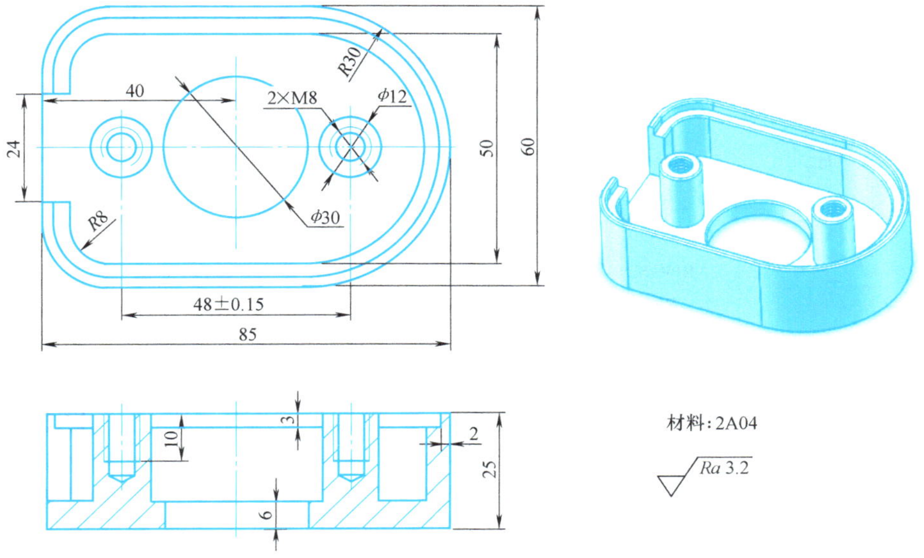

图 4-23 攻螺纹加工实例

知识链接

1. 刚性攻螺纹（CYCLE84）与柔性攻螺纹（CYCLE840）

（1）指令格式

CYCLE84（RTP，RFP，SDIS，DP，DPR，DTB，SDAC，MPIT，PIT，POSS，SST，SST1）；

CYCLE840（RTP，RFP，SDIS，DP，DPR，DTB，SDR，SDAC，ENC，MPIT，PIT）；

例 1　CYCLE84（30，0，2，-20，，0，3，10，，0，50，50）；

　　　CYCLE840（30，0，2，-20，，0，4，3，0，，2）；

RTP、RFP、SDIS、DP、DPR、DTB 的参数说明参照 CYCLE82 指令。

SDAC：循环结束后的旋转方向，取 3、4、5 分别代表 M03、M04、M05。

MPIT：标准螺距，螺距由螺纹尺寸决定，取值范围为 3～48mm，分别表示 M03～M48，符号代表旋转方向。

PIT：螺距由数值决定，符号代表旋转方向。

POSS：主轴的准停角度。

SST：攻螺纹进给速度。

SST1：退回速度。

SDR：返回时的主轴旋转方向，取值：0、3、4。SDR＝0 时，主轴返回时的旋转方向自动颠倒；3、4 分别代表 M03、M04。

ENC：是否带编码器攻螺纹，ENC＝0 表示带编码器，ENC＝1 表示不带编码器。

（2）动作说明　刚性攻螺纹与柔性攻螺纹动作图如图 4-24 所示，其中，CYCLE84 循环为刚性攻螺纹循环。执行该循环时，根据螺纹的旋向选择主轴的旋转方向，刀具以 G00 方式快速移动到加工开始平面；执行攻螺纹到达孔底，攻螺纹速度由参数“SST”指定；主轴以攻螺纹的相反旋转方向退回到加工开始平面，退回速度由参数“SST”指定；再以 G00 方式退到返回平面，完成攻螺纹动作；主轴旋转方向回到 SDAC 状态。

CYCLE84 指令动作图

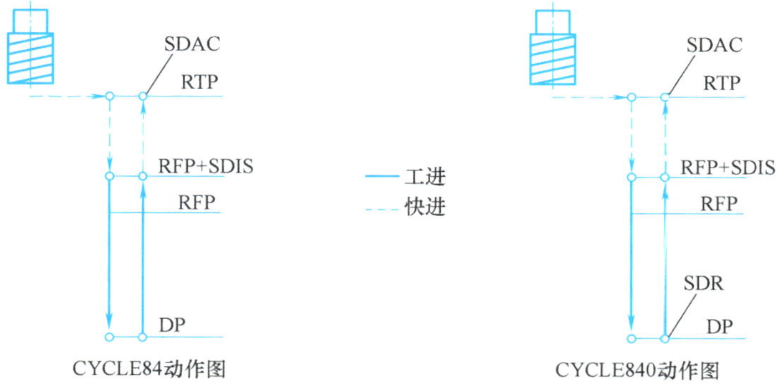

CYCLE840 指令动作图

图 4-24　CYCLE84 和 CYCLE840 指令动作图

CYCLE840 指令动作与 CYCLE84 基本类似，只是 CYCLE840 指令在刀具到达最后钻孔深度后回退时的主轴旋转方向由 SDR 指令决定。

在 CYCLE84 与 CYCLE840 指令攻螺纹期间，进给倍率、进给保持均被忽略。

（3）编程实例

例 2 试用攻螺纹循环编写图 4-25 中两螺纹孔（攻螺纹前已加工出 ϕ10.3mm 底孔）的加工程序。

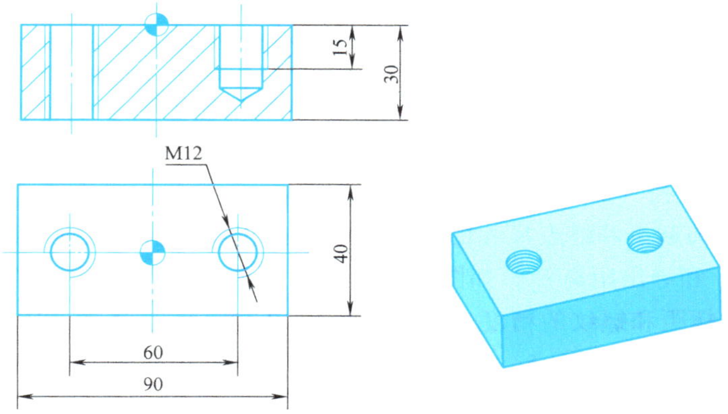

图 4-25 CYCLE84 和 CYCLE840 指令编程实例

CYCLE84 指令编程实例

```
AA403. MPF;
G90  G94  G40  G71  G54  F100;        (程序初始化)
G74  Z0;
T1D1;
G00  X-30.0  Y0;
Z30  M08;
M03  S200;
CYCLE84 (10.0, 0, 2.0, -32.0,  , 0, 4, 0,  , 1.75);
G00  X30.0  Y0;
CYCLE84 (10.0, 0, 2.0, -15.0,  , 0, 4, 0,  , 1.75);
G74  Z0;
M05  M09;
M02;
```

注：攻螺纹一般选用较低的转速。

2. 攻螺纹及铣螺纹的加工路线

（1）攻螺纹底孔直径的确定 攻螺纹时，螺纹的底孔直径应稍大于螺纹小径，以防攻螺纹时因挤压作用损坏丝锥。底孔直径通常根据经验公式决定，其公式为

$$D_{底}=D-P \quad （加工钢等塑性金属）$$

$$D_{底}=D-1.05P \quad （加工铸铁等脆性金属）$$

式中 $D_{底}$——攻螺纹钻螺纹底孔用钻头直径（mm）；

D——螺纹大径（mm）；

P——螺距（mm）。

对于细牙螺纹，其螺距已在螺纹代号中做了标记。而对于粗牙螺纹，每一种尺寸规格螺纹的螺距也是固定的，如 M8 的螺距为 1.25mm，M10 的螺距为 1.5mm，M12 的螺距为 1.75mm 等，具体请查阅相关螺纹尺寸参数表。

（2）不通孔螺纹底孔长度的确定　攻不通孔螺纹时，由于丝锥切削部分有锥角，端部不能切出完整的牙型，所以钻孔深度要大于螺纹的有效深度（图 4-26），取值如下

$$H_{钻}=h_{有效}+0.7D$$

式中　$H_{钻}$——底孔深度（mm）；

$h_{有效}$——螺纹有效深度（mm）；

D——螺纹大径（mm）。

（3）攻螺纹轴向起点和终点尺寸的确定　在数控机床上攻螺纹时，沿螺距方向应选择合理的导入距离 δ_1 和导出距离 δ_2，如图 4-27 所示。通常情况下，根据数控机床拖动系统的动态特性及螺纹的螺距和螺纹的精度来选择 δ_1 和 δ_2 的数值。一般 δ_1 取（2~3）P，对大螺距和高精度的螺纹则取较大值；δ_2 一般取（1~2）P。此外，在加工通孔螺纹时，导出量还要考虑丝锥前端切削锥角的长度。

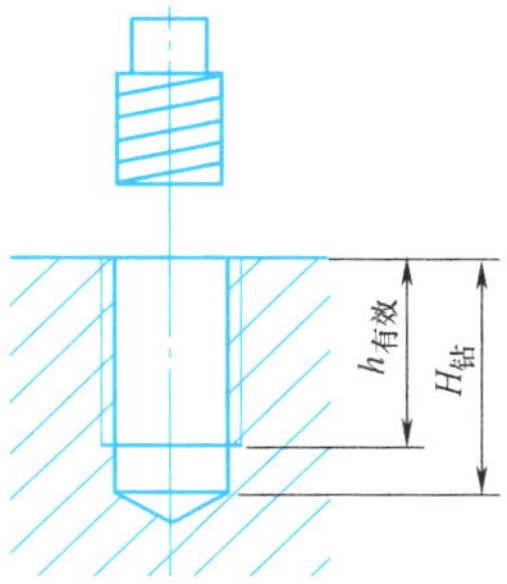

图 4-26　不通孔螺纹底孔长度

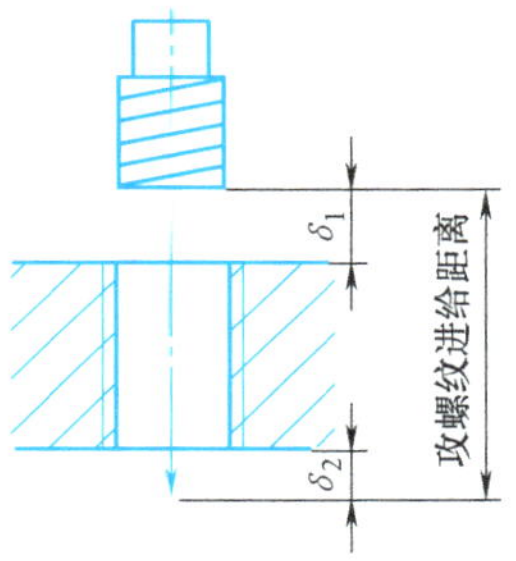

图 4-27　攻螺纹轴向起点与终点

3. 螺纹的测量与攻螺纹误差分析

螺纹的主要测量参数有螺距、螺纹大径、螺纹小径和螺纹中径尺寸。

（1）螺纹大、小径的测量　外螺纹大径和内螺纹小径的公差一般较大，可用游标卡尺或千分尺测量。

（2）螺距的测量　螺距一般可用钢直尺或螺距规测量。由于普通螺纹的螺距一般较小，所以采用钢直尺测量时，最好测量 10 个螺距的长度，然后除以 10，就可得出一个较正确的螺距尺寸。

（3）螺纹中径的测量　对精度较高的普通螺纹，可用螺纹千分尺（图 4-28）直接测量，所测得的千分尺的读数就是该螺纹中径的实际尺寸；也可用“三针”进行间接测量（三针测量法仅适用于外螺纹的测量），但需通过计算后，才能得到其中径尺寸。

（4）综合测量　综合测量是指用螺纹塞规或螺纹环规（图 4-29）的通、止规综合检查内、外普通螺纹是否合格。使用螺纹量规时，应按其对应的公差等级进行选择。

（5）攻螺纹误差分析（表 4-10）

图 4-28 外螺纹千分尺

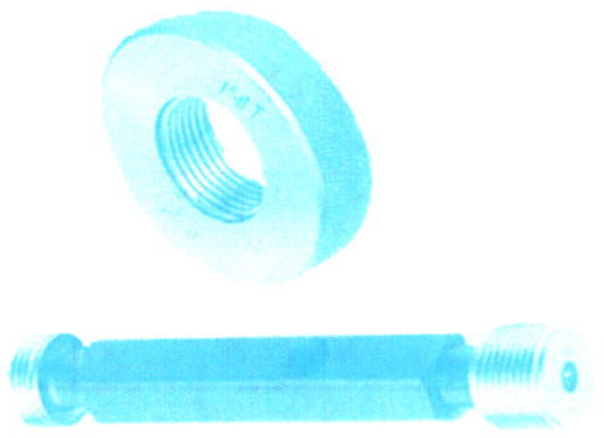

图 4-29 螺纹塞规与螺纹环规

表 4-10 攻螺纹误差分析

出现问题	产生原因
螺纹乱牙或滑牙	丝锥夹紧不牢固，造成乱牙
	攻不通孔螺纹时，固定循环中的孔底平面选择过深
	切屑堵塞，没有及时清理
	固定循环程序选择不合理
丝锥折断	底孔直径太小
	底孔中心与攻螺纹主轴中心不重合
	攻螺纹夹头选择不合理，没有选择浮动夹头
尺寸不正确或螺纹不完整	丝锥磨损
	底孔直径太大，造成螺纹不完整
表面质量差	转速太快，导致进给速度太快
	切削液选择不当或使用不合理
	切屑堵塞，没有及时清理
	丝锥磨损

任务实施

1. 加工准备

本任务选用的机床为 TK7650 型 SIEMENS 802D 系统数控铣床。选择的螺纹加工刀具如图 4-30 所示。攻螺纹时，需选用图 4-31a 所示的浮动攻螺纹刀柄来装夹图 4-31b 所示的攻螺纹夹套，再用攻螺纹夹套来装夹丝锥。刀具在加工中使用的切削用量见表 4-11。

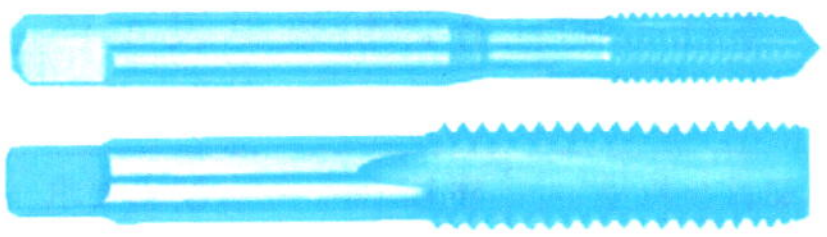

图 4-30 机用丝锥

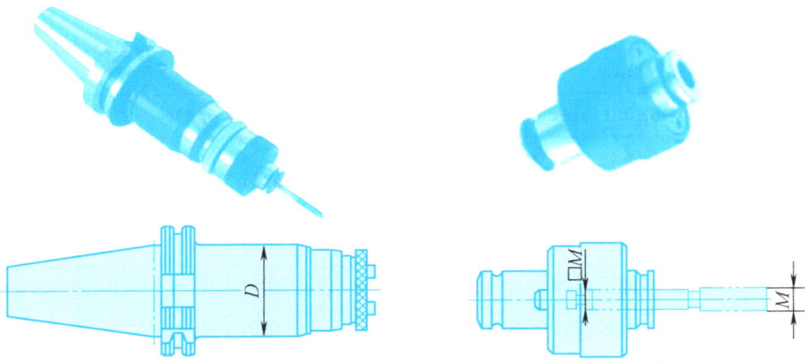

a) b)

图 4-31 攻螺纹夹头刀柄与攻螺纹夹套

表 4-11 刀具规格及其切削用量

加工内容	刀具规格	刀具材料	切削速度/(r/min)	进给量(速度)/(mm/min)	背吃刀量/mm
中心钻定位	A2.5 中心钻	高速钢	2000	30～50	$D/2$
钻两个孔	ϕ6.7mm 钻头	高速钢	800	50～100	$D/2$
攻螺纹	M8 丝锥	硬质合金	200	250	0.85

2. 编制数控铣床加工程序

本任务工件以轮廓中心为编程原点，攻螺纹的加工程序见表 4-12。

表 4-12 参考程序

程序段号	加工程序	程序说明
	AA43.MPF;	单独攻螺纹程序
N10	G90 G94 G71 G17 G54;	程序开始部分
N20	G74 Z0;	
N30	T1D1;	
N40	G00 Z30.0 M08;	刀具定位至初始平面
N50	S200 M03;	采用较低的转速
N60	MCALL CYCLE84(10.0,0,2.0,-10.0, ,0,4,0, ,1.25);	攻螺纹
N70	G00 X-24.0 Y0;	
N80	X24.0 Y0;	
N90	M09 M05;	取消固定循环
N100	G74 Z0;	程序结束
N110	M30;	

注：请自行编写钻孔、扩孔加工程序。

任务评价

本任务的任务评价表见表 4-13。

表 4-13 攻螺纹加工任务评价表

项目与权重	序号	技术要求	配分	评分标准	检测记录	得分
加工操作(65%)	1	ϕ30mm	10	不合格全扣		
	2	M8	10×2	不合格扣 5 分/处		
	3	ϕ12mm	5	不合格全扣		
	4	Ra3.2μm	10	不合格全扣		
	5	(48±0.15)mm	5×2	不规范扣 2 分/处		
	6	螺纹外观不乱牙，垂直度好	5×2	不合格扣 5 分/处		
程序与加工工艺(25%)	7	程序规范正确	5	不正确扣 2 分/处		
	8	加工路线合理	5	不合理扣 2 分/处		
	9	加工工艺参数合理	5	不合理扣 2 分/处		
	10	螺纹测量方法合理	5	不合理扣 2 分/处		
	11	螺纹质量分析合理	5	不合理扣 2 分/处		

（续）

项目与权重	序号	技术要求	配分	评分标准	检测记录	得分
机床操作（10%）	12	机床操作规范	5	不规范全扣		
	13	刀具选择正确	5	不合理全扣		
安全文明生产	14	安全操作	倒扣	不规范倒扣 5~20 分		
	15	机床整理				

知识拓展

1. 铣螺纹加工指令

（1）指令格式

CYCLE90（RTP，RFP，SDIS，DP，DPR，DIATH，KDIAM，PIT，FFR，CDIR，TYPTH，CPA，CPO）；

RTP、RFP、SDIS、DP、DPR 与钻孔类循环中的相应参数含义类似，其余参数含义如图 4-32 所示，说明如下。

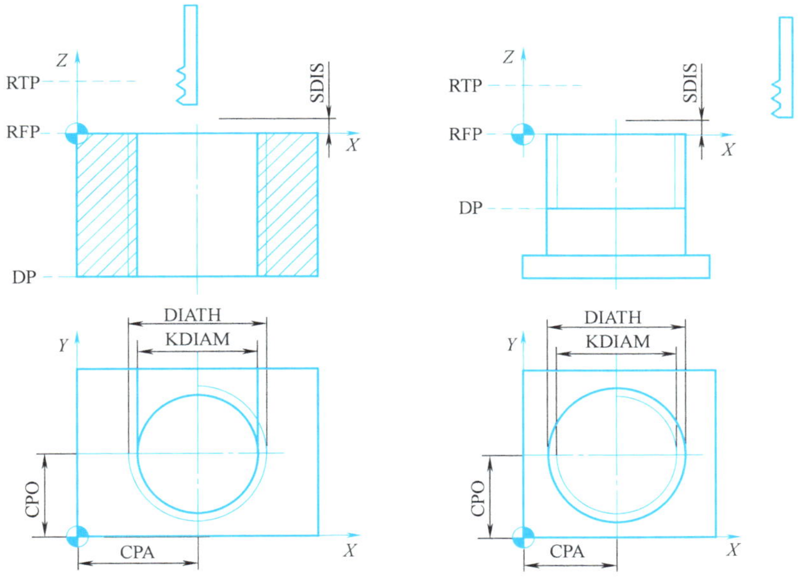

图 4-32 CYCLE90 指令参数

DIATH：螺纹公称直径；KDIAM：螺纹小径；PIT：螺纹导程；FFR：螺旋线切削进给率；CDIR：定义铣削方向，由一位数字决定，2 表示采用顺时针方向 G02 方式铣削，3 表示采用逆时针方向 G03 方式铣削；TYPTH：定义螺纹类型，0 表示内螺纹，1 表示外螺纹；CPA、CPO：螺纹中心的横、纵坐标值（绝对值方式）。

（2）指令说明 现以加工内螺纹时的机床动作为例来说明 CYCLE90 循环的基本动作。

1）刀具在 *XY* 面以 G00 方式到达螺纹孔中心点，使用 G0 进给至返回平面，至接近安全距离的参考平面（具体位置系统自动计算）。

2）刀具按 FFR 指定的进给率，以 G01 方式进给到引入螺旋圆弧起点（系统自动计算）。

3）按照 CDIR 指定的方向，沿引入螺旋圆弧路径移动到螺纹直径。

4）使用 CDIR 指定的方向，沿螺旋路径铣削螺纹，螺纹铣刀绕螺纹轴线做 X、Y 方向插补运动，同时做平行于轴线的 $+Z$ 方向运动，即每绕螺纹轴线运行 360°，沿 $+Z$ 方向上升一个螺距，三轴联动运行轨迹为图 4-33 所示的螺旋线。

5）待螺纹铣削至深度后，按照相同的旋转方向，以及 FFR 指定的进给率以螺旋圆弧路径切出。

6）使用 G0 在当前平面退回到螺纹中心点，然后再退回至返回平面。

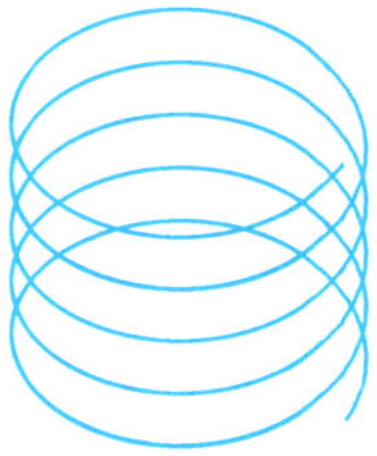

图 4-33 螺旋线

（3）注意事项

1）在加工外螺纹时，机床先定位在当前平面中的引入螺旋圆弧起点，然后至接近安全间隙的参考平面，按照 CDIR 指定方向的反向，沿引入螺旋圆弧路径移动到螺纹直径，然后按 CDIR 指定的方向铣削螺纹至深度，最后按照 CDIR 指定方向的反向沿切出圆弧路径返回，然后再退回至返回平面。

2）加工自下而上的螺纹时，则返回平面 RTP 值小于螺纹深度 DP 值，在循环调用前将刀具移到返回平面位置。

3）铣削螺纹时，刀具的钻进/钻出动作在三个轴上完成，这会在钻出时导致沿垂直轴方向的附加行程，系统将自动计算超出的行程。

2. 铣螺纹加工刀具

铣螺纹加工时，采用图 4-34a 所示螺纹铣削刀具，既可加工内螺纹，也可加工外螺纹。图 4-34b 所示为采用旋风铣削的模式加工出内、外螺纹。

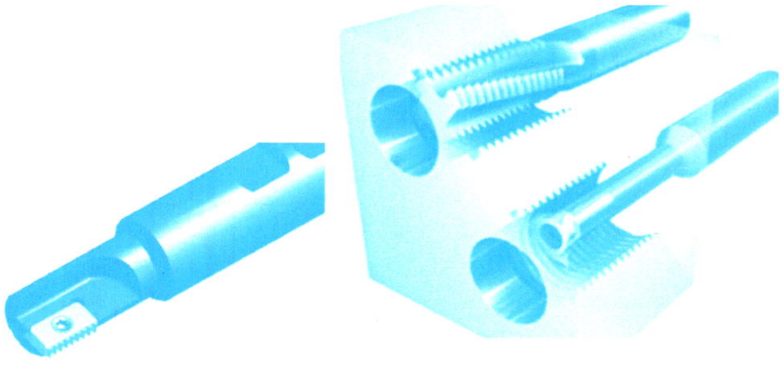

a) b)

图 4-34 螺纹铣削刀具

3. 编程实例

例 3 用 CYCLE90 指令加工图 4-35 所示 M30×2 的内螺纹。毛坯尺寸为 60mm×60mm×20mm，加工螺纹前先加工出 ϕ28mm 内孔，工件坐标系原点位于上表面孔中心，试编写其数控铣床加工程序。

本例程序如下：

SS20. MPF;

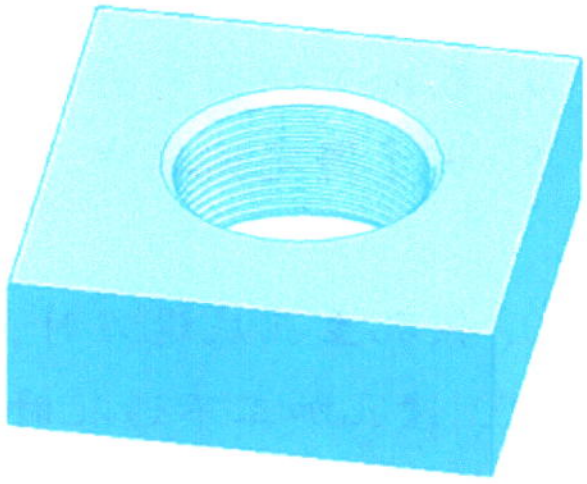

图 4-35 CYCLE90 指令编程实例

```
G90 G94 G40 G71 G54 F100;
T1D1;
G00 X0 Y0 Z50.0 M08;
M03 S500;
CYCLE90 (10.0, 0, 2.0, -20.0, , 30.0, 28.0, 2.0,
50, 2, 0, 0, 0);
G00 Z50.0;
M05;
M30;
```

思考与练习

一、填空题

1. 当前常用的 SIEMENS 数控系统有____________、____________和 SIEMENS 802D 等。

2. SIEMENS 802D 系统的固定循环分为____________循环、____________循环和孔加工样式循环三类。

3. SIEMENS 802D 系统孔加工固定循环常用的四个平面从上到下依次为____________、加工开始平面、____________和____________。

4. 锪孔循环 CYCLE81 指令的指令格式为："____________________________;"。

5. 刚性攻螺纹 CYCLE84 指令的攻螺纹进给速率由参数"________"指定，返回参考平面的进给速率由参数"________"指定，标准螺纹螺距由螺纹尺寸决定时，由参数"________"指定。

6. 镗孔 CYCLE87 指令的指令格式为："________;"。

7. 在 SIEMENS 802D 系统的固定循环指令中，能实现孔底主轴准停的指令是____________，能实现孔底主轴停转、程序暂停的指令是________和________。

8. M16 是粗牙普通螺纹，螺距是________；M16×1.5 是细牙普通螺纹，螺距是________。

9. 标准麻花钻的顶角为____________°。

10. 标准铰刀的加工公差等级可达____________、表面粗糙度值可达____________。

11. 常用的加工中心钻头有____________，____________和____________等。

12. CYCLE85 指令常用于________和________加工，也可用于________加工。

二、是非题（判断正误并在括号内填 T 或 F）

1. 返回平面可以设定在任意一个安全高度上，但要求当刀具在返回平面内任意移动时将不会与夹具、工件凸台等发生干涉。 （ ）

2. 孔加工程序段"CYCLEG81 (10.0, 0, 3.0, , 30.0);"与"CYCLEG82 (10.0, 0, 3.0, , 30.0, 0);"的功能完全一致。 （ ）

3. 利用中心钻钻孔时，为避免钻头折断，应取较低的主轴转速。 （ ）

4. 检查孔的塞规可分为通规和止规两种，测量时需联合使用。 （ ）

5. M20×1.5LH 是指螺距为 1.5mm 的细牙普通右旋螺纹。 （ ）

6. SIEMENS 系统的参考平面（RFP）和 FANUC 系统的参考平面性质完全相同。（　　）

7. 孔加工循环中的参数 RTP 既可用绝对值进行编程，也可用增量值进行编程。（　　）

8. 由于固定循环中返回平面总处于参考平面的上方，所以参数 RTP 的值始终为正值。（　　）

9. 铰孔至孔底退刀时，不允许铰刀反转。（　　）

10. 镗孔加工不通孔时，一般选择正刃倾角的镗刀，以便于排屑。（　　）

11. 固定循环中的主轴准停是指刀具到达孔底后主轴暂时停止转动。（　　）

12. 固定循环中的孔底暂停是指刀具到达孔底执行进给保持功能，主轴仍保持原转速不变。（　　）

三、选择题（请在下列选项中选择一个正确答案并填在括号内）

1. 指令“G25　S500;”表示（　　）为 500r/min。

A. 设定主轴最高转速　　B. 设定主轴最低转速

C. 设定主轴当前转速　　D. 禁止设定主轴转速

2. 下列指令中，属于非模态指令的是（　　）。

A. G03　　B. G09　　C. G17　　D. G40

3. 执行指令“CYCLE81（RTP，RFP，SDIS，DP，DPR，）；G00 X20.0 Y20.0;”后，共加工出（　）个孔。

A. 0　　B. 1　　C. 2　　D. 3

4. 孔加工固定循环刀具下刀时，自快进转为工进的高度平面通常称为（　）。

A. 返回平面　　B. 加工开始平面

C. 参考平面　　D. 孔底平面

5. 安全距离 SDIS 的取值要考虑工件表面的尺寸变化，一般情况下取（　　）较为合适。

A. 0~1mm　　B. 2~5mm　　C. 6~8mm　　D. 9~10mm

6. 孔底平面到加工开始平面的距离为 30mm，安全距离为 5mm，则参数 DPR 的取值为（　　）。

A. 25　　B. -25　　C. 30　　D. 35

7. 执行指令“N10　G0　X30　Y40；N20　MCALL　CYCLE81（30，0，3，，30）；N30　G0　X0　Y0；N40　MCALL;”后，加工出（　　）。

A. 坐标（30，40）位置的一个孔　　B. 坐标（0，0）位置的一个孔

C. 以上两个位置的两个孔　　D. 没有加工出孔

8. 下列孔加工固定循环的参数中，参数（　　）的值一定是正值。

A. DP　　B. DPR　　C. RTP　　D. RFP

9. 固定循环参数 DP 与 DPR 的关系为（　　）。

A. DP=RFP-DPR　　B. DP=RFP+DPR

C. DP=RFP+SDIS-DPR　　D. DP=RFP+SDIS+DPR

10. 下列孔加工固定循环的参数中，参数（　　）的值一定是负值。

A. RTP　　B. RFP　　C. DP　　D. 以上均不能肯定

四、简述与问答题

1. 试述孔加工固定循环的工作过程。
2. 试写出孔加工循环的通用编程格式并说明各参数的功能。
3. 试述深孔钻循环指令 G73 与 G83 的区别。
4. 完成图 4-36 所示工件孔的加工，试选择最佳加工路线并简要说明原因。

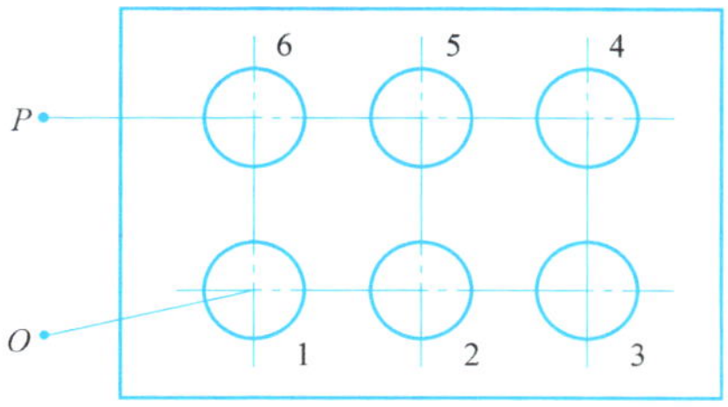

图 4-36　练习图一

5. 在加工中心上攻螺纹，如何确定螺纹底孔直径？

五、操作题

1. 加工图 4-37 所示的工件，已知毛坯尺寸为 125mm×120mm×30mm，材料为 45 钢，试编写其加工中心加工程序。

2. 加工图 4-38 所示的工件，已知毛坯尺寸为 80mm×80mm×25mm，材料为 45 钢，试编写其加工中心加工程序。

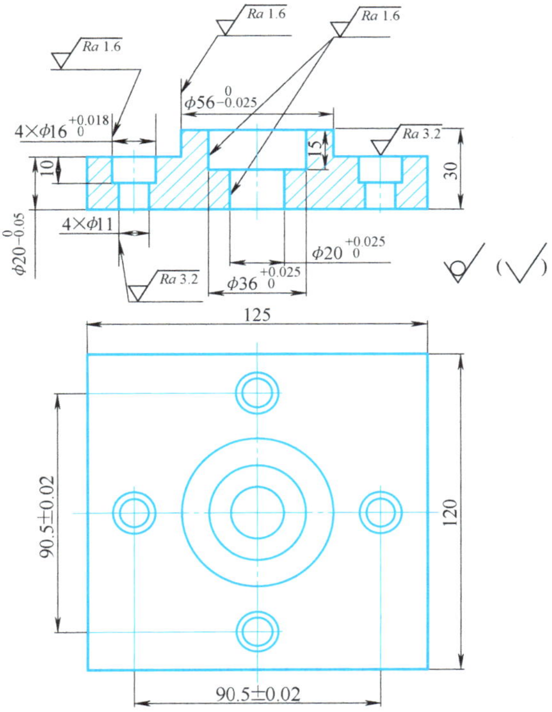

图 4-37　练习图二

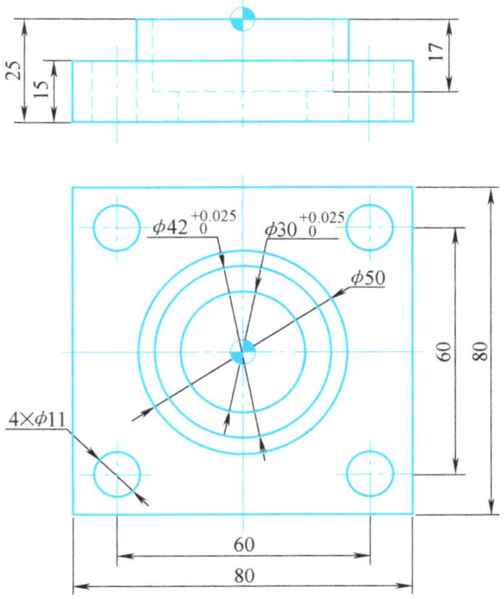

图 4-38　练习图三

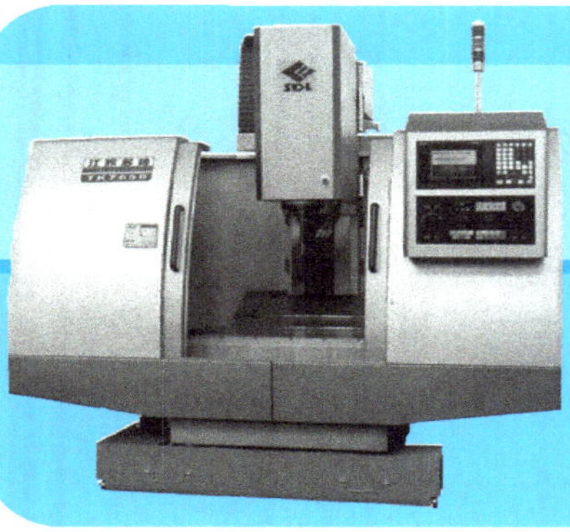

项目五 特殊零件加工

任务一 坐标平移与极坐标加工

知识目标

- 掌握极坐标指令的指令格式。
- 了解极坐标指令在数控编程中的运用。
- 了解坐标平移指令的指令格式。

技能目标

- 掌握极坐标指令的编程方法。
- 了解坐标平移指令的编程方法。

素养目标

- 具备分析和解决实训过程中突发事件的能力。
- 具有质量掌控的意识。

任务描述

如图 5-1 所示工件，试根据零件的加工要求选择合适的加工方法和加工刀具，编写该零件的数控铣床加工程序。

知识链接

1. 极坐标编程

（1）极坐标　当使用极坐标指令后，坐标值以极坐标方式指定，即以极坐标半径和极坐标角度来确定点的位置。测量半径与角度的起始点称为极点。

1）极坐标半径。极坐标半径是指在指定平面内，指定点到极点的距离，在程序中用“RP”来表示。极坐标半径一律用正值表示。

2）极坐标角度。极坐标角度是指在所选平面内，指定点与极点的连线与指定平面第一轴（如 G17 平面的 X 轴）的夹角，在程序中用“AP”来表示。极坐标角度的零度方向为第

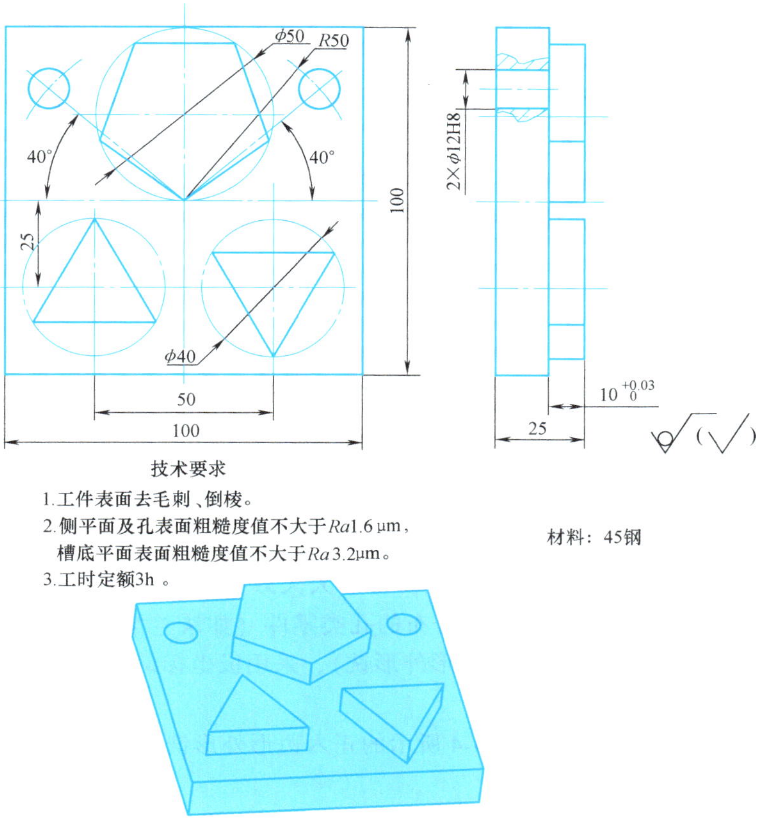

图 5-1　坐标平移与极坐标加工编程实例

一坐标轴的正方向，逆时针方向为角度的正方向。

如图 5-2 所示，相对于极点 *O*，*A* 点与 *B* 点的坐标用极坐标方式描述如下：

A 点　RP＝40　AP＝0；　　　（极坐标半径为 40，极坐标角度为 0°）

B 点　RP＝40　AP＝60；　　　（极坐标半径为 40，极坐标角度为 60°）

（2）极坐标系原点　极坐标系原点指定方式有 G110、G111 和 G112 三种。其指令格式如下：

G110（G111）　X__　Y__　Z__；

G112　AP＝__　RP＝__；

G110：极坐标参数，相对于刀具最近到达的点（即刀具当前位置点）定义极坐标。

G111：极坐标参数，相对于工件坐标系原点定义极坐标。

G112：极坐标参数，相对于上一个有效的极点定义极坐标。

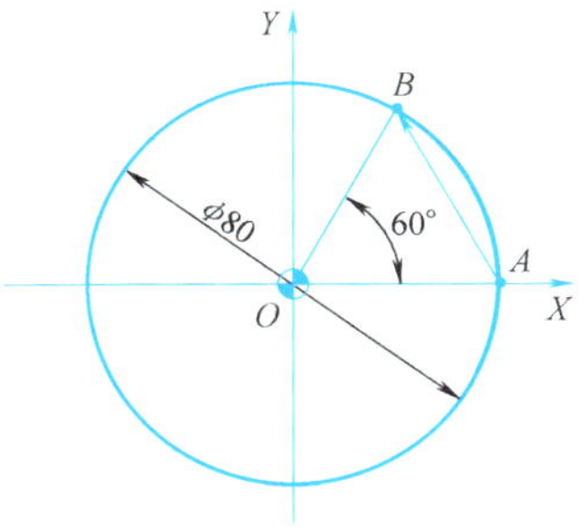

图 5-2　极坐标的表示方法

“AP” ＝：极坐标角度，数值范围为 0～360°，其值可以用绝对值表示，也可以用增量值表示，分别用符号“AC”与“IC”表示。

“RP＝”：极坐标半径，其单位为毫米（mm）或英寸（inch）。

“X__　Y__　Z__”：相对于定义点的坐标值。

例 1　如图 5-3 所示，分别将 *A* 点、*B* 点与刀具中心当前位置 *C* 点指定为极坐标原点。

A 点　G111　X30　Y20；　　　　（相对于工件坐标系原点定义极坐标）

B 点　G112　AP=60　RP=40；　　（相对于前一极坐标原点定义极坐标）

C 点　G110　X0　Y0；　　　　　（相对于刀具当前位置点定义极坐标）

（3）极坐标中的刀具移动方式　与笛卡儿坐标系一样，在极坐标系中用 G00/G01/G02/G03 加上 RP、AP 指令可以使刀具完成快速定位/直线插补/顺、逆时针方向圆弧插补等动作。具体指令格式如下：

G00　AP=__　RP=__；

G01　AP=__　RP=__；

G02　AP=__　RP=__　CR=__；

G03　AP=__　RP=__　CR=__；

例 2　G01　AP=30.0　RP=40.0；

当使用极坐标进行圆弧编程时，指令中的“AP”和“RP”是圆弧终点相对于圆弧圆心的极角与极半径，而不是圆弧终点相对于极点的极角与极半径。

（4）极坐标的应用　采用极坐标编程，可以大大减少编程时的计算工作量，因此在编程中得到广泛应用。通常情况下，圆周分布的孔类零件（如法兰类零件），以及图样尺寸以半径和角度形式标示的零件（如正多边形外形铣），采用极坐标编程较为合适。

2. 极坐标编程举例

例 3　试用极坐标编程来编写图 5-4 所示的正六边形外形铣削的刀具轨迹。

AA611.MPF；

G90　G94　G17　G40　G71　G54；　　（程序初始化）

G74　Z0；　　　　　　　　　　　　（返回 *Z* 向参考点）

T1D1　S600　M03；

G00　X0　Y-60.0；

Z30.0；

G01　Z-5.0　F100；

G111　X60.0　Y60.0；

G41　G01　RP=50.0　AP=240.0；

AP=180.0；

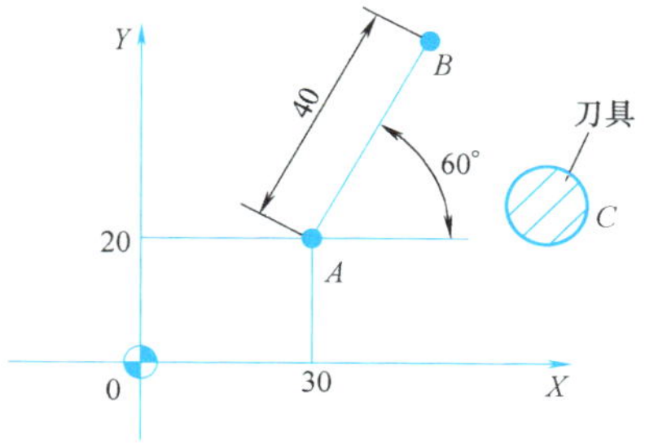

图 5-3　极坐标原点的指定

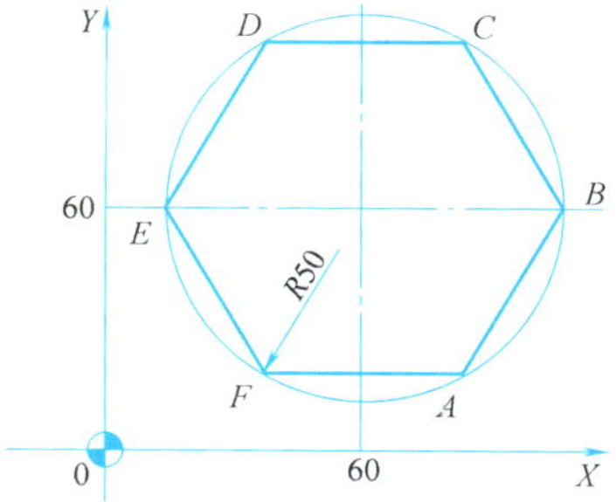

图 5-4　极坐标编程实例

极坐标编程实例

AP = 120. 0;
AP = 60. 0;
AP = 0;
AP = 300. 0;
AP = 240. 0;
G40　G01　X0　Y-60. 0;
Z30;
M05;
M30;
……

极坐标也可采用增量方式编程。

AI = IC (-60. 0);
AI = IC (-60. 0);
AI = IC (-60. 0);
AI = IC (-60. 0);
AI = IC (-60. 0);
AI = IC (-60. 0);

任务实施

1. 加工准备

本任务选用的机床为 TH7650 型 SIEMENS 802D 系统加工中心。选择 ϕ12mm 的高速钢立铣刀作为本任务工件的加工刀具。切削用量推荐值如下：切削速度 n = 600～1000r/min；进给速度取 v_f = 100～300mm/min；背吃刀量的取值等于外轮廓高度，取 a_p = 8mm。

2. 编写加工程序（表 5-1）

表 5-1　极坐标编程参考程序

刀具	ϕ12mm 立铣刀、ϕ11. 8mm 钻头、ϕ12mm 铰刀	
程序段号	数 控 程 序	程 序 说 明
	AA601. MPF;	外轮廓加工程序
N10	G90　G94　G40　G71　G17　G54;	程序初始化
N20	G74　Z0;	返回 Z 向参考点
N30	T1D1;	选用 1 号刀具及 1 号刀具的 1 号刀沿
N40	G90　G00　X-60. 0　Y-60. 0;	定位到工件毛坯左下角外侧
N50	Z5. 0;	Z 向定位到安全高度
N60	S1000　M03　M08;	主轴正转，切削液开
N70	G01　Z-10. 0　F100;	刀具切削进给到轮廓底平面
N80	G111　X-25. 0　Y-25. 0;	极坐标原点取在左下三角形中心
N90	G41　G01　RP = 20. 0　AP = 210. 0;	极坐标编程与加工左下三角形轮廓
N100	AP = 90. 0	

（续）

刀具	ϕ12mm 立铣刀、ϕ11.8mm 钻头、ϕ12mm 铰刀	
程序段号	数 控 程 序	程 序 说 明
N110	AP=330.0;	极坐标编程与加工左下三角形轮廓
N120	AP=210.0;	
N130	G40 G01 X-60.0 Y-60.0;	
N140	G00 Z5.0;	抬刀后重新定位
N150	X0 Y-60.0;	
N160	G01 Z-10.0;	
N170	G111 X25.0 Y-25.0;	极坐标原点取在右下三角形中心
N180	G41 G01 RP=20.0 AP=270.0;	极坐标编程与加工右下三角形轮廓
N190	AP=150.0	
N200	AP=30.0;	
N210	AP=270.0;	
N220	G40 G01 X0 Y-60.0;	
N230	G00 Z5.0;	抬刀后重新定位
N240	X-30.0 Y60.0;	
N250	G01 Z-10.0;	
N260	G111 X0 Y25.0;	极坐标原点取在五边形中心
N270	G41 G01 RP=25.0 AP=126.0;	极坐标编程与加工五边形轮廓
N280	AP=IC(-72.0);	
N290	AP=IC(-72.0);	
N300	AP=IC(-72.0);	
N310	AP=IC(-72.0);	
N320	AP=IC(-72.0);	
N330	G40 G01 X-30.0 Y60.0;	
N340	G00 Z50.0 M09;	*Z* 向退刀，切削液关
N350	M30;	主轴停转，程序结束
	BB601.MPF;	钻孔加工程序
N10	G90 G94 G40 G71 G17 G54;	程序开始部分
N20	T1D1;	
N30	G90 G00 X0 Y0;	
N40	Z20.0;	
N50	S600 M03 M08;	
N60	G111 X0 Y0;	极坐标取在工件坐标系原点
N70	G00 RP=50.0 AP=40.0;	定位至第一个孔正上方
N80	CYCLE81(20.0,-10.0,3.0,-30.0);	钻加工第一个孔
N90	G00 RP=50.0 AP=140.0;	定位至第二个孔正上方

（续）

刀具	ϕ12mm 立铣刀、ϕ11.8mm 钻头、ϕ12mm 铰刀	
程序段号	数 控 程 序	程 序 说 明
N100	CYCLE81(20.0,-10.0,3.0,-30.0)；	钻加工第二个孔
N110	G74　Z0　M09；	
N120	M30；	

注：轮廓加工后，采用手摇方式去除余量。

任务评价

本任务的任务评价表见表 5-2。

表 5-2　极坐标编程与加工任务评价表

项目与权重	序号	技术要求	配分	评分标准	检测记录	得分
加工操作（70%）	1	轮廓尺寸精度符合要求	25	每错一处扣 4 分		
	2	轮廓几何精度符合要求	10	每错一处扣 4 分		
	3	轮廓表面粗糙度值符合要求	10	每错一处扣 2 分		
	4	孔尺寸精度	10	每错一处扣 3 分		
	5	孔几何精度	5	每错一处扣 2 分		
	6	孔表面粗糙度值	5	每错一处扣 2 分		
	7	其他	5	每错一处扣 2 分		
程序与加工工艺（25%）	8	程序格式规范、正确	5	每错一处扣 2 分		
	9	极坐标应用合理	10	不合理每处扣 2 分		
	10	加工工艺正确	10	不合理每处扣 2 分		
机床操作（5%）	11	机床操作不出错	5	出错每次扣 2～5 分		
	12	机床按钮调整正确				
安全文明生产	13	安全操作	倒扣	不合格扣 5～20 分		
	14	工作场所整理				

知识拓展

坐 标 平 移

如果工件上不同的位置有相同的形状或结构需要进行加工时，可以采用 TRANS/ATRANS 指令平移当前坐标系，系统会根据平移量产生一个新的坐标系，从而实现简化编程的目的。

（1）指令格式

TRANS　X__　Y__　Z__；

ATRANS　X__　Y__　Z__　；

例 4　TRANS　X10.0　Y20.0　Z30.0；

例 5　ATRANS　X10.0　Y20.0　Z30.0；

（2）指令说明

1）TRANS：绝对可编程零位偏置，参考基准是当前设定的有效工件零位，即使用 G54～G59 中设定的工件坐标系。

2）ATRANS：附加可编程零位偏置，参考基准为当前设定的或最后编程的有效工件零位，该零位也可是通过 TRANS 指令偏置的零位。

3）X__ Y__ Z__：是指各轴的平移量。

例 4 表示以 G54~G59 中设定的工件坐标系原点为基点执行坐标系平移，平移的距离为“X10.0 Y20.0 Z30.0”。

例 5 表示以最后编程有效的工件坐标系原点为基点执行坐标系平移，平移的距离为“X10.0 Y20.0 Z30.0”。如果在同一程序中执行了例 4 指令后，再执行例 5 指令，则经过两次坐标平移后的零位相对于 G54 设定的工件坐标系原点偏移了“X20 Y40 Z60”的距离。

（3）注意事项 如果在 TRANS 指令后面没有轴移动参数，该指令将取消程序中所有的框架，仍保留原工件坐标系。

所谓框架（FRAME），是 SIEMENS-840D/810D 系统中用来描述坐标系平移或旋转等几何运算的术语。框架用于描述从当前工件坐标系开始到下一个目标坐标系的坐标或角度变化。常用的框架有坐标平移（TRANS，ATRANS）、坐标旋转（ROT，AROT）、坐标缩放（SCALE，ASCALE）、坐标镜像（MIRROR，AMIRROR）。

提示 所有的框架指令在程序中必须单独占有一行。

（4）坐标平移编程实例 如图 5-5 所示，试采用坐标平移指令编写该工件轮廓加工程序（加工深度为 8mm）。

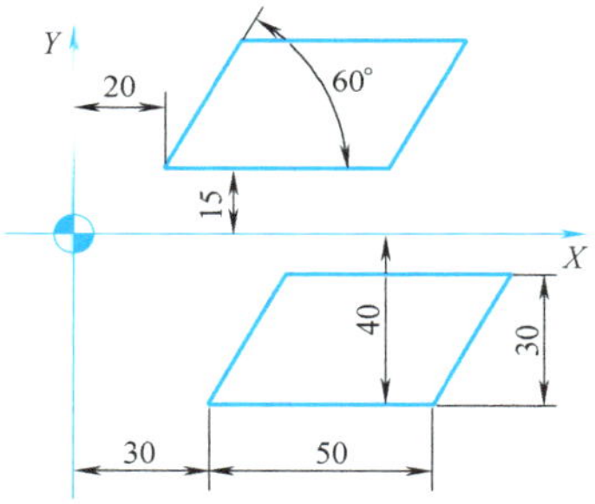

图 5-5 坐标平移编程实例

```
AA621.MPF;
G90 G94  G17  G40  G71  G54;     (程序初始化)
G74  Z0;                         (返回 Z 向参考点)
T1D1  S600  M03  F100;
TRANS  X20.0  Y15.0;             (绝对平移)
L21;                             (子程序加工上方的轮廓)
TRANS;                           (取消坐标平移)
TRANS  X30.0  Y-40.0;            (绝对平移)
L21;                             (子程序加工下方的轮廓)
TRANS;                           (取消坐标平移)
G74  Z0;                         (程序结束部分)
M30;
L21.SPF;                         (轮廓子程序)
G00  Z10.0;
     X-10.0  Y10.0;
G01  Z-8.0;
G41  G01  X0  Y0;
     X17.32  Y30.0;
     X67.32;
```

```
        X50.0   Y0;
        X0;
G40   G01   X-10.0   Y10.0;
G00   Z20.0;
RET;
```

任务二　坐标旋转加工

知识目标

- 掌握坐标旋转指令的指令格式。
- 了解坐标旋转指令的使用注意事项。

技能目标

- 掌握采用坐标旋转指令的编程方法。
- 了解采用宏程序指令和坐标旋转指令加工多个轮廓的方法。

素养目标

- 具备分析和解决实训过程中突发事件的能力。
- 具有质量掌控的意识。

任务描述

如图 5-6 所示，试根据零件的加工要求选择合适的加工方法和加工刀具，编写该零件的数控铣床加工程序。

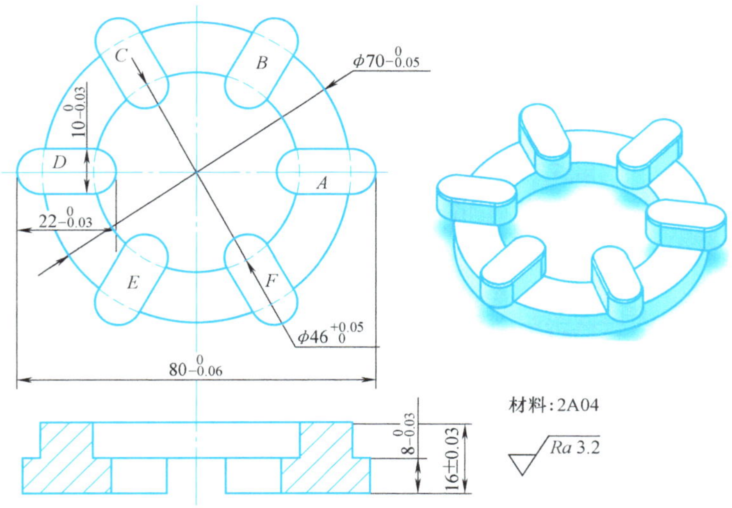

图 5-6　坐标旋转编程实例

知识链接

1. 坐标系旋转指令

对于某些围绕中心旋转得到的特殊轮廓，如果根据旋转后的实际加工轨迹进行编程，就可使坐标计算的工作量大大增加，而通过图形旋转功能，可以大大简化编程的工作量。

SIEMENS 系统采用 ROT/AROT 命令来实现坐标旋转功能。使用坐标旋转功能之后，会根据旋转情况产生一个当前坐标系，新输入的尺寸均是在当前坐标系中的数据尺寸。

（1）指令格式

ROT　RPL=__；

AROT　RPL=__；

例 1　G17　ROT　RPL=30.0；

例 2　G18　AROT　RPL=30；

（2）指令说明

1）ROT：绝对可编程零位旋转。参考基准为通过 G54～G59 指令建立的工件坐标系零位。

2）AROT：附加可编程零位旋转。参考基准为当前有效的设置或编程的零点。

3）RPL：在平面内的旋转角度。对于平面旋转指令，旋转轴为与该平面相垂直的轴，从旋转轴的正方向向该平面看，逆时针方向为正方向，顺时针方向为负方向。

例 3　表示以编程坐标系原点为基点，在 G17 平面内绕 *Z* 轴转过 30°。

例 4　表示以当前设置的坐标系原点为基点，在 G18 平面内绕 *Y* 轴转过 30°。

（3）编程注意事项　如果在镜像指令“MIRROR”（功能后叙）后用 AROT 指令编辑一个附加的旋转，则其旋转方向与镜像前相反。

旋转的取消类同于坐标系平移取消指令，如果 ROT 指令后面没有轴参数，则前面所有编程的框架被取消。

2. 坐标旋转编程示例

例 5　如图 5-7 所示工件，试采用坐标旋转指令编写其轮廓加工程序。

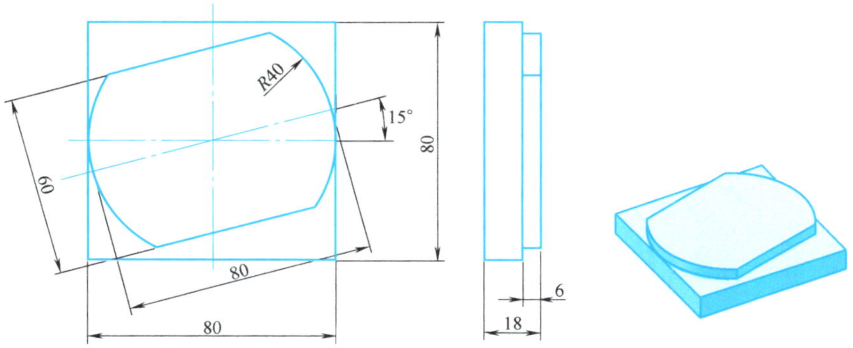

图 5-7　坐标旋转编程实例 1

AA622.MPF；

G90　G94　G17　G40　G71　G54；　（程序初始化）

```
G74  Z0;                              (返回 Z 向参考点)
T1D1  S600  M03  F100;
 G00  X-50.0  Y-50.0;
      Z20.0;
 G01  Z-6.0;
ROT  RPL=15.0;                        (坐标旋转)
 G41  G01  Y-30.0  D01;               (加工凸台轮廓)
      X26.46;
 G03  Y30.0  CR=40.0;
 G01  X-26.46;
 G03  Y-30.0  CR=40.0;
 G40  G01  X-50.0  Y-50.0;
ROT;                                  (取消所有框架指令)
G74  Z0;      (程序结束部分)
M30;
```

例 6　如图 5-8 所示工件，试采用坐标旋转指令编写其轮廓加工程序（加工深度为 6mm）。

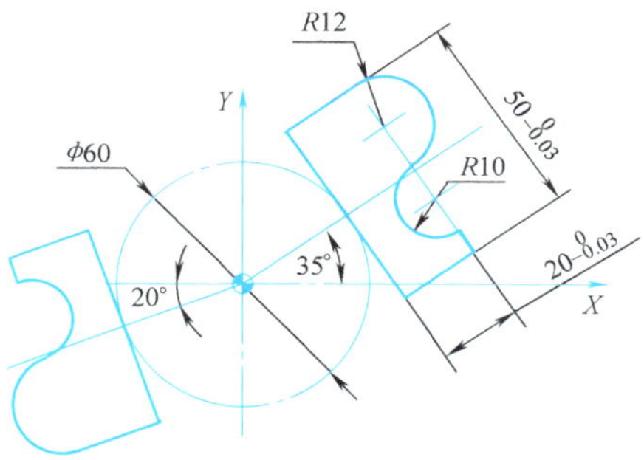

图 5-8　坐标旋转编程实例 2

```
AA622.MPF;
  G90  G94  G17  G40  G71  G54;       (程序初始化)
  G74  Z0;                            (返回 Z 向参考点)
  T1D1  S600  M03  F100;
  G00  X0  Y0;
       Z20.0;
  G01  Z-6.0;
  ROT  RPL=35.0;                      (坐标旋转)
  L22;                                (子程序加工右侧轮廓)
  ROT;                                (取消所有框架指令)
  ROT  RPL=200.0;                     (坐标旋转)
  L22;                                (子程序加工左侧轮廓)
  ROT;                                (取消所有框架指令)
```

```
  G74  Z0;                               (程序结束部分)
  M30;
L22. SPF;                                (轮廓子程序)
  G41  X30.0  Y-30.0;                    (切线方向切入与切出)
       Y25.0;
       X50.0;
  G02  Y1.0  CR=12.0;
  G03  Y-19.0  CR=10.0;
  G01  Y-25.0;
       X20.0;
  G40  G01  X0  Y0;
RET;
```

想一想

编制本例工件的加工程序时，其刀具的起刀点应位于何处？为什么？

任务实施

1. 加工准备

本任务选用的机床为 TH7650 型 SIEMENS 802D 系统加工中心。选择 ϕ12mm 的高速钢立铣刀作为本任务工件的加工刀具。切削用量推荐值如下：切削速度 n = 1000 ~ 1500r/min；进给速度取 v_f = 300 ~ 500mm/min；背吃刀量的取值等于轮廓高度，取 a_p = 8mm。

2. 编写加工程序

本任务工件的加工中心加工程序见表 5-3。

表 5-3 坐标旋转编程参考程序

刀具	ϕ12mm 高速钢立铣刀	
程序段号	SIEMENS 802D 系统程序	程序说明
	AA40. MPF;	主程序
N10	G90 G94 G71 G40 G17 G54;	程序初始化
N20	G74 Z0;	刀具退回 Z 向参考点
N30	T1D1 M03 S1500 F100;	主轴正转
N40	G00 X0 Y0 M08;	刀具预定位
N50	Z10.0;	刀具定位
N60	G01 Z-8.0 F300;	
N70	BB40;	加工轮廓 A
N80	ROT RPL=60.0;	坐标旋转
N90	BB40;	加工轮廓 B
N100	AROT RPL=60.0;	坐标旋转
N110	BB40;	加工轮廓 C
N120	AROT RPL=60.0;	坐标旋转

（续）

刀具	ϕ12mm 高速钢立铣刀	
程序段号	SIEMENS 802D 系统程序	程序说明
N130	BB40;	加工轮廓 *D*
N140	AROT RPL=60.0;	坐标旋转
N150	BB40;	加工轮廓 *E*
N160	AROT RPL=60.0;	坐标旋转
N170	BB40;	加工轮廓 *F*
N180	AROT;	取消坐标旋转
N190	G74 Z0 M09;	刀具返回 *Z* 向参考点
N200	M05;	主轴停转
N210	M30;	程序结束
	BB40.SPF;	加工局部外轮廓子程序
N10	G01 Y15.0;	加工单个轮廓
N20	G41 G01Y5.0;	
N30	X35.0;	
N40	G02Y-5.0 CR=5.0;	
N50	G01 X23.0;	
N60	G02 Y5.0 CR=5.0;	
N70	G40 G01 X0 Y15.0;	
N80	RET;	返回主程序

任务评价

本任务的任务评价表见表 5-4。

表 5-4 坐标旋转加工任务评价表

项目与权重	序号	技术要求	配分	评分标准	检测记录	得分
加工操作（75%）	1	$80_{-0.06}^{0}$mm	5×3	超差 0.01mm 扣 1 分		
	2	$\phi46_{0}^{+0.05}$mm	5	超差 0.01mm 扣 1 分		
	3	$\phi70_{-0.05}^{0}$mm	5	超差 0.01mm 扣 1 分		
	4	$22_{-0.03}^{0}$mm	2×6	超差 0.01mm 扣 1 分		
	5	$10_{-0.03}^{0}$mm	2×6	超差 0.01mm 扣 1 分		
	6	$8_{-0.03}^{0}$mm	5	超差 0.01mm 扣 1 分		
	7	(16±0.03)mm	5	超差 0.01mm 扣 1 分		
	8	*Ra*3.2μm	6	不合格扣 1 分/处		
	9	圆弧正确	6	不合格扣 1 分/处		
	10	一般尺寸	4	不合格扣 1 分/处		

（续）

项目与权重	序号	技术要求	配分	评分标准	检测记录	得分
程序与加工工艺（25%）	11	程序格式规范、正确	5	不规范扣 2 分/处		
	12	坐标旋转编程正确	10	不规范扣 2 分/处		
	13	刀具参数选择正确	5	不规范扣 2 分/处		
	14	加工工艺合理	5	不合理扣 2 分/处		
机床操作	15	对刀操作正确	倒扣	不规范倒扣 2 分/次		
	16	机床操作不出错				
安全文明生产	17	安全操作	倒扣	出错倒扣 5~20 分		
	18	机床维护与保养				

知识拓展

坐标旋转结合宏程序进行多轮廓加工

在工厂的实际生产中，有时会遇到在圆周上均布有多个相同轮廓的零件。此时，如采用坐标旋转再结合宏程序进行编程，则可大大简化主程序（注：本书仅列出宏程序的相关程序，关于宏程序的说明请读者参阅其他相关书籍）。

例 7　如图 5-9 所示工件，毛坯尺寸为 ϕ80mm×10mm，试编写内轮廓加工时的数控铣床精加工程序。

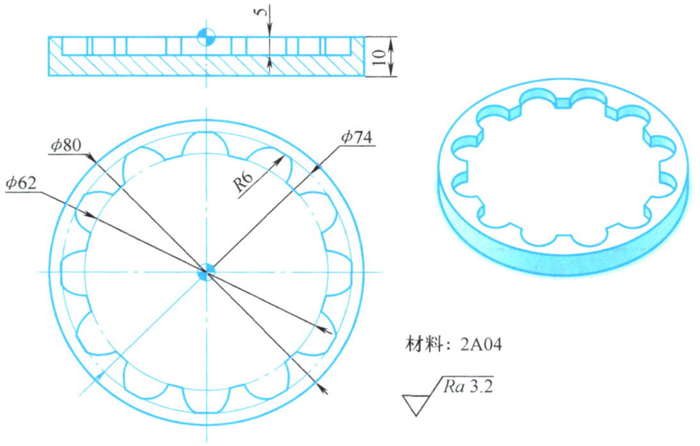

图 5-9　圆周均布多轮廓编程与加工实例

圆周均布多轮廓编程与加工实例

分析：加工本例工件时，如仅以坐标旋转方式进行编程，则程序较长。如能采用坐标旋转结合宏程序进行编程，可简化编程过程中的基点计算，提高编程效率。编程时，以所旋转的角度作为变量（$R1$），每次增量为 30°（$R1=R1+30.0$）。

AA31. MPF;	（主程序）
G90　G94　G71　G40　G54;	（程序初始化）
G74　Z0;	（Z 轴回参考点）

```
G00   X0.0   Y0.0;                       (快速点定位)
      Z20.0;
M03   S500;                              (主轴正转，转速为500r/min)
G01   Z-5.0   F100;
G41   G01   X31.0;
G03   I-31.0;
G40   G01   X0   Y0;
R1=0.0;                                  (旋转角度参数)
MA1: ROT   RPL=R1;                       (旋转R1°)
G01   X15.0   Y0;
G41   G01   X25.0   Y0;                  (加工R6mm凹槽)
G03   I6.0;
G40   G01   X15.0   Y0.0;
ROT;                                     (取消旋转)
R1=R1+30.0;                              (旋转角度等于R1+30.0°)
IF   R1<=330   GOTOB   MA1;              (条件判断)
G74   Z0;
M05;
M30;
```

任务三　坐标镜像加工

知识目标

- 掌握坐标镜像指令的基本格式。
- 了解坐标缩放指令的基本格式。

技能目标

- 采用坐标镜像指令编程的加工程序。
- 了解坐标缩放指令的编程方法。

素养目标

- 具有自主学习的意识和能力。
- 具有质量掌控意识。

任务描述

如图5-10所示，试根据零件的加工要求选择合适的加工方法和加工刀具，编写该零件的数控铣床加工程序。

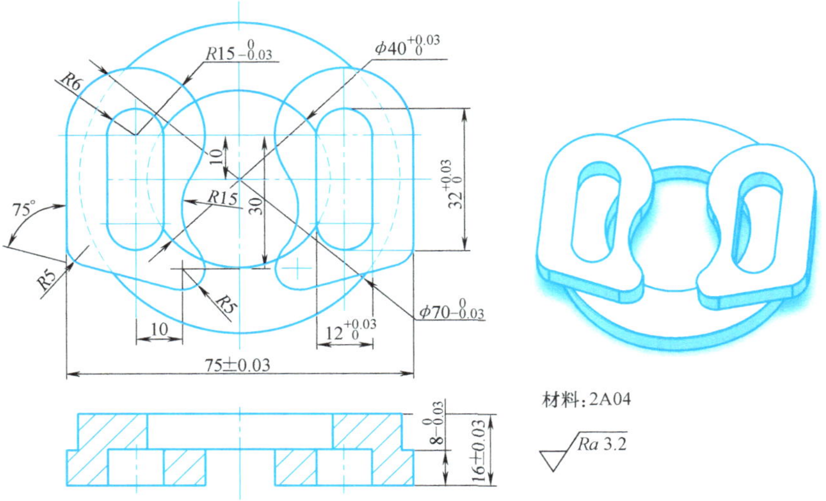

图 5-10 坐标镜像编程实例

知识链接

1. 可编程镜像指令

使用坐标镜像指令可实现沿某一坐标轴或某一坐标点的对称加工。在 SIEMENS 802D/840D/810D 系统中采用 MIRROR 或 AMIRROR 指令来实现坐标镜像功能。

（1）指令格式

MIRROR X0 Y0 Z0;

AMIRROR X0 Y0 Z0;

例 1 G17 MIRROR X0;

例 2 G17 AMIRROR Y0;

（2）指令说明

1）MIRROR：绝对可编程镜像，相对于 G54～G59 设定的当前有效坐标系的绝对镜像。

2）AMIRROR：相对可编程镜像，参考当前有效设定或编程坐标系的补充镜像。

3）X0 Y0 Z0：将改变方向的坐标轴。

例 3 表示在 G17 平面内沿 *Y* 坐标轴进行镜像，即沿 *X* 轴方向镜像。

例 4 表示在 G17 平面内沿 *X* 坐标轴进行补充镜像，即沿 *Y* 轴方向镜像。

（3）注意事项

1）在指定平面内执行镜像指令时，如果程序中有圆弧指令，则圆弧的旋转方向相反，即 G02 变成 G03，相应地，G03 变成 G02。

2）在指定平面内执行镜像指令时，如果程序中有刀具半径补偿指令，则刀具半径补偿的偏置方向相反，即 G41 变成 G42；相应地，G42 变成 G41。

3）在使用镜像功能时，由于数控机床的 *Z* 轴安装有刀具，所以，一般情况下不在 *Z* 轴方向执行镜像功能。

4）MIRROR 后面如不带任何参数，则取消所有以前激活的框架指令。

5）SIEMENS 系统中使用镜像指令时，其镜像的原点为编程时的工件坐标原点。

2. 镜像编程实例

例 5 试用镜像指令编写图 5-11 所示轮廓的加工中心加工程序。

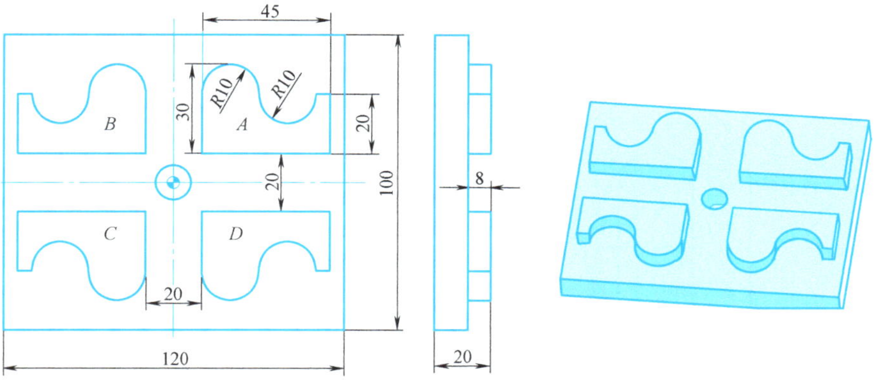

图 5-11 可编程镜像编程实例

可编程镜像编程实例

```
AA30  MPF;                              (主程序)
    ……
    S500  M03;
    G01  Z-8.0  F100;
    BB30;                               (调用子程序加工轨迹 A)
    MIRROR  X0;                         (调用子程序加工轨迹 B)
    BB30;
    AMIRROR  Y0;                        (调用子程序加工轨迹 C)
    BB30;
    AMIRROR  X0;                        (调用子程序加工轨迹 D)
    BB30;
    AMIRROR;
    ……
BB30. SPF; (子程序)
    G41  G01  X10.0  Y0;
              Y30.0;
    G02  X30.0  CR=10.0;
    G03  X50.0  CR=10.0;
    G01  X55.0;
         Y10.0;
         X0;
    G40  G01  X0  Y0;
    RET;
```

任务实施

1. 加工准备

本任务选用的机床为 TH7650 型 SIEMENS 802D 系统加工中心。选择 ϕ12mm 的高速钢立铣刀作为本任务工件的加工刀具。切削用量推荐值如下：切削速度 $n=1000\sim1500\text{r/min}$；进给速度取 $v_f=300\sim500\text{mm/min}$；背吃刀量的取值等于轮廓高度，取 $a_p=8\text{mm}$。

2. 计算基点坐标

如图 5-12 所示，采用 CAD 绘图分析方法得出的局部基点坐标如下。

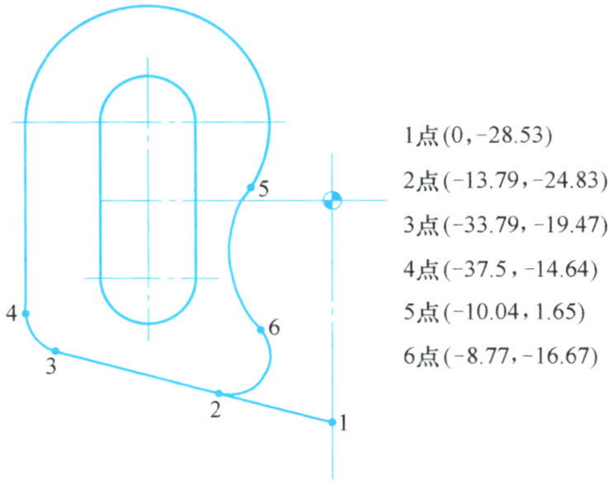

图 5-12 局部基点坐标

3. 编写加工程序

本任务工件的数控铣床加工程序见表 5-5。

表 5-5 坐标镜像编程实例参考程序

刀具	φ12mm 立铣刀	
程序段号	加 工 程 序	程 序 说 明
	AA510. MPF;	程序号
N10	G90 G94 G40 G71 G17 G54;	程序初始化
N20	G74 Z0;	主轴 Z 向回参考点
N30	T1D1 S1500 M03;	更换转速
N40	G00 X0 Y-50.0 M08;	刀具定位
N50	Z2.0;	
N60	G01 Z-8.0 F500;	
N70	BB510;	加工左上方第一个内凹轮廓
N80	MIRROR X0;	沿 Y 轴的轴线镜像
N90	BB510;	加工第二个内凹轮廓
N100	MIRROR;	取消坐标镜像
N110	G74 Z0;	程序结束
N120	M30;	
	BB510. SPF;	单个内轮廓加工子程序
N10	G41 G01 Y-28.53;	建立刀具半径补偿
N20	X-33.79 Y-19.47;	
N30	G02 X-37.5 Y-14.64 CR=5.0;	螺旋线下刀
N40	G01 Y10.0;	

（续）

刀具	ϕ12mm 立铣刀	
程序段号	加 工 程 序	程 序 说 明
N50	G02 X-10.04 Y1.65 CR=-15.0;	加工单个内轮廓
N60	G03 X-8.77 Y-16.67 CR=15.0;	
N70	G02 X-13.79 Y-24.83 CR=5.0;	
N80	G40 G01 X0 Y-40.0;	
N90	RET;	返回主程序

任务评价

本任务的任务评价表见表 5-6。

表 5-6 坐标镜像加工任务评价表

项目与权重	序号	技 术 要 求	配分	评 分 标 准	检测记录	得分
加工操作（75%）	1	$\phi40^{+0.03}_{0}$mm	6	超差 0.01mm 扣 1 分		
	2	$\phi70^{0}_{-0.03}$mm	6	超差 0.01mm 扣 1 分		
	3	$8^{0}_{-0.03}$mm	6	超差 0.01mm 扣 1 分		
	4	(16±0.03)mm	6	超差 0.01mm 扣 1 分		
	5	$R15^{0}_{-0.03}$mm	6×2	超差 0.01mm 扣 1 分		
	6	(75±0.03)mm	6	超差 0.01mm 扣 1 分		
	7	$32^{+0.03}_{0}$mm	6	超差 0.01mm 扣 1 分		
	8	$12^{+0.03}_{0}$mm	6	超差 0.01mm 扣 1 分		
	9	一般尺寸	8	超差 0.01mm 扣 1 分		
	10	$Ra3.2\mu m$	7	不合格扣 1 分/处		
	11	R15mm、R5mm、75°	6	不合格扣 1 分/处		
程序与加工工艺（25%）	12	程序格式规范、正确	5	不规范扣 2 分/处		
	13	坐标镜像编程正确	10	不规范扣 2 分/处		
	14	刀具参数选择正确	5	不规范扣 2 分/处		
	15	加工工艺合理	5	不合理扣 2 分/处		
机床操作	16	对刀操作正确	倒扣	不规范倒扣 2 分/次		
	17	机床操作不出错				
安全文明生产	18	安全操作	倒扣	出错倒扣 5~20 分		
	19	机床维护与保养				

知识拓展

比 例 缩 放

在数控编程过程中，对于一些形状相同，但尺寸比例不同的零件，为了达到方便编程的目的，可在数控编程过程中常采用比例缩放指令来进行编程。使用此功能指令进行编程后，系统会根据比例缩放量产生一个当前坐标系，新输入的尺寸均是在当前坐标系中的数据尺寸。

（1）指令格式

SCALE X__ Y__ Z__;

ASCALE X__ Y__ Z__;

例 6 SCALE X2 Y1.5 Z1;

例 7 ASCALE X2 Y1.5 Z1;

（2）指令说明

1）SCALE：指参考 G54～G59 设定的当前有效坐标系原点进行比例缩放。

2）ASCALE：指参考当前有效设定或编程坐标系进行附加的比例缩放。

3）X__ Y__ Z__指各轴后面跟的缩放因子。

例 6 表示以当前由 G54～G59 设定的工件坐标系原点作为缩放基点，在 *X* 向的缩放比例为 2，*Y* 向缩放比例为 1.5，*Z* 向缩放比例为 1。

例 7 表示以当前设置有效的坐标系（如平移、缩放、旋转坐标系等）的原点为基点进行缩放，在 *X* 向的缩放比例为 2，*Y* 向缩放比例为 1.5，*Z* 向缩放比例为 1。

（3）注意事项

1）如果在比例缩放后，再进行坐标系的平移，则坐标系平移值也进行比例缩放。如下指令：

SCALE X2 Y1.5;

ATRANS X20.0 Y30.0;

执行平移指令后，实际的平移距离为（X40.0 Y45.0）。

2）如果轮廓为圆弧轮廓，两个轴的缩放比例必须一致。

3）比例缩放对刀具偏置值和刀具补偿值无效。

4）如果在 SCALE 指令后面没有轴移动参数，将取消程序中所有的框架，仍保留原工件坐标系。

5）SIEMENS 系统中使用比例缩放指令时，其缩放中心为编程时的工件坐标原点。

（4）编程示例

例 8 如图 5-13 所示，将外轮廓轨迹 *ABCDE* 以原点为中心在 *XY* 平面内进行等比例缩放，缩放比例为 2，试编写其加工程序（*Z* 向切深为 6mm）。

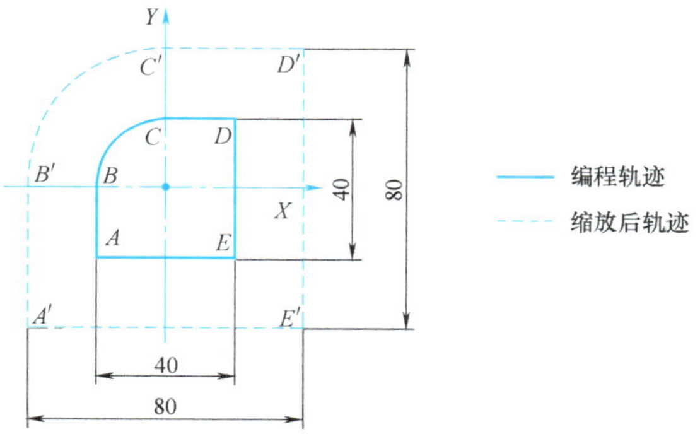

图 5-13 比例缩放编程实例

```
AA732.MPF;                          (轮廓加工主程序)
    G90  G94  G17  G71  G54;        (程序初始化)
    G74  Z0;
    T1D1  F100;
    G00  X-50.0  Y-50.0;            (注意程序起点的位置)
         Z10.0;
    S600  M03  M08;
    SCALE  X2.0  Y2.0;
    G01  Z-6.0;
    G41  G01  X-20.0;
         Y0;
    G02  X0  Y20.0  CR=20.0;
    G01  X20.0;
         Y-20.0;
         X-25.0;
    G40  G01  X-30.0  Y-30.0;
    SCALE;
    G74  Z0  M09;
    M30;
```

SIEMENS系统中，采用缩放指令编写圆弧加工程序时，X和Y方向的缩放比例必须相同。

思考与练习

一、填空题

1. 极坐标系生效指令是________，取消指令是________。

2. 极坐标指令中，极坐标半径用所选平面的______________来指定，极坐标角度用所选平面的__________来指定，极坐标的零度方向为________的正方向。

3. 极坐标半径是指在指定平面内，指定点到________的距离，在程序中用“RP”来表示。极坐标半径一律用____值表示。

4. 以编程原点作为极坐标原点，极坐标点“RP=20.0 AP=30.0”在直角坐标系中坐标为________________。

5. 指令“G90 G112 X30 Y30;”的含义是______________。

6. 指令“ROT RPL=30.0;”表示以坐标原点作为旋转中心，____________旋转30°。

7. 执行指令“ROT RPL=45.0; G01 X-10.0 Y10.0;”后，刀具中心所处的位置坐标是________________。

8. SIENENS系统除采用G90和G91指令分别表示绝对坐标和增量坐标外，还可用符号“______”和“______”来分别表示绝对坐标和增量坐标。

9. 在SIENENS系统中，用于绝对可编程零位偏置的指令是________，而用于附加可编程零位偏置的指令是________，其中用于绝对可编程零位偏置的指令格式是："________________"。

10. SIENENS 系统中常用的框架指令有__________、__________、__________、和__________。

11. 绝对可编程镜像指令是________，相对可编程镜像指令是________，G17 平面内沿 Y 坐标轴进行镜像的指令是"________________"。

12. 绝对可编程零位旋转指令是______，附加可编程零位旋转指令是______，使坐标系绕 Y 轴平面旋转 45°的指令是"________________"。

二、是非题（判断正误并在括号内填 T 或 F）

1. 极坐标角度的零度方向为第一坐标轴的正方向，顺时针方向为角度的正方向。（　　）

2. 在 SIEMENS 系统 G17 平面的极坐标指令中，用第一坐标轴地址 X 来指定极坐标半径，而用第二坐标轴地址 Y 来指定极坐标角度。（　　）

3. 采用 G111 指令来定义极点时，该极点是相对于刀具当前位置点来定义的。（　　）

4. 使用"AC"和"IC"来表示绝对坐标和增量坐标，赋值时必须有"="符号，且坐标数字要写在括号"（　　）"中。（　　）

5. SIEMENS 系统所有的框架指令在程序中必须单独占有一行。（　　）

6. 指令"SCALE　X__　Y__　Z__;"中的"X__　Y__　Z__　;"是指进行缩放的中心点。（　　）

7. 比例缩放对刀具补偿值也有效。（　　）

8. 采用镜像编程指令时，程序中的圆弧旋转方向相反，即 G02 变成 G03，但刀具补偿偏置方向不会变，即 G41 还是 G41。（　　）

9. 执行指令"TRANS　X10　Y20; ASCALE;"后，程序中执行的坐标系仍是原工件坐标系，而不是平移后的坐标系。（　　）

10. 指令"MIRROR　Y0;"是以 Y 轴为镜像轴的镜像指令。（　　）

11. 执行指令"MIRROR　X0;"时，使刀具半径补偿偏置方向自动反向。（　　）

12. 执行指令"ROT　RPL=__;"后，圆弧加工的顺、逆时针方向将发生改变，即顺时针圆弧变成逆时针圆弧，而逆时针圆弧将变成顺时针圆弧。（　　）

三、选择题（请在下列选项中选择一个正确答案并填在括号内）

1. 当以工件原点作为极点，则直角坐标系中的坐标点（20，20，20）用极坐标可表示为：（　　）。

A. RP=20　AP=20　Z20　　B. RP=20　AP=45　Z20

C. RP=28.28　AP=45　Z20　　D. RP=45　AP=28.28　Z20

2. 执行指令"N10　G90　G17　G00　X0　Y0; N20　G112　AP=30　RP=60;"中的 N20 程序段时，刀具将（　　）。

A. 移动到坐标点（51.96，30）　　B. 移动到坐标点（30，60）

C. 移动到坐标点（15，25.98）　　D. 不移动

3. 如果在程序中没有指定极点，则执行指令"G00　AP=0　RP=30"时，刀具将（　　）。

A. 增量移动 X30.0　　B. 移动到直角坐标点（30.0，0）

C. 移动到直角坐标点（0，30.0） D. 不移动

4. SIEMENS 系统中，指定进给率单位为“英寸/分钟”的指令是（ ）。

A. G71 B. G70 C. G700 D. A 或 B

5. 当执行指令“G90 G00 X10.0 Y10.0；G91 X20.0 Y = AC（30.0）；Y = IC（30.0）；”后，刀具到达的位置为（ ）。

A.（30.0，70.0） B.（20.0，30.0）

C.（30.0，40.0） D.（30.0，60.0）

6. 坐标平移指令“TRANS X__ Y__ Z__；”的参考基准是（ ）。

A. 工件坐标系零点 B. 机床坐标系零点

C. 刀具中心当前点 D. 上次平移后的坐标系零点

7. 执行指令“G54；TRANS X10.0 Y10.0；ATRANS X20.0 Y20.0；ATRANS；”后，工件坐标系零点位于 G54 坐标系中的坐标点（ ）处。

A.（0，0） B.（10.0，10.0）

C.（20.0，20.0） D.（30.0，30.0）

8. 执行指令“TRANS X20 Y30；ASCALE X2 Y1.5；G00 X10 Y20；”后，刀具中心到达原 G54 工件坐标系中的坐标点（ ）处。

A.（10.0，20.0） B.（30.0，50.0）

C.（40.0，60.0） D.（60.0，75.0）

9. 执行指令“MIRROR X20.0；G00 X30.0 Y10.0；”后，刀具中心到达相对于 G54 坐标系的位置是（ ）。

A.（−30.0，10.0） B.（10.0，10.0）

C.（30.0，−10.0） D.（30.0，30.0）

10. 执行下列指令中的（ ）后，圆弧加工的顺、逆时针方向没有发生改变。

A. MIRROR X0.0； B. MIRROR Y0.0；

C. MIRROR X0.0 Y0.0； D. MIRROR X20.0

11. 执行指令“TRANS X10.0 Y20.0；AMIRROR X0.0；”时，镜像轴是相对于 G54 坐标系中的（ ）。

A. *X* 轴 B. 过点 *Y*20.0 且与 *X* 轴平行的轴线

C. *Y* 轴 D. 过点 *X*10.0 且与 *Y* 轴平行的轴线

12. 坐标旋转指令“G17 ROT RPL=30；”的旋转轴为（ ）。

A. *X* B. *Y* C. *Z* D. 程序中没有指定

四、简述与编程题

1. 极坐标原点指定方式有哪两种？试加以说明。

2. 试分析工件坐标系零点偏移指令与局部坐标系指令的不同点。

3. 使用坐标旋转指令，应注意哪些问题？

4. 解释指令“G17 MIRROR X0；”的意义。

5. 试用极坐标指令编写图 5-14 所示孔的精加工铰孔程序。

五、操作题

1. 精加工图 5-15 所示五边形外轮廓和圆柱形内轮廓，试编写其加工程序并进行加工。

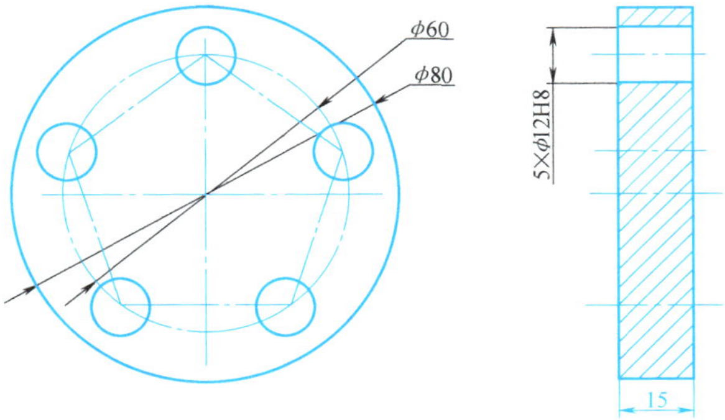

图 5-14 练习图一

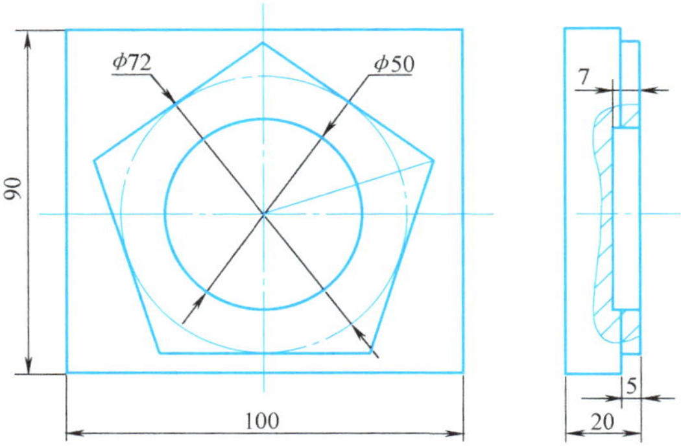

图 5-15 练习图二

2. 用 ϕ8mm 立铣刀精加工图 5-16 所示内轮廓（材料为 2A04），试采用坐标旋转指令编写其加工中心加工程序。

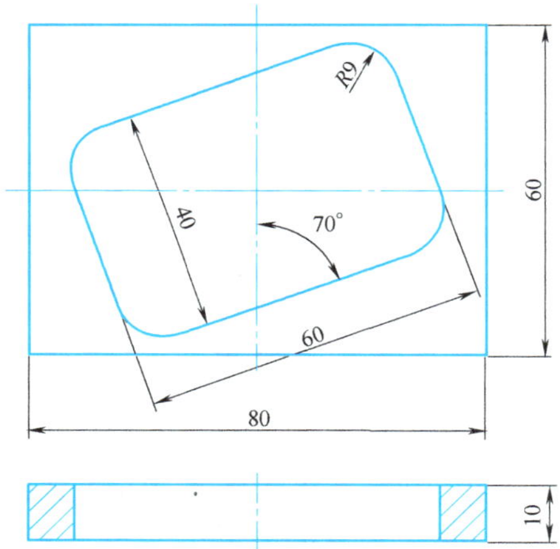

图 5-16 练习图三

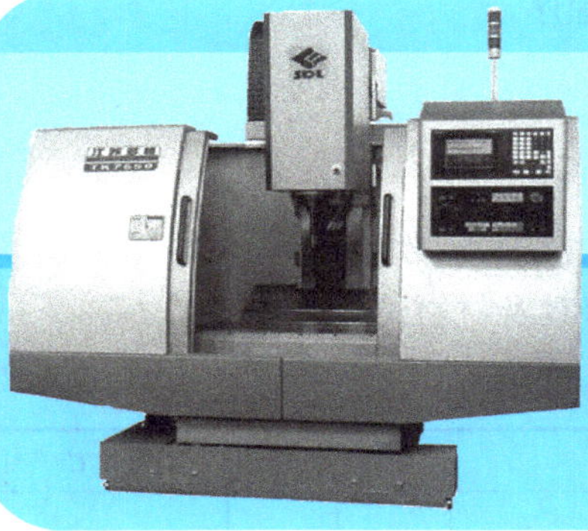

项目六 中级职业技能鉴定应会试题

任务一 中级数控铣床/加工中心应会试题 1

知识目标

- 提高数控铣削加工工艺分析的能力。
- 掌握数控加工工艺卡的编制方法。

技能目标

- 提高中级工考试应试技能。
- 提高分析问题、解决问题的能力。

素养目标

- 具有沟通协作的能力。
- 具有自主学习的意识和能力。

任务描述

加工图 6-1 所示中级数控铣床/加工中心操作工应会试题 1 零件（坯件尺寸为 90mm×

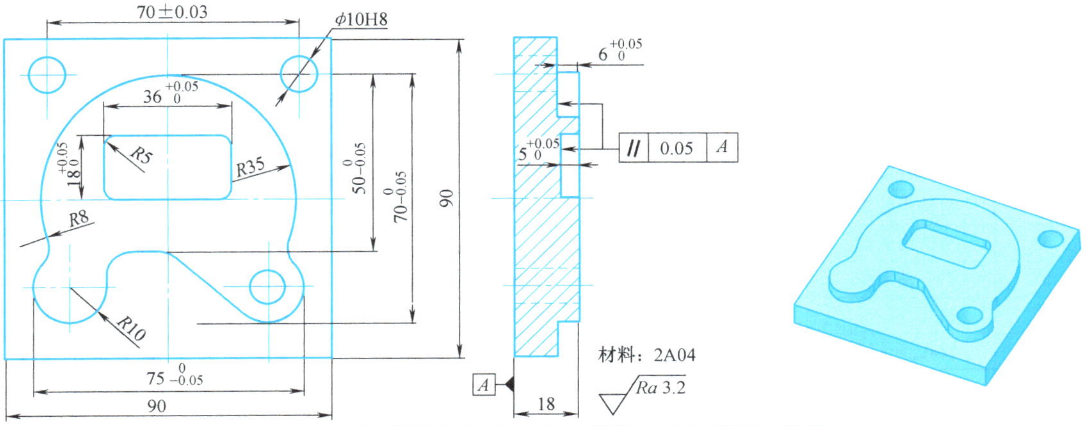

图 6-1　中级数控铣床/加工中心操作工应会试题 1 零件

90mm×18mm)，试分析其加工工艺并编写其数控铣床加工程序。

任务实施

1. 加工准备

本任务选用的机床为配备 SIEMENS 802D 系统的 XK7150 型数控铣床，毛坯材料为 90mm×90mm×18mm 的铝件。加工中使用的工具、量具、刀具及材料清单见表 6-1。

表 6-1 工具、量具、刀具及材料清单

序号	名 称	规 格	数量	备 注
1	游标卡尺	0～150mm，0.02mm	1	
2	游标万能角度尺	0°～320°，2′	1	
3	千分尺	0～25mm，25～50mm，50～75mm，0.01mm	各 1	
4	内径量表	18～35mm，0.01mm	1	
5	内径千分尺	25～50mm，0.01mm	1	
6	通止规	ϕ10H8	1	
7	游标深度卡尺	0.02mm	1	
8	深度千分尺	0～25mm，0.01mm	1	
9	百分表带表座	0～10mm，0.01mm	各 1	
10	半径样板	R7～R14.5mm，R15～R25mm	各 1	选用
11	塞尺	0.02～1mm	1 付	
12	钻头	中心钻，ϕ9.8mm、ϕ20mm 等	1	选用
13	机用铰刀	ϕ10H8	各 1	
14	立铣刀	ϕ8mm，ϕ10mm，ϕ12mm，ϕ16mm	各 1	选用
15	面铣刀	ϕ60mm（R 型面铣刀片）	1	选用
16	刀柄、夹头	以上刀具相关刀柄，钻夹头，弹簧夹	若干	
17	夹具	精密平口钳、垫铁、自定心卡盘	各 1	选用
18	材料	90mm×90mm×18mm 的铝块	1	
19	其他	常用加工中心机床辅具	若干	

2. 编制数控加工工艺卡（表 6-2）

表 6-2 数控加工工艺卡

工步号	工步内容（加工面）		刀具号	刀具规格		主轴转速/(r/min)	进给速度/(mm/min)	背吃刀量/mm
1	粗铣外形轮廓		T01	ϕ12mm 立铣刀		800	150	6
2	精铣外形轮廓		T01	ϕ12mm 立铣刀		1200	80	6
3	粗铣内轮廓		T02	ϕ8mm 立铣刀		1000	150	5
4	精铣内轮廓		T02	ϕ8mm 立铣刀		1500	80	5
5	中心钻定位		T03	B2.5 中心钻		2000	50	0.5D
6	钻孔		T04	ϕ9.8mm 钻头		600	80	0.5D
7	铰孔		T05	ϕ10H8 铰刀		200	80	0.1
8	手动去余量、倒棱，自检自查							
编制		审核		批准		共 页 第 页		

3. 工件基点的计算

本任务工件选择 CAD/CAM 软件进行基点坐标分析，得出的局部基点坐标如图 6-2 所示。

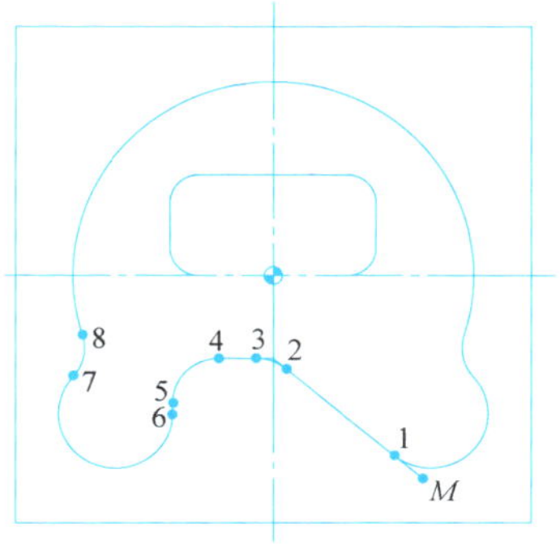

1：(21.08，-32.66)
2：(3.23，-16.87)
3：(-2.91，-15.0)
4：(-9.50，-15.0)
5：(-17.50，-23.0)
6：(-17.50，-25.0)
7：(-34.98，-18.37)
8：(-33.35，-10.63)
M：(26.0，-36.79)

图 6-2　局部基点坐标

4. 编制数控加工程序（表 6-3）

表 6-3　中级数控铣床/加工中心操作工应会试题 1 参考程序

SIEMENS 802D 系统程序	程 序 说 明
AA601. MPF；	外轮廓加工程序
G90　G94　G71　G40　G54　F150；	程序初始化
G74　Z0；	Z 向返回参考点
T1D1　M03　S800；	主轴正转，转速为 800r/min
G00　X0　Y-55. 0　M08；	定位至起刀点
Z30. 0；	
G01　Z-6. 0；	
G41　G01　X26. 0　Y-36. 79；	延长线上建立刀具半径补偿
X3. 23　Y-16. 87；	加工外形轮廓
G03　X-2. 91　Y-15. 0　CR=8. 0；	
G01　X-9. 5；	
G03　X-17. 5　Y-23. 0　CR=8. 0；	
G01　Y-25. 0；	
G02　X-34. 98　Y-18. 37　CR=-10. 0；	
G03　X-33. 35　Y-10. 63　CR=8. 0；	
G02　X33. 35　CR=-35. 0；	
G03　X34. 98　Y-18. 37　CR=8. 0；	
G02　X21. 08　Y-32. 66　CR=10. 0；	
G40　G01　X0　Y-55. 0；	取消刀具半径补偿
G74　Z0　M09；	Z 向返回参考点
M05；	程序结束部分
M30；	

（续）

SIEMENS 802D 系统程序	程 序 说 明
AA602. MPF;	内轮廓加工程序
G90 G94 G71 G40 G54 F150;	程序初始化
G74 Z0;	Z 向返回参考点
T1D1 M03 S1000;	主轴正转，转速为 1000r/min
G90 G00 X0 Y9.0 M08;	刀具定位
Z30.0;	
G01 Z0;	
G41 G01 Y18.0;	建立刀具半径补偿
G03 Z-5.0 J-9.0;	螺旋线下刀
G01 X-13.0;	加工内轮廓
G03 X-18.0 Y13.0 CR=5.0;	
G01 Y5.0;	
G03 X-13.0 Y0 CR=5.0;	
G01 X13.0;	
G03 X18.0 Y5.0 CR=5.0;	
G01 Y13.0;	
G03 X13.0 Y18.0 CR=5.0;	
G01 X-13.0;	
G40 G01 X0 Y9.0;	取消刀具半径补偿
G74 Z0 M09;	Z 向返回参考点
M05;	程序结束部分
M30;	
AA603. MPF;	精铰孔程序
G90 G94 G71 G40 G54 F80;	程序开始部分
G74 Z0;	
T1D1 M03 S200;	
G00 X0 Y0 M08;	刀具定位
MCALL CYCLE81(10.0,0,3.0,-23.0);	加工 3 个孔
G00 X-36.0 Y35.0;	
X36.0;	
X32.5 Y-25.0;	
MCALL;	
G74 Z0;	程序结束部分
M30;	

注：1. 钻孔与扩孔程序略。
2. 轮廓精加工程序与粗加工程序相似，只需修改程序中的切削用量即可。
3. 精加工时，需修改刀具半径补偿值。

任务评价

本任务的工时定额（包括编程与程序手动输入）为 3h，其评分表见表 6-4。

表 6-4　中级数控铣床/加工中心操作工应会试题 1 评分表

项目与权重		序号	技术要求	配分	评分标准	检测记录	得分
加工操作（80%）	轮廓与孔（74%）	1	$50_{-0.05}^{\ 0}$ mm	6	超差 0.01mm 扣 1 分		
		2	$70_{-0.05}^{\ 0}$ mm	6	超差 0.01mm 扣 1 分		
		3	$75_{-0.05}^{\ 0}$ mm	6	超差 0.01mm 扣 1 分		
		4	$5_{\ 0}^{+0.05}$ mm	5	超差 0.01mm 扣 1 分		
		5	$18_{\ 0}^{+0.05}$ mm	6	超差 0.01mm 扣 1 分		
		6	$36_{\ 0}^{+0.05}$ mm	6	超差 0.01mm 扣 1 分		
		7	$6_{\ 0}^{+0.05}$ mm	5	超差 0.01mm 扣 1 分		
		8	平行度公差为 0.05mm	5×2	超差 0.01mm 扣 1 分		
		9	$Ra3.2\mu m$	5	超差一处扣 1 分		
		10	孔径 $\phi10H8$	3×3	超差 0.01mm 扣 1 分		
		11	(70±0.03) mm	5	超差 0.01mm 扣 1 分		
		12	一般尺寸	5	超差全扣		
	其他（6%）	13	工件按时完成	3	未按时完成全扣		
		14	工件无缺陷	3	缺陷一处扣 2 分		
程序与加工工艺（10%）		15	程序正确合理	5	每错一处扣 2 分		
		16	加工工序卡	5	不合理每处扣 2 分		
机床操作（10%）		17	机床操作规范	5	出错一次扣 2 分		
		18	工件、刀具装夹	5	出错一次扣 2 分		
安全文明生产		19	安全操作	倒扣	安全事故停止操作或酌扣 5～30 分		
		20	机床整理	倒扣			

任务二　中级数控铣床/加工中心应会试题 2

知识目标

- 提高数控铣削加工工艺分析的能力。

技能目标

- 编制本例工件的加工工艺卡。
- 提高分析问题、解决问题的能力。

素养目标

- 具有自主学习的意识和能力。
- 具有质量掌控的意识。

任务描述

加工图 6-3 所示中级数控铣床/加工中心操作工应会试题 2 零件（坯件尺寸为 90mm×90mm×20mm），试编写其数控铣床加工程序。

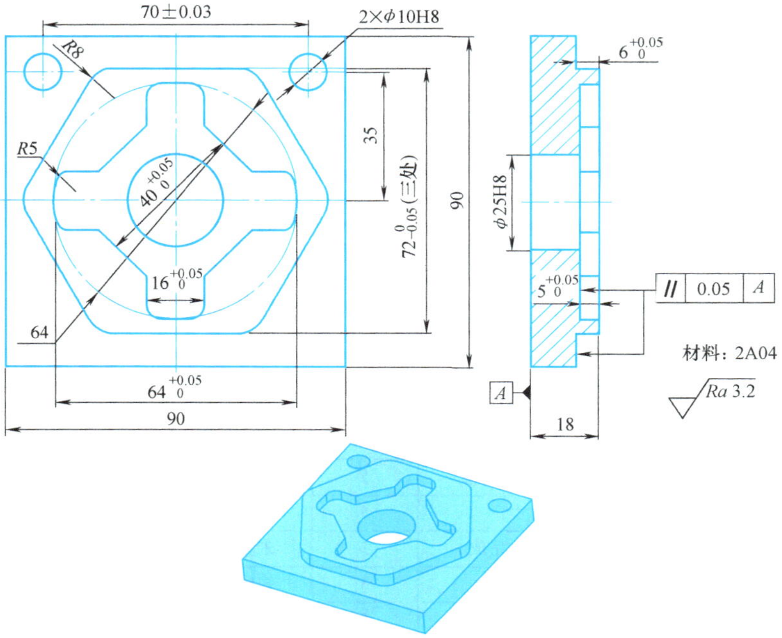

图 6-3　中级数控铣床/加工中心操作工应会试题 2 零件

任务实施

1. 加工准备

本任务选用的机床为 SIEMENS　802D 系统的 XK7150 型数控铣床，毛坯为 90mm×90mm×20mm 的铝件。加工中使用的工具、量具、刀具参照表 6-1 进行配置。

2. 计算基点坐标

本任务工件选择 Mastercam 软件或 CAXA 制造工程师软件进行基点坐标分析，得出的局部基点坐标如图 6-4 所示。

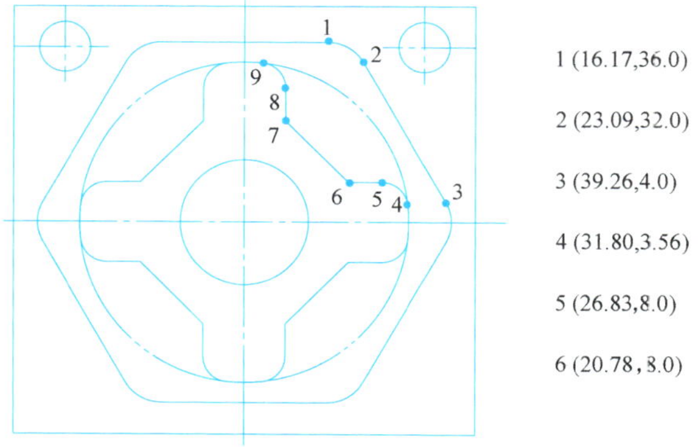

图 6-4　局部基点坐标

3. 编制数控加工工艺卡（表 6-5）

表 6-5　数控加工工艺卡

工步号	工步内容(加工面)		刀具号	刀具规格		主轴转速/(r/min)	进给速度/(mm/min)	背吃刀量/mm
1	钻孔		T01	ϕ8mm 钻头		600	80	0.5D
2	粗铣外形轮廓		T02	ϕ16mm 立铣刀		600	150	6
3	精铣外形轮廓		T02	ϕ16mm 立铣刀		1000	80	6
4	粗铣内轮廓		T03	ϕ8mm 立铣刀		1000	150	5
5	精铣内轮廓		T03	ϕ8mm 立铣刀		1500	80	5
6	扩孔		T04	ϕ9.8mm 钻头		600	80	0.5D
7	铰孔		T05	ϕ10H8 铰刀		200	80	0.1
8	立铣刀铣孔方式扩孔		T02	ϕ16mm 立铣刀		600	150	8
9	精镗孔		T06	ϕ25mm 精镗刀		1200	80	0.2
10	手动去余量、倒棱，自检自查							
编制		审核		批准		共　页　第　页		

4. 编制加工程序（参考程序见表 6-6）

表 6-6　中级数控铣床/加工中心操作工应会试题 2 参考程序

SIEMENS 802D 系统程序	程 序 说 明
AA602.MPF;	程序号
G90　G94　G71　G40　G54　F150;	程序初始化
G74　Z0;	Z 向返回参考点
T1D1　M03　S600;	主轴正转，转速为 600r/min
G00　X-55.0　Y55.0　M08;	定位至起刀点
Z30.0;	
G01　Z-6.0;	
G41　G01　Y36.0;	延长线上建立刀具半径补偿
X16.17;	加工外形轮廓
G02　X23.09　Y32.0　CR=8.0;	
G01　X39.25　Y4.0;	
G02　Y-4.0　CR=8.0;	
G01　X23.09　Y-32.0;	
G02　X16.17　Y-36.0　CR=8.0;	
G01　X-16.17;	
G02　X-23.09　Y-32.0　CR=8.0;	
G01　X-39.25　Y-4.0;	
G02　Y4.0　CR=8.0;	
G01　X-23.09　Y32.0;	
G02　X-16.17　Y36.0　CR=8.0;	

（续）

SIEMENS 802D 系统程序	程 序 说 明
G40　G01　X-55.0　Y55.0;	取消刀具半径补偿
G74　Z0　M09;	Z 向返回参考点
M05;	程序结束部分
M30;	
AA622.MPF;	程序号
G90　G94　G71　G40　G54　F150;	程序初始化
G74　Z0;	Z 向返回参考点
T1D1　M03　S1000;	主轴正转，转速为 1000r/min
G00　X0　Y0　M08;	刀具定位
Z30.0;	
G01　Z-5.0;	
G41　G01　Y-8.0;	建立刀具半径补偿
G01　X26.83;	加工内轮廓
G03　X31.80　Y-3.56　CR=5.0;	
G03　Y3.56　R32.0;	
G03　X26.83　Y8.0　CR=5.0;	
G01　X20.78;	
G01　X8.0　Y20.78;	
G01　Y26.83;	
G03　X3.56　Y31.80　CR=5.0;	
G03　X-3.56　CR=32.0;	
G03　X-8.0　Y26.83　CR=5.0;	
G01　Y20.78;	
G01　X-20.78　Y8.0;	
G01　X-26.83;	
G03　X-31.80　Y3.56　CR=5.0;	
G03　Y-3.56　CR=32.0;	
G03　X-26.83　Y-8.0　CR=5.0;	
G01　X-20.78;	
G01　X-8.0　Y-20.78;	
G01　Y-26.83;	
G03　X-3.56　Y-31.80　CR=5.0;	
G03　X3.56　CR=32.0;	
G03　X8.0　Y-26.83　CR=5.0;	
G01　Y-20.78;	
G01　X20.78　Y-8.0;	

（续）

SIEMENS 802D 系统程序	程序说明
G40　X0　Y0；	取消刀具半径补偿
G74　Z0　M09；	Z 向返回参考点
M05；	程序结束部分
M30；	
AA632. MPF；	精镗孔程序
G90　G94　G71　G40　G54　F80；	程序开始部分
G74　Z0；	
T1D1　M03　S1200；	
G00　X0　Y0　M08；	刀具定位
CYCLE86(30,0,2,-23,　,0,3,3,0,2,0)；	精镗孔
G74　Z0；	程序结束部分
M30；	

注：钻孔、扩孔及铰孔加工程序略。

任务评价

本任务的工时定额（包括编程与程序手动输入）为 3h，其评分表见表 6-7。

表 6-7　中级数控铣床/加工中心操作工应会试题 2 评分表

项目与权重		序号	技术要求	配分	评分标准	检测记录	得分
加工操作（80%）	轮廓与孔（74%）	1	$72_{-0.05}^{0}$ mm	4×3	超差 0.01mm 扣 1 分		
		2	$64_{0}^{+0.05}$ mm	4×2	超差 0.01mm 扣 1 分		
		3	$16_{0}^{+0.05}$ mm	4×2	超差 0.01mm 扣 1 分		
		4	$40_{0}^{+0.05}$ mm	4×2	超差 0.01mm 扣 1 分		
		5	$6_{0}^{+0.05}$ mm	4	超差 0.01mm 扣 1 分		
		6	$5_{0}^{+0.05}$ mm	4	超差 0.01mm 扣 1 分		
		7	平行度公差为 0.05mm	4×2	超差 0.01mm 扣 1 分		
		8	孔径 ϕ25H8	6	超差 0.01mm 扣 1 分		
		9	孔径 ϕ10H8	2×2	超差 0.01mm 扣 1 分		
		10	(70±0.03)mm	4	超差 0.01mm 扣 1 分		
		11	Ra3.2μm	5	超差一处扣 1 分		
		12	一般尺寸	3	超差全扣		
	其他（6%）	13	工件按时完成	3	未按时完成全扣		
		14	工件无缺陷	3	缺陷一处扣 2 分		
程序与加工工艺（10%）		15	程序正确合理	5	每错一处扣 2 分		
		16	加工工序卡	5	不合理每处扣 2 分		
机床操作（10%）		17	机床操作规范	5	出错一次扣 2 分		
		18	工件、刀具装夹	5	出错一次扣 2 分		
安全文明生产		19	安全操作	倒扣	安全事故停止操作或酌扣 5~30 分		
		20	机床整理	倒扣			

任务三 中级数控铣床/加工中心应会试题 3

知识目标

- 提高数控铣削加工工艺分析的能力。

技能目标

- 编制本例工件的加工步骤。
- 提高分析问题、解决问题的能力。

素养目标

- 具备分析和解决实训过程中突发事件的能力。
- 具有质量掌控的意识。

任务描述

加工图 6-5 所示中级数控铣床/加工中心操作工应会试题 3 零件（坯件尺寸为 90mm×90mm×20mm），试编写其数控铣床加工程序。

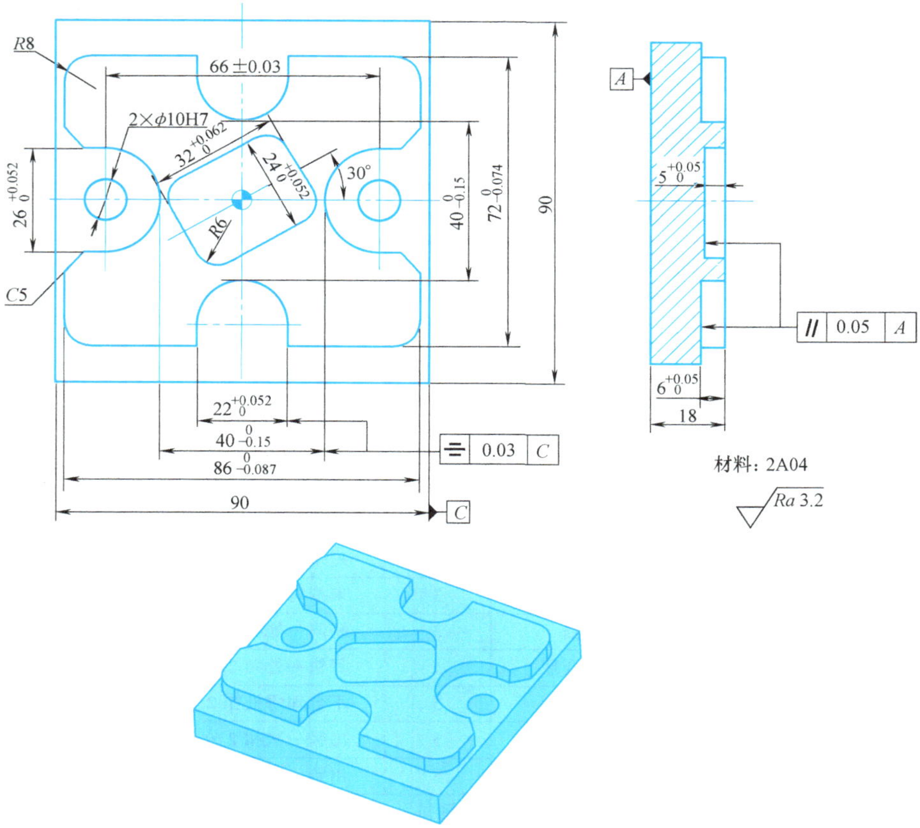

图 6-5 中级数控铣床/加工中心操作工应会试题 3 零件

任务实施

1. 加工准备

本任务选用的机床为配备 SIEMENS　802D 系统的 XK7150 型数控铣床，毛坯为 90mm×90mm×20mm 的铝件。加工中使用的工具、量具、刀具参照表 6-1 进行配置。

2. 加工难点分析

本任务主要的加工难点在于内轮廓加工时刀具的合理选择。对于不通的内轮廓，通常选择键铣刀进行加工，但由于键铣刀刚性较差，且容易磨损。因此，加工本任务工件内轮廓时，也可先钻出工艺孔，再采用立铣刀进行加工。

编写内轮廓加工程序时，既可以采用一般的编程方式，也可采用坐标旋转的方式。

3. 制订加工工艺

本任务的操作步骤如下。

1）采用 ϕ16mm 立铣刀粗铣外形轮廓。

2）采用 ϕ16mm 立铣刀精铣外形轮廓。

3）选择 ϕ9.8mm 钻头钻孔，同时在内轮廓中心加工出工艺孔。

4）选择 ϕ10H8 铰刀进行铰孔加工。

5）采用 ϕ10mm 立铣刀粗铣内轮廓。

6）采用 ϕ10mm 立铣刀精铣内轮廓。

7）手动去毛刺倒棱，自检自查。

4. 编制加工程序（参考程序见表 6-8）

表 6-8　中级数控铣床/加工中心操作工应会试题 3 参考程序

SIEMENS 802D 系统程序	程 序 说 明
AA502. MPF;	程序号
G90　G94　G21　G40　G54　F100;	程序初始化
G91　G28　Z0;	Z 向返回参考点
T1D1　M03　S600;	主轴正转，转速为 600r/min
G00　X-60.0　Y-50.0;	定位至起刀点
Z30.0　M08;	
G01　Z-5.0　F100;	
G41　G01　X-43.0;	加工外形轮廓（粗、精加工为同一程序，加工过程中使用的刀具半径补偿值不同）
Y-18.0;	
X-38.0　Y-13.0;	
X-33.0;	
G03　Y13.0　CR=13.0;	
G01　X-38.0;	
X-43.0　Y18.0;	
Y28.0;	

（续）

SIEMENS 802D 系统程序	程序说明
G02 X-35.0 Y36.0 CR=8.0;	加工外形轮廓(粗、精加工为同一程序,加工过程中使用的刀具半径补偿值不同)
G01 X-11.0;	
Y31.0;	
G03 X11.0 CR=11.0;	
G01 Y36.0;	
X35.0;	
G02 X43.0 Y28.0 CR=8.0;	
G01 Y18.0;	
X38.0 Y13.0;	
X33.0;	
G03 Y-13.0 CR=13.0;	
G01 X38.0;	
X43.0 Y-18.0;	
Y-28.0;	
G02 X35.0 Y-36.0 CR=8.0;	
G01 X11.0;	
Y-31.0;	
G03 X-11.0 CR=11.0;	
G01 Y-36.0;	
X-35.0;	
G02 X-43.0 Y-28.0 CR=8.0;	
G40 G01 X-60.0 Y-50.0;	取消刀具半径补偿
G74 Z0 M09;	程序结束部分
M30;	
BB508.MPF;	钻孔加工程序
……	程序开始部分
T1D1 M03 S600;	
G00 X33.0 Y0 F100;	
CYCLE81(10.0,0,3.0,-25.0);	钻孔加工
G00 X-33.0;	
CYCLE81(10.0,0,3.0,-25.0);	
G00 X0 Y0;	钻内轮廓的工艺孔
CYCLE81(10.0,0,3.0,-5.0);	
……	程序结束部分
AA644.MPF;	内轮廓加工程序
……	程序开始部分

（续）

SIEMENS 802D 系统程序	程 序 说 明
T1D1 M03 S600;	程序开始部分
G00 X0 Y0 Z20.0 M08;	
G01 Z-5.0 F150;	Z 向切深
ROT RPL=30.0;	坐标旋转
G41 G01 X-10.0 Y-12.0;	加工内轮廓
X10.0;	
G03 X16.0 Y-6.0 CR=6.0;	
G01 Y6.0;	
G03 X10.0 Y12.0 CR=6.0;	
G01 X-10.0;	
G03 X-16.0 Y6.0 CR=6.0;	
G01 Y-6.0;	
G03 X-10.0 Y-12.0 CR=6.0;	
G40 G01 X0 Y0;	
ROT;	取消坐标旋转
……	程序结束部分

任务评价

本任务的工时定额（包括编程与程序手动输入）为 3.5h，其评分表见表 6-9。

表 6-9 中级数控铣床/加工中心操作工应会试题 3 评分表

项目与权重		序号	技术要求	配分	评分标准	检测记录	得分
加工操作（80%）	外形轮廓（50%）	1	$26^{+0.052}_{0}$mm	5	超差 0.01mm 扣 1 分		
		2	$40^{0}_{-0.15}$mm	4	超差 0.02mm 扣 1 分		
		3	$72^{0}_{-0.074}$mm	5	超差 0.01mm 扣 1 分		
		4	$22^{+0.052}_{0}$mm	5	超差 0.01mm 扣 1 分		
		5	$40^{0}_{-0.15}$mm	4	超差 0.02mm 扣 1 分		
		6	$86^{0}_{-0.087}$mm	5	超差 0.01mm 扣 1 分		
		7	$6^{+0.05}_{0}$mm	4	超差 0.01mm 扣 1 分		
		8	对称度公差为 0.03mm	3×2	每错一处扣 2 分		
		9	平行度公差为 0.05mm	3×2	每错一处扣 2 分		
		10	R6mm、R8mm	2×3	每错一处扣 1 分		
	内轮廓（13%）	11	$24^{+0.052}_{0}$mm	4	超差 0.01mm 扣 1 分		
		12	$32^{+0.062}_{0}$mm	4	超差 0.01mm 扣 1 分		
		13	30°	2	超差全扣		
		14	$5^{+0.05}_{0}$mm	3	超差 0.01mm 扣 1 分		

（续）

项目与权重		序号	技术要求	配分	评分标准	检测记录	得分
加工操作（80%）	内孔（9%）	15	孔径 $\phi10H7$	2×2	每错一处扣 3 分		
		16	$Ra3.2\mu m$	1×2	每错一处扣 2 分		
		17	$(66\pm0.03)mm$	3	超差 0.01mm 扣 1 分		
	其他（8%）	18	$Ra3.2\mu m$	4	每错一处扣 1 分		
		19	工件按时完成	2	未按时完成全扣		
		20	工件无缺陷	2	有缺陷全扣		
程序与加工工艺（10%）		21	程序正确合理	10	每错一处扣 2 分		
		22	加工工序卡		不合理每处扣 2 分		
机床操作（10%）		23	机床操作规范	5	出错一次扣 2 分		
		24	工件、刀具装夹	5	出错一次扣 2 分		
安全文明生产		25	安全操作	倒扣	安全事故停止操作或酌扣 5~30 分		
		26	机床整理	倒扣			

任务四 中级数控铣床/加工中心应会试题 4

知识目标

- 提高数控铣削加工工艺分析的能力。

技能目标

- 提高中级工考试应试技能。
- 提高分析问题、解决问题的能力。

素养目标

- 具备分析和解决实训过程中突发事件的能力。
- 具有质量掌控的意识。

任务描述

加工图 6-6 所示中级数控铣床/加工中心操作工应会试题 4 零件（坯件尺寸为 90mm×90mm×20mm），试编写其数控铣床加工程序。

任务实施

本任务选用的机床为配备 SIEMENS 802D 系统的 XK7150 型数控铣床，毛坯为 90mm×90mm×20mm 的铝件。加工中使用的工具、量具、刀具参照表 6-1 进行配置。

任务评价

本任务的工时定额（包括编程与程序手动输入）为 3.5h，其评分表见表 6-10。

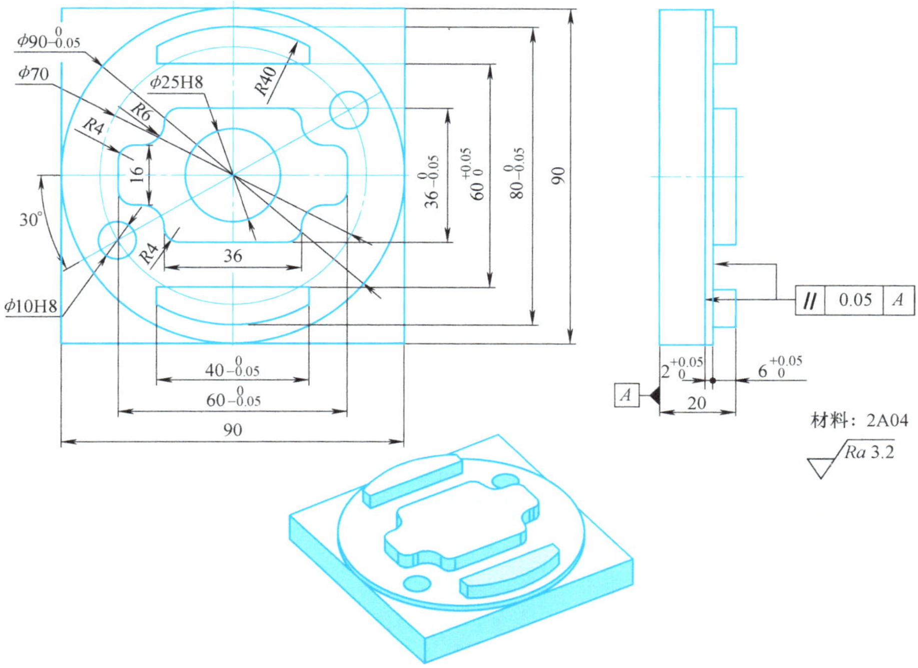

图 6-6 中级数控铣床/加工中心操作工应会试题 4 零件

表 6-10 中级数控铣床/加工中心操作工应会试题 4 评分表

项目与权重		序号	技术要求	配分	评分标准	检测记录	得分
加工操作（80%）	内、外轮廓（52%）	1	$\phi 90^{0}_{-0.05}$mm	5	超差 0.01mm 扣 1 分		
		2	$80^{0}_{-0.05}$mm	5	超差 0.01mm 扣 1 分		
		3	$60^{+0.05}_{0}$mm	5	超差 0.01mm 扣 1 分		
		4	$36^{0}_{-0.05}$mm	5	超差 0.01mm 扣 1 分		
		5	$40^{0}_{-0.05}$mm	5	超差 0.01mm 扣 1 分		
		6	$60^{0}_{-0.05}$mm	5	超差 0.01mm 扣 1 分		
		7	$2^{+0.05}_{0}$mm	5	超差 0.01mm 扣 1 分		
		8	$6^{+0.05}_{0}$mm	5	超差 0.01mm 扣 1 分		
		9	平行度公差为 0.05mm	4×2	超差 0.01mm 扣 1 分		
		10	一般尺寸	4	超差 0.01mm 扣 1 分		
	内孔（16%）	11	φ10H8	3×2	超差 0.01mm 扣 1 分		
		12	φ25H8	6	超差 0.01mm 扣 1 分		
		13	φ70mm	4	超差 0.01mm 扣 1 分		
	其他（12%）	14	$Ra3.2\mu m$	6	每错一处扣 1 分		
		15	工件按时完成	3	未按时完成全扣		
		16	工件无缺陷	3	有缺陷全扣		
程序与加工工艺（10%）		17	程序正确合理	10	每错一处扣 2 分		
		18	加工工序卡		不合理每处扣 2 分		
机床操作（10%）		19	机床操作规范	10	出错一次扣 2 分		
		20	工件、刀具装夹		出错一次扣 2 分		
安全文明生产		21	安全操作	倒扣	安全事故停止操作或酌扣 5~30 分		
		22	机床整理	倒扣			

任务五 中级数控铣床/加工中心应会试题 5

知识目标

- 提高数控铣削加工工艺分析的能力。

技能目标

- 提高中级工考试应试技能。
- 提高分析问题、解决问题的能力。

素养目标

- 具备分析和解决实训过程中突发事件的能力。
- 具有质量掌控的意识。

任务描述

加工图 6-7 所示中级数控铣床/加工中心操作工应会试题 5 零件（坯件尺寸为 90mm×90mm×18mm），试编写其数控铣床加工程序。

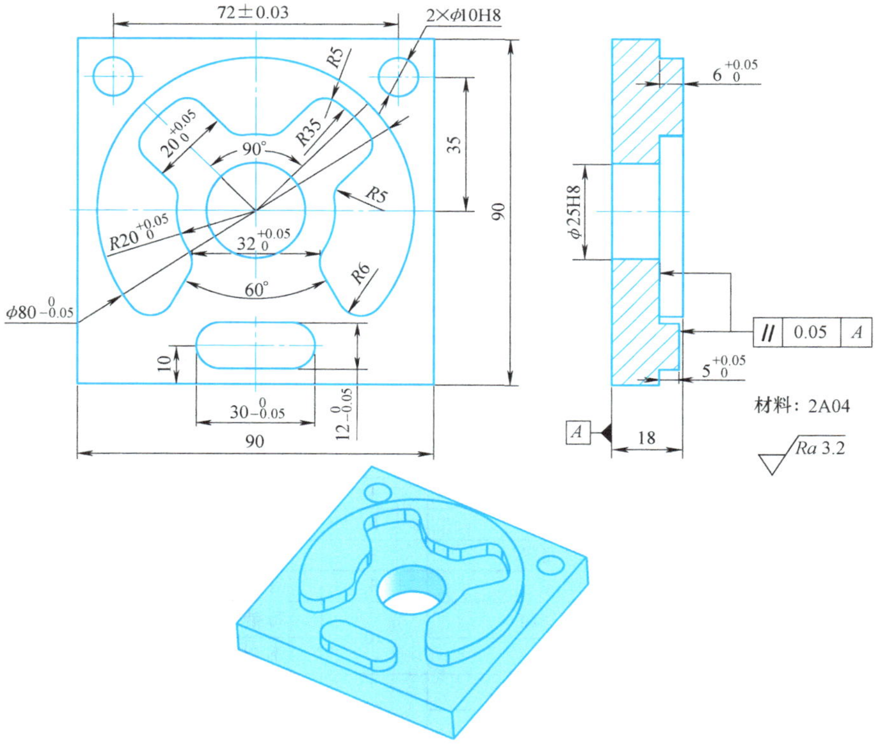

图 6-7 中级数控铣床/加工中心操作工应会试题 5 零件

任务实施

本任务选用的机床为配备 SIEMENS 802D 系统的 XK7150 型数控铣床，毛坯为 90mm×90mm×18mm 的铝件。加工中使用的工具、量具、刀具参照表 6-1 进行配置。

任务评价

本任务的工时定额（包括编程与程序手动输入）为 3.5h，其评分表见表 6-11。

表 6-11　中级数控铣床/加工中心操作工应会试题 5 评分表

项目与权重		序号	技术要求	配分	评分标准	检测记录	得分
加工操作（80%）	内、外轮廓（53%）	1	$\phi80_{-0.05}^{0}$mm	5	超差 0.01mm 扣 1 分		
		2	$20_{0}^{+0.05}$mm	5×2	超差 0.01mm 扣 1 分		
		3	$R20_{0}^{+0.05}$mm	5	超差 0.01mm 扣 1 分		
		4	$32_{0}^{+0.05}$mm	5	超差 0.01mm 扣 1 分		
		5	$30_{-0.05}^{0}$mm	4	超差 0.01mm 扣 1 分		
		6	$12_{-0.05}^{0}$mm	4	超差 0.01mm 扣 1 分		
		7	$5_{0}^{+0.05}$mm	4	超差 0.01mm 扣 1 分		
		8	$6_{0}^{+0.05}$mm	4	超差 0.01mm 扣 1 分		
		9	平行度公差为 0.05mm	4×2	超差 0.01mm 扣 1 分		
		10	一般尺寸	4	超差 0.01mm 扣 1 分		
	内孔（15%）	11	ϕ10H8	3×2	超差 0.01mm 扣 1 分		
		12	ϕ25H8	5	超差 0.01mm 扣 1 分		
		13	(72±0.03)mm	4	超差 0.01mm 扣 1 分		
	其他（12%）	14	$Ra3.2\mu m$	6	每错一处扣 1 分		
		15	工件按时完成	3	未按时完成全扣		
		16	工件无缺陷	3	有缺陷全扣		
程序与加工工艺（10%）		17	程序正确合理	10	每错一处扣 2 分		
		18	加工工序卡		不合理每处扣 2 分		
机床操作（10%）		19	机床操作规范	10	出错一次扣 2 分		
		20	工件、刀具装夹		出错一次扣 2 分		
安全文明生产		21	安全操作	倒扣	安全事故停止操作或酌扣 5～30 分		
		22	机床整理	倒扣			

思考与练习

1. 加工图 6-8 所示零件（坯件尺寸为 100mm×100mm×20mm），试编写该零件的加工工艺卡和数控铣床加工程序。

2. 加工图 6-9 所示零件（坯件尺寸为 80mm×80mm×20mm），试编写该零件的加工工艺卡和加工中心加工程序。

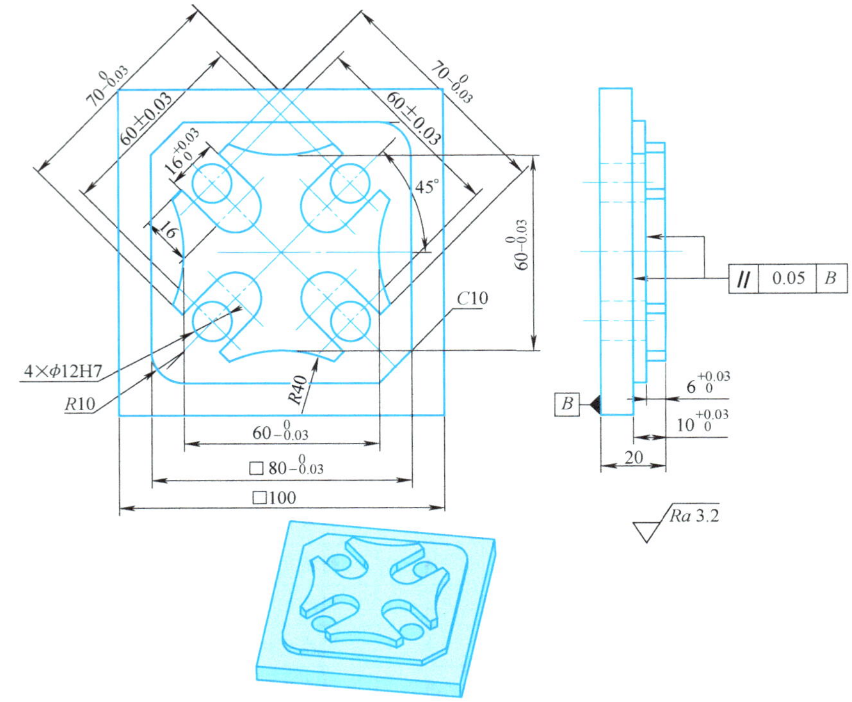

图 6-8 练习图一

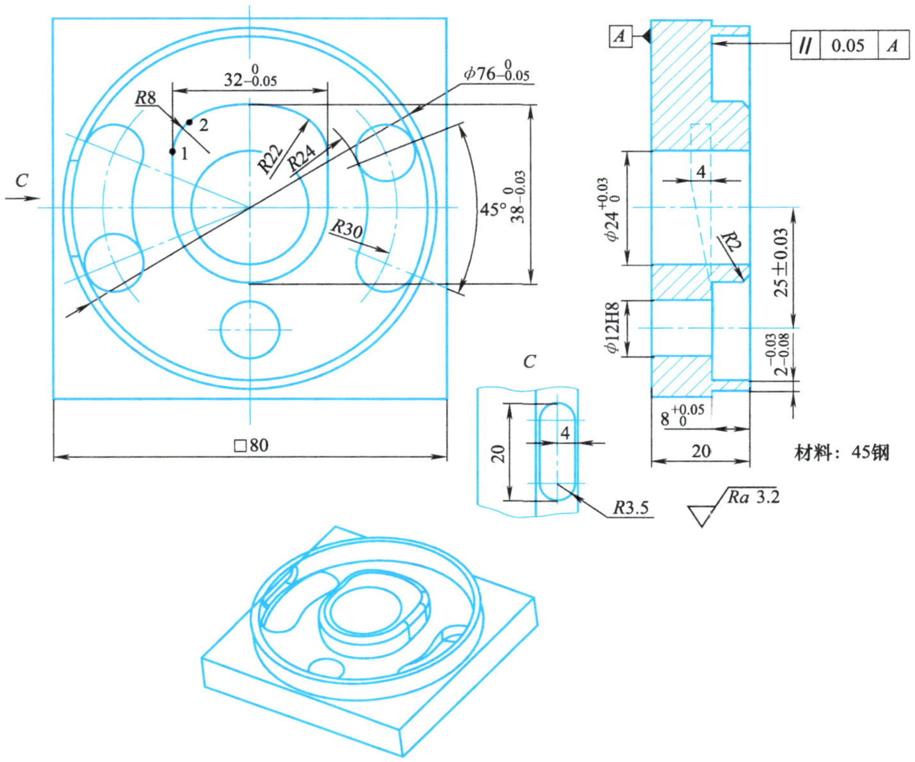

图 6-9 练习图二

3. 加工图 6-10 所示零件（坯件尺寸为 80mm×80mm×20mm），试分析其加工步骤并编写其加工中心加工程序。

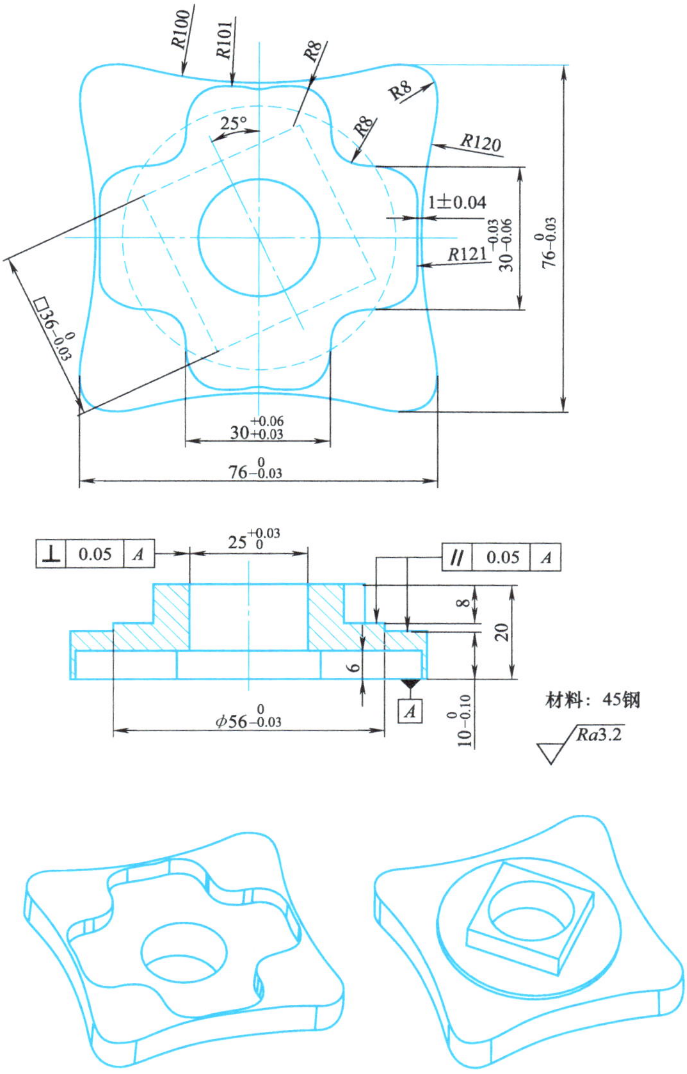

图 6-10　练习图三

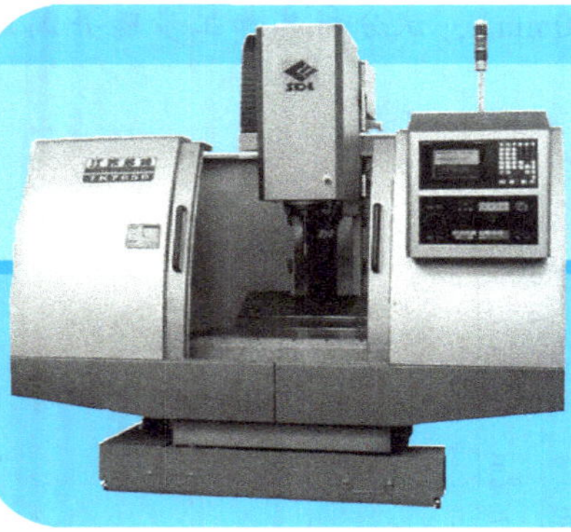

附录

附录 A　FANUC 0i 系统准备功能一览表

G 指令	组别	功　　能	程序格式及说明
G00▲	01	快速点定位	G00　IP __;
G01		直线插补	G01　IP __　F __　;
G02		顺时针方向圆弧插补	G02　X __　Y __　R __　F __;
G03		逆时针方向圆弧插补	G03　X __　Y __　I __　J __　F __;
G04	00	暂停	G04　X1.5;或 G04　P1500;
G05.1		预读处理控制	G05.1　Q1;(接通) G05.1　Q0;(取消)
G07.1		圆柱插补	G07.1　IPr;(有效) G07.1　IP0;(取消)
G08		预读处理控制	G08　P1;(接通) G08　P0;(取消)
G09		准确停止	G09　IP __;
G10		可编程数据输入	G10　L50;(参数输入方式)
G11		可编程数据输入取消	G11;
G15▲	17	极坐标取消	G15;
G16		极坐标指令	G16;
G17▲	02	选择 *XY* 平面	G17;
G18		选择 *ZX* 平面	G18;
G19		选择 *YZ* 平面	G19;
G20	06	英寸输入	G20;
G21		毫米输入	G21;
G22▲	04	存储行程检测接通	G22　X __　Y __　Z __　I __　J __　K __;
G23		存储行程检测断开	G23;
G27	00	返回参考点检测	G27　IP __;(IP 为指定的参考点)
G28		返回参考点	G28　IP __;(IP 为经过的中间点)
G29		从参考点返回	G29　IP __;(IP 为返回目标点)
G30		返回第 2、3、4 参考点	G30　P3　IP __; 或 G30　P4　IP __;
G31		跳转功能	G31　IP __;

（续）

G 指令	组别	功　能	程序格式及说明
G33	01	螺纹切削	G33　IP__　F__;(F 为导程)
G37	00	自动刀具长度测量	G37　IP__;
G39		拐角偏置圆弧插补	G39; 或 G39　I__　J__;
G40▲	07	刀具半径补偿取消	G40;
G41		刀具半径左补偿	G41　G01　IP__　D__;
G42		刀具半径右补偿	G42　G01　IP__　D__;
G40.1▲	18	法线方向控制取消	G40.1;
G41.1		左侧法线方向控制	G41.1;
G42.1		右侧法线方向控制	G42.1;
G43	08	正向刀具长度补偿	G43　G01　Z__　H__;
G44		负向刀具长度补偿	G44　G01　Z__　H__;
G45	00	刀具位置偏置加	G45　IP__　D__;
G46		刀具位置偏置减	G46　IP__　D__;
G47		刀具位置偏置加 2 倍	G47　IP__　D__;
G48		刀具位置偏置减 2 倍	G48　IP__　D__;
G49▲	08	刀具长度补偿取消	G49;
G50▲	11	比例缩放取消	G50;
G51		比例缩放有效	G51　IP__　P__; 或 G51　IP__　I__　J__　K__;
G50.1	22	可编程镜像取消	G50.1　IP__;
G51.1▲		可编程镜像有效	G51.1　IP__;
G52	14	局部坐标系设定	G52　IP__;(IP 以绝对值指定)
G53		选择机床坐标系	G53　IP__;
G54▲		选择工件坐标系 1	G54;
G54.1		选择附加工件坐标系	G54.1　P*n*;(*n*:取 1~48)
G55		选择工件坐标系 2	G55;
G56		选择工件坐标系 3	G56;
G57		选择工件坐标系 4	G57;
G58		选择工件坐标系 5	G58;
G59		选择工件坐标系 6	G59;
G60	00/00	单方向定位方式	G60　IP__;
G61	15	准确停止方式	G61;
G62		自动拐角倍率	G62;
G63		攻螺纹方式	G63;
G64▲		切削方式	G64;

（续）

G 指令	组别	功能	程序格式及说明
G65	00	宏程序非模态调用	G65 P__ L__ <自变量指定>;
G66	12	宏程序模态调用	G66 P__ L__ <自变量指定>;
G67▲		宏程序模态调用取消	G67;
G68	16	坐标系旋转	G68 X__ Y__ R__;
G69▲		坐标系旋转取消	G69;
G73	09	深孔钻循环	G73 X__ Y__ Z__ R__ Q__ F__;
G74		左螺纹攻螺纹循环	G74 X__ Y__ Z__ RP__ F__;
G76		精镗孔循环	G76 X__ Y__ Z__ R__ Q__ P__ F__;
G80▲		固定循环取消	G80;
G81		钻孔、锪镗孔循环	G81 X__ Y__ Z__ R__;
G82		钻孔循环	G82 X__ Y__ Z__ R__ P__;
G83		深孔循环	G83 X__ Y__ Z__ R__ Q__ F__;
G84		攻螺纹循环	G84 X__ Y__ Z__ R__ P__ F__;
G85		镗孔循环	G85 X__ Y__ Z__ R__ F__;
G86		镗孔循环	G86 X__ Y__ Z__ R__ P__ F__;
G87		背镗孔循环	G87 X__ Y__ Z__ R__ Q__ F__;
G88		镗孔循环	G88 X__ Y__ Z__ R__ P__ F__;
G89		镗孔循环	G89 X__ Y__ Z__ R__ P__ F__;
G90▲	03	绝对值编程	G90 G01 X__ Y__ Z__ F__;
G91		增量值编程	G91 G01 X__ Y__ Z__ F__;
G92	00	设定工作坐标系	G92 IP__;
G92.1		工作坐标系预置	G92.1 X0 Y0 Z0;
G94▲	05	每分钟进给	mm/min
G95		每转进给	mm/r
G96	13	恒线速度	G96 S200;(200m/min)
G97▲		每分钟转数	G97 S800;(800r/min)
G98▲	10	固定循环返回初始点	G98 G81 X__ Y__ Z__ R__ F__;
G99		固定循环返回 *R* 点	G99 G81 X__ Y__ Z__ R__ F__;

关于准备功能的说明如下：

1）当电源接通或复位时，CNC 进入清零状态，此时的开机默认指令在表中以符号“▲”表示。但此时，原来的 G21 或 G20 保持有效。

2）除了 G10 和 G11 以外的 00 组 G 指令都是非模态 G 指令。

3）不同组的 G 指令在同一程序段中可以指令多个。如果在同一程序段中指令了多个同组的 G 指令，仅执行最后指定的 G 指令。

4）如果在固定循环中指令了 01 组的 G 指令，则固定循环取消，该功能与指令 G80 相同。

附录 B　SIEMENS 802D 系统准备功能一览表

G 指令	组别	功　能	程序格式及说明
G00	01	快速点定位	G00　IP __;
G01▲		直线插补	G01　IP __　F __;
G02		顺时针方向圆弧插补	G02　X __　Y __　CR = __　F __; G03　X __　Y __　I __　J __　F __;
G03		逆时针方向圆弧插补	
G04＊	02	暂停	G04　F __ 或 G04　S __;
G05	01	通过中间点的圆弧	G05　X __　Y __　LX __　KZ __　F __;
G09＊	11	准停	G01　G09　IP __;
G17▲	06	选择 *XY* 平面	G17;
G18		选择 *ZX* 平面	G18;
G19		选择 *YZ* 平面	G19;
G22	29	半径度量	G22;
G23▲		直径度量	G23;
G25＊	00	主轴低速限制	G25　S __　S1 = __　S2 = __;
G26＊		主轴高速限制	G26　S __　S1 = __　S2 = __;
G33	01	螺纹切削	G33　Z __　K __　SF __;(圆柱螺纹)
G331		攻螺纹	G331　Z __　K __;
G332		攻螺纹返回	G332　Z __　K __;
G40▲	07	刀具半径补偿取消	G40;
G41		刀具半径左补偿	G41　G01　IP __;
G42		刀具半径右补偿	G42　G01　IP __;
G53＊	12	解除零点偏置	G53;
G54		选择工件坐标系 1	G54;
G55		选择工件坐标系 2	G55;
G56		选择工件坐标系 3	G56;
G57		选择工件坐标系 4	G57;
G505-599	模态	调用第 1～99 零点偏置	
G60▲	10	准停	G60　IP __;
G601▲	12	精确的准停	指令一定要在 G60 或 G09 有效时才有效
G602		粗准停	
G603		插补结束时的准停	
G63	15	攻螺纹方式	G63　Z-50　F __;
G64	10	轮廓加工方式	
G641		过渡圆轮廓加工方式	G641　ADIS = __;
G70	13	寸制	G70;
G71▲		米制	G71;

（续）

G 指令	组别	功　能	程序格式及说明
G74*	2	返回参考点	G74 X1=0 Y1=0 Z1=0;
G75*		返回固定点	G75 FP=2 X1=0 Y1=0 Z1=0;
G90▲	14	绝对值编程	G90 G01 X__ Y__ Z__ F__;
G91		增量值编程	G91 G01 X__ Y__ Z__ F__;
G94		每分钟进给	mm/min
G95		每转进给	mm/r
G96		恒线速度	G96 S500 LIMS=__;(500m/min)
G97		每分钟转数	G97 S800;(800r/min)
G110*	3	相对于不同点为极点的极坐标编程	G110 X__ Y__ Z__;
G111*		坐标编程	G111 X__ Y__ Z__;
G112*			G112 X__ Y__ Z__;
G158*		可编程平移	G158 X__ Y__ Z__;
G450▲	18	圆角过渡拐角方式	G450 DISC=__;
G451		尖角过渡拐角方式	G451 __;
TRANS	框架指令	可编程平移	TRANS X__ Y__ Z__;
ATRANS			ATRANS X__ Y__ Z__;
ROT		可编程旋转	ROT RPL=__;
AROT			AROT RPL=__;
SCALE		可编程比例缩放	SCALE X__ Y__ Z__;
ASCALE			ASCALE X__ Y__ Z__;
MIRROR		可编程旋转	MIRROR X0 Y0 Z0;
AMIRROR			AMIRROR X0 Y0 Z0;
CYCLE81	固定循环	钻孔循环	CYCLE8(RTP,RFP,SDIS,DP,DPR…)
CYCLE82		钻、锪孔循环	
CYCLE83		深孔加工循环	
CYCLE84		刚性攻螺纹循环	
CYCLE840		柔性攻螺纹循环	
CYCLE85		镗孔循环	
CYCLE86		精镗孔循环	
CYCLE87		镗孔循环	
CYCLE88		镗孔循环	
CYCLE89		镗孔循环	
HOLES1	样式循环	直线均布孔样式	HOLES1 (RTP,RFP,SDIS,DP,DPR…)
HOLES2		圆周均布孔样式	
SLOT1		圆形阵列槽铣削样式	SLOT (RTP,RFP,SDIS,DP,DPR…)
SLOT2		环形槽铣削样式	
POCKET1		矩形槽铣削样式	POCKET (RTP,RFP,SDIS,DP,DPR…)
POCKET2		圆形槽铣削样式	

关于准备功能的说明如下：

1）当电源接通或复位时，CNC 进入清除状态，此时的开机默认指令在表中以符号“▲”表示。但此时，原来的 G71 或 G70 保持有效。

2）表中的固定循环和固定样式循环及用“*”表示的 G 指令均为非模态指令。

3）不同组的 G 指令在同一程序段中可以指令多个。如果在同一程序段中指定了多个同组的 G 指令，仅执行最后指定的 G 指令。

参考文献

[1] 彼得·斯密得. 数控编程手册（原著第二版）[M]. 罗学科，等译. 北京：化学工业出版社，2005.

[2] 易红. 数控技术 [M]. 北京：化学工业出版社，2005.

[3] 韩鸿鸾. 数控加工工艺 [M]. 北京：中国电力出版社，2008.

[4] 王荣兴. 加工中心培训教程 [M]. 2版. 北京：机械工业出版社，2014.

[5] 沈建峰. 数控铣工/加工中心操作工（高级）操作技能鉴定试题集锦与考点详解 [M]. 北京：机械工业出版社，2014.

[6] 钱昌明，张小芳. 铣削加工禁忌实例 [M]. 北京：机械工业出版社，2005.

[7] 沈建峰，虞俊. 数控铣工/加工中心操作工（高级）[M]. 北京：机械工业出版社，2007.

[8] 朱明松，王翔. 数控铣床编程与操作项目教程 [M]. 3版. 北京：机械工业出版社，2019.